21 世纪全国应用型本科土木建筑系列实用规划教材

流体力学(第 2 版)

主　编　章宝华　刘源全
副主编　刘建军　陈　文

内容简介

本书根据高等学校土木工程专业的流体力学教学基本要求和注册结构工程师考试对流体力学的要求编写而成。全书主要内容包括：绪论、流体的宏观模型和物理属性、流体静力学、流体动力学基础、流动阻力和能量损失、孔口管嘴出流与管路水力计算、明渠恒定均匀流、堰流、渗流、流体力学实验等。各章都选编了一定数量的例题和习题。

本书结构严谨、说理浅显、叙述详细、例题较多、便于自学，可作为土木工程、给排水工程、建筑环境与能源应用工程等专业的教材，也可作为从事相关专业的工程技术人员的学习参考书。

图书在版编目(CIP)数据

流体力学/章宝华，刘源全主编．—2版．—北京：北京大学出版社，2013.9

(21世纪全国应用型本科土木建筑系列实用规划教材)

ISBN 978-7-301-23083-1

Ⅰ．①流…　Ⅱ．①章…②刘…　Ⅲ．①流体力学—高等学校—教材　Ⅳ．①O35

中国版本图书馆CIP数据核字(2013)第198807号

书　　名：流体力学(第2版)

著作责任者：章宝华　刘源全　主编

策 划 编 辑：卢　东　吴　迪

责 任 编 辑：卢　东

标 准 书 号：ISBN 978-7-301-23083-1/TU·0358

出 版 发 行：北京大学出版社

地　　址：北京市海淀区成府路205号　100871

网　　址：http://www.pup.cn　新浪官方微博：@北京大学出版社

电 子 信 箱：pup_6@163.com

电　　话：邮购部62752015　发行部62750672　编辑部62750667　出版部62754962

印 刷 者：北京鑫海金澳胶印有限公司

经 销 者：新华书店

787毫米×1092毫米　16开本　12.5印张　286千字

2006年2月第1版

2013年9月第2版　2013年9月第1次印刷(总第3次印刷)

定　　价：25.00元

第 2 版前言

本书自 2006 年第 1 版出版以来，有关使用院校反映良好。为了更好地开展教学，适应应用型大学的土建类专业大学生学习的要求和注册结构工程师考试对流体力学知识的要求，秉承培养卓越土木工程师的宗旨，我们对本书进行了修订。

这次修订主要做了以下工作。

1. 对全书的版式进行了全新的编排，增加了教学目标、教学要求、引言，增补了部分新的内容。

2. 修改了第 1 版中编写和排版中的错误。

根据当前教育改革的要求，在编写过程中做了如下努力。

(1) 本书注重流体力学与后续专业课和实际工程的联系，加强了应用能力培养的内容。

在流体力学教学内容、例题、习题中加入了与后续专业课、实际工程有关的内容，始终突出“理论联系实际”的方针，注重针对性、实用性和先进性。

(2) 本书注重对流体力学知识的分类、分层。

在流体力学例题、思考题、选择题、计算题中把问题分成若干个类型，每种类型由浅至深，紧紧围绕专业和工程实际，培养学生学习和应用能力。

(3) 注重与相关课程的关联融合。明确知识点的重点和难点，注意“流体力学”与“材料力学”“水力学”“土力学”等课程的关联性，做到新旧知识内容的融合和综合运用。

(4) 注重知识体系实用有效。以学生就业所需的专业知识和实验技能为着眼点，既强调基础知识与理论体系的完整性，也着重讲解应用型人才培养所需的内容和关键点，突出实用性和可操作性。

本书第 2 版由南昌工程学院章宝华，西南石油大学刘建军，南华大学刘源全，中南林业科技大学陈文共同编写。全书内容经编者共同讨论，分工执笔情况为：第 1 章、第 2 章、第 6 章、第 7 章由章宝华编写，第 3 章、第 4 章、第 5 章由刘源全编写，绪论由刘建军编写，第 8 章、第 9 章由陈文编写。全书由章宝华、刘源全任主编，刘建军、陈文任副主编，章宝华负责全书的统稿工作。

对本书存在的不足，欢迎广大同行批评指正。

编　者

2013 年 6 月

第 1 版前言

本教材是参照教育部教学指导委员会土木专业流体力学大纲和注册结构工程师考试对流体力学知识的要求，按照多学时的授课时间编写的。本书可作为高等学校土建类本、专科的试用教材或教学参考书。

流体力学是土建类专业的一门重要的专业基础课。本课程的任务是系统介绍流体的力学性质、流体力学的基本概念和观点、基础理论和常用分析方法、有关的工程应用知识等；培养学生具有对简单流体力学问题的分析和求解能力，掌握一定的实验技能，为今后学习专业课程，从事相关的工程技术和科学研究工作打下坚实基础。

本书由武汉工业学院刘建军、赵万华，南昌工程学院章宝华，南华大学刘源全，长江大学马成松，河北建筑科技大学的朱长军，中南林学院的陈文共同编写。全书内容经编者共同讨论，分工执笔情况为：刘建军编写绪论、第 1 章、第 3 章，马成松编写第 2 章，刘源全编写第 4 章，赵万华编写第 5 章，章宝华编写第 6 章、第 7 章，朱长军编写第 8 章，陈文编写第 9 章。全书由刘建军、章宝华主编，刘建军统稿审定。

本书由辽宁工程技术大学梁冰教授审阅，提出了许多宝贵意见。在本书的编写过程中，武汉工业学院研究生纪佑军、刘启强等同学绘制了书稿的部分插图，并参与了书稿的校对工作，在此一并致谢。

限于编者水平，同时编写时间也比较仓促，不妥之处恳请读者批评指正。

编　者

2005 年 9 月

目　　录

绪　论

在学习流体力学这门课程之前，本绪论将主要回答以下几个问题：什么是流体力学？它的主要研究内容是什么？为什么要学习流体力学？流体力学的发展历史、研究方法，以及怎样学好流体力学？使同学们对流体力学有一个大致的了解，帮助学生在以后的学习中掌握流体力学的主要脉络和学习方法。

一、流体力学的概念及其研究内容

流体力学(fluid mechanics)是力学的一个独立分支。它是研究流体的平衡和流体的机械运动规律及其在工程实际中应用的一门学科。流体力学的研究对象是流体，包括液体和气体。在力学研究中，根据研究对象的不同，一般可分为：以受力后不变形的绝对刚体为研究对象的理论力学；以受力后产生微小变形的固体为研究对象的固体力学；以受力后产生较大变形的流体为研究对象的流体力学。

流体是液体和气体的总称。在人们的生活和生产活动中随时随地都可遇到流体，所以流体力学与人类日常生活和生产事业密切相关。它是一门应用较广的科学，航空航天、水运工程、流体机械、给水排水、水利工程、化学工程、气象预报及环境保护等学科均以流体力学为其重要的理论基础。

20世纪初，世界上第一架飞机出现以后，飞机和其他各种飞行器得到迅速发展。20世纪50年代开始的航天飞行，使人类的活动范围扩展到其他星球和银河系。航空航天事业的蓬勃发展是同流体力学的分支学科——空气动力学和气体动力学的发展紧密相联的。这些学科是流体力学中最活跃、最富有成果的领域。

石油和天然气的开采，地下水的开发利用，要求人们了解流体在多孔或缝隙介质中的运动，这是流体力学分支之一——渗流力学研究的主要对象。渗流力学还涉及土壤盐碱化的防治，化工中的浓缩、分离和多孔过滤，燃烧室的冷却等技术问题。

燃烧离不开气体，燃烧过程中涉及许多有化学反应和热能变化的流体力学问题是物理—化学流体动力学的内容之一。爆炸是猛烈的瞬间能量变化和传递过程，涉及气体动力学，从而形成了爆炸力学。

沙漠迁移、河流泥沙运动、管道中煤粉输送、化工中气体催化剂的运动等，都涉及流体中带有固体颗粒或液体中带有气泡等问题，这类问题是多相流体力学研究的范围。

等离子体是自由电子、带等量正电荷的离子及中性粒子的集合体。等离子体在磁场作用下有特殊的运动规律。研究等离子体的运动规律的学科称为等离子体动力学和电磁流体力学，它们在受控热核反应、磁流体发电、宇宙气体运动等方面有广泛的应用。

生物流变学研究人体或其他动植物中有关的流体力学问题，例如血液在血管中的流动，心、肺、肾中的生理流体运动和植物中营养液的输送。此外，还研究鸟类在空中的飞翔，动物在水中的游动等。

在土木工程中，流体力学也得到了广泛的应用。在给水排水工程中，无论是管网流量计算、管网设计还是渠道开挖、水泵选型等都需要解决一系列流体力学问题；在建筑暖通工程中，热风采暖、冷风降温、燃气输送等均以流体为输送介质。在公路和桥梁建设中，路基和边坡的稳定性、桥梁和涵洞的修建也与水密切相关。此外，在土建工程施工中，围堰修建、基坑排水也涉及许多流体力学问题。只有学好流体力学，掌握流体的各种力学特性和运动规律，才能很好地解决土木工程中遇到的流体力学问题。

因此，流体力学既包含自然科学的基础理论，又涉及工程技术科学方面的应用。此外，如从流体作用力的角度，则可分为流体静力学、流体运动学和流体动力学；从对不同“力学模型”的研究来分，则有理想流体动力学、粘性流体动力学、不可压缩流体动力学、可压缩流体动力学和非牛顿流体力学等。

流体力学和固体力学有着密切的关系。流体力学与弹性力学同属于连续介质力学范畴，都采用连续介质力学的一般方法研究问题，就是基本方程也有一定相似之处，如流体力学中的纳维—斯托克斯方程与弹性力学中的拉梅方程，流体力学中的边界层概念应用到弹性力学板壳问题中得到了边缘效应方程，甚至在一定条件下固体可当做流体处理。如岩土定向爆破、与固体物质的聚能爆炸中，爆震波的传播可当做气体中激波的传插。流变学就是统筹研究流体和固体的形变与流动。

二、流体力学发展简史及展望

1. 流体力学的发展简史

流体力学是在人类同自然界作斗争，在长期的生产实践中，逐步发展起来的。早在几千年前，劳动人民为了生存，修水利，除水害，在治河防洪，农田灌溉，河道航运，水能利用等方面总结了丰富的经验。我国秦代李冰父子根据“深淘滩，低作堰”的工程经验，修建设计的四川都江堰工程具有相当高的科学水平，反映出当时人们对明渠流和堰流的认识已经达到较高水平。隋代修建的京杭大运河工程，全长达 1782km，大大改善了我国南北运输的条件，至今为人称颂。早在秦汉时代我国劳动人民就不断改进水磨、水车和水力鼓风设备，汉代张衡还创造了水力带动的浑天仪，说明水力机械当时已经有了很大的进展。再如我国古代计时所用的铜壶滴漏就是利用孔口出流、水位随时间变化的规律制造的，反映出当时人们已经对孔口出流的原理有了相当的认识。早在几千年前，我国古代就发明了水压唧筒等水力机械，与我国情况类似，古罗马人修建了大规模的供水管道系统，埃及、巴比伦、印度、希腊等国修建了大量的渠道来发展农业和航运事业。以上这些成就大多是对客观世界直观的定性认识，还未上升为理论。流体力学真正成为一门科学并逐渐发展的过程可分为 3 个阶段。

1) 经典流体力学的发展

对流体力学学科的形成第一个做出贡献的是古希腊的阿基米德，他建立了包括物理浮力定律和浮体稳定性在内的液体平衡理论，奠定了流体静力学的基础。此后千余年间，流体力学没有重大发展。直到 15 世纪，意大利达·芬奇的著作才谈到水波、管流、水力机械、鸟的飞翔原理等问题；17 世纪，帕斯卡阐明了静止流体中压力的概念。

流体力学真正作为一门严密的科学，是从 17 世纪开始形成的。首先要归功于牛顿发明了微积分，在他的著作《自然哲学的数学原理》一书中，他还研究了粘性流体的剪应力公式、声速和潮汐理论。在 1738 年，他提出了著名的伯努力定理。1752 年，达朗贝尔提出连续性方程。尤其是欧拉于 1775 年提出了流体运动的描述方法和无粘性流体运动的方程组，推动了无粘性流动。欧拉方程和伯努利方程的建立，是流体动力学作为一个分支学科建立的标志。因此，欧拉是理论流体动力学的奠基人。

19世纪的主要进展是对无粘有旋和粘性流动的初步研究。纳维、斯托克斯分别于1823年、1845年导出了粘性流体运动的基本方程组，这就是著名的N-S方程，并为当时哈根、泊肃叶通过实验得到的圆管内粘性流体的流量公式所验证，这是粘性流体运动理论的发端，是流体动力学的理论基础。

经典流体力学的出现，使人们的认识建立在严密的理论基础上。但由于认识水平的限制，还无法从理论上解释运动物体所受的阻力(达朗贝尔佯谬)，即对于两种最重要的流体——水和空气，其粘性很小，人们很难理解被经典理论所忽略的摩擦力怎么会在如此程度上影响流体的运动。因此，当时的情况是，水力学工程师观察着不能解释的现象，而数学家却解释着观察不到的事物(钱令希等1985，周光炯等1992)。

2) 近代流体力学的发展

从19世纪末开始，人们主要深入细致研究流体粘性运动和高速运动的特性，从而使理论流体力学可以真正用来指导实践，20世纪上半叶航空事业的巨大成功就是极具说服力的证明。在这一时期，流体力学的主要成就如下。

1883年，雷诺的实验发现了流体运动的两种运动形态：层流和紊流。雷诺发现的重要性在于它推动了整整一个世纪的紊流研究。尽管紊流问题还没有解决，但人们对它的认识深化了，并解决了大量实际问题，所以具有划时代的意义。

1904年，普朗特凭他丰富的经验和物理直觉，提出了著名的边界层理论。边界层理论的重大意义在于，在人们还不可能求解完整的N-S方程以前，解决了阻力问题，使人类的飞行至少提前了半个世纪，因而可以说普朗特是近代流体力学的奠基人。

1910年泰勒提出了湍流的涡扩散理论。1923年，他得到了两个同心圆筒间流动失稳的条件，形成所谓的泰勒涡。1935年，泰勒建立了均匀各向同性湍流的理论。在这一时期湍流研究的理论成果使人们加深了对湍流结构和机理的认识，其意义是不可估量的。泰勒科学工作的特点是善于把深刻的物理洞察力和高深的数学方法结合起来，并擅长设计简单而且完善的专门实验来证实他的理论。因此，泰勒在力学界的影响是深远的。

1911年，卡门证明了圆柱尾流内涡街的稳定性，可以用来解释桥梁风振、机翼颤振等现象。1928年起他定居美国以后，在加州理工学院建立古根海姆空气动力学实验室(GALCIT)，几乎汇集了世界上最优秀的人才，成为当时世界上空气动力学的研究中心。其中的超前理论研究，为人类的航空航天事业奠定了基础，因而他被誉为航空航天大师。卡门在这一时期的成果集中在气动方面，包括机翼的举力面理论、亚声速流近似理论、跨声速相似理论、超声相似理论、超声速流细长理论。他也像普朗特一样，善于透过现象抓住本质，提炼出合理的数学模型，树立了数学理论和工程实际相结合的典范。

我们还要提到当时的苏联科学家的杰出贡献。比如，谢多夫完善了量纲分析和相似理论，并应用于强爆炸和湍流问题。柯尔莫果洛夫虽是一个伟大的统计数学家，但他总是力图把他的纯粹数学的研究成果同实际应用结合起来，提出了局部各向同性湍流理论，提出了用湍流能量和典型频率的微分方程求解雷诺平均方程的方法。流体力学界于1991年隆重纪念柯尔莫果洛夫的重要文章发表50周年，充分说明他的著作是不朽的。

在这一时期，以周培源为代表的中国流体力学家已跻身于国际的学术舞台，为近代流体力学的发展作出了突出的贡献。1945年，周培源在美国《应用数学季刊》上发表了《关于湍流关联速度和湍流脉动方程的解》，首先提到了相关函数的微分方程，为现代湍流高阶矩模式理论奠定了基础。以后又提出了湍流的旋涡结构理论。钱学森早在20世纪30年代就来到了加州从事空气动力学的研究，并同卡门一起提出了近似计算高亚声速流气动力的卡门—钱公式。20世纪40年代提出了跨声速流的相似律。他还开创了高超声速流和稀薄气体动力学新领域。郭永怀同钱学森在研究跨声速流时提出了上下临界马赫数的概念，并发现当飞行速度超过下临界马赫数时，理论上连续解依然可以存在。只有来流速度超过上临界马赫数时，才会出现激波。在以后的10年中，郭永怀从事激波边界层相互作用及高超声速流的研究，特别是1953年在研究有限长平板边界层二阶理论时，提出了克服奇异性的途径，后被钱学森命名为PLK方法。1949年，林家翘解决了流动稳定性理论中的一个数学疑难，指出稳定性问题中，流体粘性趋于零并不等价于无粘性的情况，并用渐近方法求解了奥尔-索末菲尔德方程，理论上得到的TS波后来为低湍流度风洞实验证实。中国科学家的上述成果已载入史册，这是每一个炎黄子孙的光荣。

从以上这段历史可以看到，以普朗特为代表的应用力学学派的风格在近代力学发展中的决定性意义，从哥廷根、剑桥、加州到莫斯科及中国科学家的研究集体都为它的形成作出了贡献，其主要特点是工程科学同数学的紧密结合。由于这一风格的影响，流体力学又回到了生产实践，解决了人类为实现飞行的理想所面临的关键技术问题。同时也推动了流体力学自身的发展，使粘性流动和可压缩流动的理论得到完善，为20世纪下半叶现代流体力学的发展奠定了基础。

3）现代流体力学的发展

所谓现代流体力学指的是，用现代的理论方法、计算和实验技术，研究同现代人类社会生产活动和生存条件紧密相关的流动问题的学科领域。因此，现代流体力学正处在一个用理论分析、数值计算、实验模拟相结合的方法，以非线性问题为重点，各分支学科同时并进的大发展时期。在这一时期的主要成就如下。

(1) 计算流体力学已发展成熟。出现了有限差分、有限元、有限分析、谱方法和辛算法，建立了计算流体力学的完整理论体系。计算流体力学在高速气体动力学和湍流的直接数值模拟中发挥了重大作用。前者主要用于航天飞机的设计，后者要求分辨率高，计算工作量大，如果没有先进的计算机是不可能完成的。目前，超级计算机、工作站的性能有了飞跃，最高速度可达每秒数万亿次，并行度也在提高，因此，人们已经可以用欧拉方程，雷诺平均方程求解整个飞机的流场，以及雷诺数达到105的典型流动的湍流问题。计算流体力学几乎渗透到流体力学的每个分支领域。

(2) 非线性流动问题取得重大进展。自20世纪60年代起，对色散波理论进行了系统的研究，发现了孤立子现象，发展了求解非线性发展方程完整的理论和数值方法，并被广泛应用于其他学科领域。现代流体力学也出现了以下一些新兴的学科分支。

① 生物流体力学。主要研究人体的生理流动，包括心血管、呼吸、泌尿、淋巴系统的流动。流体的非牛顿流行为(如血液属卡森流体)，管道的分叉和变形，肺与肾脏的多孔性，微循环通过细胞膜的传质，流动的尺度现象(如法罗伊斯—林奎斯特效应)是人体生理流动的特征，这方面的研究为发展生物医学工程(如治疗动脉粥样硬化、人造心瓣等)作出了贡献。此外，还研究了植物体内的生理流动、鱼类的泳动和鸟类的飞行、体育运动力学等。

② 地球和星系流体力学。它是主要研究大气、海洋、地幔运动一般规律的学科分支，包括全球尺度、天气尺度、中尺度的运动。其特点是要考虑旋转和层结效应，深化了人类对自然现象的认识。

③ 磁流体力学和等离子体物理。它主要研究在磁场中的流体运动规律，包括磁流体力学波与稳定性。虽然低温等离子体早已在工业中得到应用，但直到20世纪40年代，才由阿尔芬建立磁流体力学这门学科，并在天体与空间物理中得到应用。20世纪50年代以来，国内外该领域的很多专家主要从事受控热核反应的研究，人们一直在寻求适当的磁场位形与解决磁约束或惯性约束问题的途径。虽然研究的道路是曲折的，但一旦实现点火，前景诱人，人类将不必再为能源枯竭担忧。地球磁场的起源和逆转也是一个磁流体力学的问题。

④ 物理化学流体力学。它是20世纪50年代由列维奇倡导的，研究同扩散、渗析、返棍、电泳、聚并、燃烧、流态化和毛细流等物理化学现象有关的流体力学分支。多相流专门研究两相以上同种或异种化学成分物质组成的混合物的流动，如采用单流体模型，有泡沫流和栓塞流；如采用双流体模型，有液固、气固和气液流动；如果在流动中颗粒碰撞占主导地位，隙间流体的作用可以忽略，则可用颗粒流模型。多相流在自然界与在化工、冶炼和石油工业中有广泛的应用。实际上，渗流的出现应以19世纪的达西定律为标志，20世纪50年代以后，进一步发展了非等温、非均匀介质、非牛顿和多相渗流、物理化学渗流、生物渗流等。20世纪20年代建立了流变学，以后逐步形成非牛顿流体力学，包括变粘度、有屈服应力、有时效和粘弹性的流体运动。测定了各种非牛顿流体的本构关系，揭示其与介质内部结构，如高分子链、蜡晶结构、悬浮固体颗粒、纤维、血球的联系，描述非牛顿流体的运动与稳定性，并应用于塑料、化纤、彩胶、橡胶和造纸工业。

2. 流体力学的发展趋势

在展望未来流体力学发展之前，我们来分析一下我国和世界的现状。一方面，我国的研究工作已有一定的基础与积累；另一方面，同国际学术界相比，研究的总体水平还有一定的差距。虽然我国的经济有了飞速的发展，但同世界上发达国家相比，我们还较落后，科研经费的投入还很不足，所以在制订规划时，要考虑我国的国情，要继续跟踪高技术，同时，一定要把重点放在同国计民生紧密相关的问题上。在这里，我们列出一些对未来我国经济和社会发展很重要的，与流体力学有关的科学技术问题。

能源：世界对能源的需求日益增长。我国正处在经济腾飞时期，必须加速与能源有关的工业的发展。我国的能源以煤为主，地理分布不匀。石油、天然气产量虽已有一定规模，但大庆油田已进入后期开采，维持原有产量有一定难度。已探明，西部塔克拉玛干沙漠石油储量不少，但输送是个大问题。我国海上石油有一定储量，近海采油已有一定基础，还要进一步向300m以下的深海进军。我国水力资源丰富，水电、核电很有潜力，在近期要大力开发。在能源开采、输送和利用中有大量流体力学问题，如在发展张力腿式平台(TLP)时，要解决的关键技术问题是由非线性波与结构的相互作用引起的慢漂运动与高频共振。在三次采油中，为有效地采用强化采油技术驱替仍残留在多孔岩体中的多半原油，要避免粘性指进现象，石油、天然气及水煤浆的输送涉及管道中不同流态的多相流驱动问题，水电站的关键技术之一是防止水轮机叶片受空泡和泥沙侵蚀；要采用射流技术来提高燃烧效率等。

环境：人口增长与工业发展是人类面临的严峻的环境问题，已引起世界各国的关注。现代社会人类的生存环境涉及气候、生态、污染、灾害等不同尺度，多学科交缘的问题，如全球变暖、臭氧空洞、酸雨、土地沙漠化、厄尔尼诺、台风、风暴潮、滑坡、泥石流等。可用建立观测站网，采用诸如遥感等各种现代测试手段，并用数值模拟来进行动力学的预测。多数环境问题是因发生在地球表层的流体运动和界面过程引起的，也存在大量流体力学问题。可重点研究陆气、海气界面过程，污染物扩散输运，风沙、泥沙、泥石流运动等问题，因此要研究层结流体中的湍流边界层，在陆地要考虑植被的影响，在海上要考虑不规则波浪、气泡、水滴的作用，远距离污染物的输送涉及干沉积、湿沉积、大气化学、放射性衰变等物理化学过程。为解决泥沙问题，首先要确定不同成分泥沙的本构关系，波流与岸线、泥底的相互作用，才能预测在复杂波流场中的泥沙输运与地貌变化。泥石流要解决分类、起动、运动、沉积、预报和防治问题。研究电磁波在湍流大气中的传播及其与界面的相互作用是为了正确反演遥感信息，取得重要环境数据。为控制环境污染，要研究清洁燃烧技术，流态化与等离子体技术，实现废弃物的无害化处理，并回收能量和物质。

交通：近几年我国高铁发展迅速，但在高速列车车头前会形成压力波，两车相遇和通过隧道时要考虑这个问题。要设计好的气动外形并采用其他措施，减小阻力，并要求有较好的侧向稳定性。节能型小轿车在良好的城市规划条件下，会有一定程度的发展。由于节能与环境的需要，未来的趋向是轻型化，要设计具有低阻负升力美观大方的小轿车，以满足市场的需求。为发展航运事业，要设计高速、安全、“绿色”船舶，研制新型水上、水陆两栖运输工具(如地效翼船)，开辟、疏浚航道，建设深水泊位的集装箱码头，也有许多与船舶工程、海岸与港湾工程有关的流动问题。

生物：生物学对人类的健康，农、林、牧业的革命有密切关系，在21世纪，无疑是头等重要的问题。细胞力学旨在了解细胞分裂、粘附、吞噬、运动的机理及应力与生长的关系，这对理解生理病理现象，攻克癌症及心血管疾病等都有重要意义。为了研制生物代用品，如人造胰脏、皮肤、血管、血液等来恢复、维持、改善人体组织的功能，形成了组织工程。生物学家的研究成果要转化为产品或进行生物加工，要依靠生物反应器，要利用力学原理实现高效分离和纯化，以保证正常的新陈代谢，保障细胞不受损伤。因此，流体力学可在生物技术和生物工程中发挥作用，在细胞层次上进行研究是未来生物流体力学的发展趋向(吴望一，1994)。

综上所述，在未来，流体力学仍有着极其广阔的应用前景，对于人类、我国的经济建设和社会可持续发展的各个方面有着不可忽视的作用。根据以上所提出的重要科学技术问题，还可以看出，21世纪的流体力学是20世纪现代流体力学发展的深化和继续，随着计算机的不断更新换代，不但可以解决极其困难复杂的问题，将结果形象逼真地显示出来，而且可以进行优化设计与控制。所以要继续发展大规模科学与工程计算，研究并行算法与可视化技术，使计算流体力学在其中发挥更大的作用。我们要发扬老一辈科学家执着追求真理的艰苦奋斗精神，学习好流体力学这门课程，并进一步发展流体力学这一古老而又崭新的学科领域，为人类进步和我国的现代化建设作出贡献。

三、流体力学的研究方法

流体力学采用实验研究、理论分析与数值计算的方法研究流体的平衡与机械运动规律。在不同的历史时期有不同的研究方法。

流体力学是从不断总结生产经验与实验研究基础上产生和逐渐发展起来的。18 世纪中叶以前是流体力学萌芽与发展初期，那时主要运用初等数学解决流体静力学与运动学问题，只涉及少量的流体动力学问题，实验设备与量测手段也比较简单。

18 世纪中叶以后开始形成一门独立的流体力学学科，此时开始运用高等数学、采用理论分析法研究流体的平衡与机械运动规律，流体动力学得到了较大的发展。理论分析法一般是在实践与实验的基础上对运动流体提出合理的假设，建立简化的力学模型，再根据物理与一般力学中的原理与定理，建立基本方程。最后利用边界条件及初始条件求数学解析解，并与实验作比较。理论分析法包括有限体积法、微元体积法、速度势法、保角变换法等。在这方面，欧拉与拉格朗日是“理论流体力学”的奠基人。

20 世纪 60 年代后由于计算方法与电子计算机的发展，形成了“计算流体力学”，“计算流体力学”广泛地采用了有限差分法、有限单元法、边界元法与谱方法等数值计算法。数值计算法能求解许多理论分析法无法完全解决的问题，利用数值模拟还节省了实验研究所需的大量人力、物力、财力和时间。

但是，数值计算无法替代实验研究与理论分析。首先，理论分析与数值计算结果需要获得实验的验证与进一步启迪。近代实验设备与实验手段日趋完善，如采用现代的流动显示设备、风洞与水洞、激光流速仪，用计算机对实验进行数据采集、检测与控制。此外，理论分析法是数值计算的基础，对实验研究也有指导意义。理论分析法在近代也有较大的发展，如流动稳定性理论、非定常流理论、粘性流体的三元流理论、跨音速理论等。

总之，实验研究、理论分析和数值计算这 3 种方法相互补充、相互促进、相互渗透，为流体力学的不断发展作出了巨大的贡献。

第1章 流体的宏观模型和物理属性

教学目标

了解水力学的定义、任务及其在专业中的作用。

理解液体基本性质：易流动与不易压缩性；连续介质与理想流体。

掌握液体的主要物理力学性质；牛顿内摩擦定律。

教学要求

知识要点	能力要求	相关知识
连续介质模型	理解流体连续介质模型的特点	物体分子结构
粘滞性	掌握粘滞性作用过程、粘滞系数与粘滞力间的关系式	分子内能
牛顿流体 非牛顿流体	了解牛顿流体与非牛顿流体的分类	

引言

人类的文明几乎都是与河流相伴而生，社会的发展又都是与江河湖海休戚相关，所以水总是人类密切关注的对象。水力学是专门研究液体平衡与机械运动的规律及其工程应用的一门科学，研究对象就是以水为代表的液体。它既有基础科学的特点，是流体力学的一个分支；又有工程科学的特点，紧密结合实际工程应用。

1.1 流体的连续介质假设

从物理学知道，流体和固体一样，由无数不规则随机热运动的分子构成，分子之间有着比分子尺度大得多的间隙。所以从微观上讲流体是离散的，因而流体中各空间点上不同瞬时的物理量是不连续的。

流体力学是一门宏观力学，感兴趣的是流体宏观的平衡与机械运动规律，它不研究微观的分子运动，只考虑大量分子运动的统计平均特性。为此，首先由欧拉(Euler)在1753年提出连续介质力学模型的假设。

(1) 不考虑分子间隙，认为介质是连续分布于流体所占据的整个空间。

(2) 表征流体属性的诸物理量，如密度、速度、压强、切应力、温度等在流体连续流动时是时间与空间坐标变量的单值、连续可微函数。这样就可利用数学分析这一有力的数学工具研究确定流体的平衡与机械运动规律。

尽管流体力学属于连续介质力学的范畴。但是，有时还要利用分子运动论与统计力学的观点来解释流体的物理量、物理现象及运动规律。例如，密度是大量分子的统计平均值，压强是无数个流体分子运动及碰撞的结果，温度是表征大量流体分子热运动的平均动能。流体粘性的产生是由于各流层中流体分子运动及相互作用的结果。在流体力学中经常要考虑体积为无限小但具有大量分子的集合体(称为流体微团)的运动及其统计效应，此外，连续介质假设并不排斥在流体中可存在奇点，即可存在连续函数的不连续点。

在通常的工程问题中连续介质假设是完全合理的，因为将在此基础上获得问题的解与实验结果进行比较具有足够的精度。研究表明，在标准状态下(1个标准大气压，温度为0℃)，$1mm^3$ 体积中含有 2.7×10^{16} 个空气分子，分子平均自由程为 7×10^{-5} mm，或者含有 3.4×10^{19} 个水分子，分子平均自由程为 3×10^{-7} mm。可见在通常工程问题中，要研究的流体线性尺度或流体微团的大小远远大于分子大小及其运动尺度，所以质点(微团)中包含有足够多的分子，足以体现流体的分子统计平均特性。但是，当所研究问题的特征尺寸接近或小于分子大小及其运动平均自由程时，连续介质假设就不再适用。例如，研究火箭在高空稀薄气体中飞行时稀薄空气的特征尺寸较大，如在120km高空处空气分子的平均自由程为1.3m，与火箭的特征尺寸比较具有相同的数量级。此时连续介质假设就不再合理，需要用分子运动论与统计力学的微观方法研究稀薄空气动力学问题。类似地，对于高真空泵与高真空技术中的流体，或者含有空泡的液体与高速掺气水流，也不能用连续介质力学的方法研究问题。

流体是一种连续介质。它的各个质点(微团)之间有很大的流动性。流体质点由不断运动着的分子构成。即使流体处于静止状态，这种分子运动也不会停止。除了流体内部分子力所引起的分子运动外，还由于外力作用使流体质点产生运动。这样，流体真正运动包括由于流体内部分子力所引起的内部分子运动及由于外力作用所引起的流体质点的运动。流体内部分子运动在流体力学中将不予考虑。流体力学只从宏观上研究流体质点的运动。正是出于这个原因，流体力学中采用连续的流体介质作为流体的模型。这样，流体力学研究对象就是一种连续的流体介质，也就是说，以连续的流体介质来代替流体分子结构。因此，流体就是各个质点之间具有很大的流动性的连续介质。

连续介质假设为建立流场的概念奠定了基础：设在 t 时刻，有某个流体质点占据了空间点(x，y，z)，将此流体质点所具有的某种物理量(数量或矢量)定义在该时刻和空间点上，根据连续介质假设，就可形成定义在连续时间和空间域上的(数量或矢量)场。

1.2 流体的主要物理性质

从物理学知道，流体和固体一样，由无数不规则随机热运动的分子构成，分子之间有着比分子尺度大得多的间隙。所以从微观上讲流体是离散的，因而流体中各空间点上不同瞬时的物理量是不连续的。但由于流体力学的研究对象是具有很大流动性的连续介质，因此，流体的许多物理属性就可以用变量进行表达。

1.2.1 惯性

惯性(Inertia)是物体所具有的反抗改变原有运动状态的物理性质，它主要决定于质量。质量越大，惯性越大，运动状态越难改变。一切物质都具有质量，流体也不例外。质量是物质的基本属性之一，是物体惯性大小的量度。

单位体积流体的质量叫做流体密度。设流体的体积为 ΔV，单位为立方米(m^3)，质量为 Δm，单位为千克(kg)，则该流体密度 ρ 为：

$$\rho=\lim_{\Delta V\to 0}\frac{\Delta m}{\Delta V}\quad (\mathrm{kg/m^3}) \tag{1-1}$$

单位体积流体的重量叫做流体重度。设流体的体积为 ΔV，单位为立方米(m^3)，重量为 ΔG，单位为牛［顿］(N)，则该流体重度 γ 为：

$$\gamma=\lim_{\Delta V\to 0}\frac{\Delta G}{\Delta V}\quad (\mathrm{N/m^3}) \tag{1-2}$$

由于流体介质是连续的，故式(1-1)存在极限。

密度和重度之间通过重力加速度 g 来联系：

$$\gamma=\rho g$$

1.2.2 压缩性和膨胀性

作用在流体上的压力变化可引起流体的体积变化或密度变化，这一现象称为流体的可压缩性(Compressibility)。压缩性可用体积压缩率κ或体积模量K来量度。

体积压缩率(Coefficient of Volume Compressibility)为流体体积的相对缩小值与压强增大值$\mathrm{d}p$之比，即当压强增大一个单位值时，流体体积相对减小一个单位值，用公式可表示为：

$$\kappa=-\frac{\mathrm{d}V/V}{\mathrm{d}p}=\frac{\mathrm{d}\rho/\rho}{\mathrm{d}p} \tag{1-3}$$

流体的压缩性在工程上往往用体积模量K来表示，体积模量K(Bulk Modulus of Elasticity)是体积压缩率的倒数，即

$$K=\frac{1}{\kappa}=-\frac{\mathrm{d}p}{\mathrm{d}V/V}=\frac{\mathrm{d}p}{\mathrm{d}\rho/\rho} \tag{1-4}$$

κ与K随温度和压强而变化，但变化甚微。根据压缩系数和体积模量的定义可知：

(1) K越大，表示流体越不易被压缩，当$K\to\infty$时，表示该流体绝对不可压缩。

(2) 流体的种类不同，其κ与K不同。

(3) 同一种流体的K和κ值随温度、压强的变化而变化。

一般工程设计中，水的$K=2\times10^9\,\mathrm{Pa}$，说明$\Delta p=1$个大气压时，$\frac{\Delta V}{V}=\frac{1}{20000}$。$\Delta p$不大的条件下，水的压缩性可忽略，相应的水的密度可视为常数。

【例1.1】 使水的体积减小0.1%及1%时，应增大压强各为多少？($K=2000\mathrm{MPa}$)

【解】 根据体积模量的定义$K=-\frac{\mathrm{d}p}{\mathrm{d}V/V}$，可知：

$$\mathrm{d}p=-K\frac{\mathrm{d}V}{V}$$

当体积减少0.1%时，应增加的压强Δp为：

$$\Delta p=-K\frac{\Delta V}{V}=-2000\times(-0.1\%)=2.0(\mathrm{MPa})$$

同理，当体积减小1%时，应增加的压强Δp为：

$$\Delta p=-K\frac{\Delta V}{V}=-2000\times(-1\%)=20(\mathrm{MPa})$$

【例1.2】 输水管长$l=200\mathrm{m}$，直径$d=400\mathrm{mm}$，即作水压试验，使管中压强达到55atm后停止加压，经历1小时，管中压强降到50atm。如不计管道变形，问在上述情况下，经管道漏缝流出的水量平均每秒是多少？水的体积压缩率$\kappa=4.83\times10^{-10}\mathrm{m^2/N}$。

【解】 水经管道漏缝泄出后，管中压强下降，于是水体膨胀，其膨胀的水体积$\mathrm{d}V$为：

$$\mathrm{d}V=-\kappa V\mathrm{d}p=-4.83\times10^{-10}\times\left(\frac{\pi}{4}\times0.4^2\times200\right)\times(50-55)\times9.8\times10^4=5.95\times10^{-3}(\mathrm{m^3})$$

水体膨胀量$5.95\times10^{-3}\mathrm{m^3}$即为经管道漏缝流出的水量，这是在1小时内流出的。设经管道漏缝平均每秒流出的水体积用Q表示，则

$$Q=\frac{5.95\times10^3}{3600}=1.65(\mathrm{cm^3/s})$$

液体的体积模量随温度和压强而变，随温度变化不显著。液体的K值很大，除非压强变化很剧烈、很迅速，一般可不考虑压缩性，做不可压缩流体假设，即认为液体的K值为无穷大，密度为常数。但若考虑水下爆炸、水击问题时，则必须考虑压缩性。

液体的膨胀性(Expansibility)通常用体积膨胀系数 β 来表示，所以体积膨胀系数 β 是指在一定压强下，单位温度升高 $\mathrm{d}T$ 所引起的体积变化率，即

$$\beta=\frac{\mathrm{d}V/V}{\mathrm{d}T} \tag{1-5}$$

体积膨胀系数 β 的单位为 K^{-1}。β 值越大，则流体的膨胀性也越大。

体积膨胀系数也可以表示为：

$$\beta=-\frac{\mathrm{d}\rho/\rho}{\mathrm{d}T} \tag{1-6}$$

水的膨胀性很小，一般情况下，可以忽略其膨胀性。只有在某些特殊情况下，例如突然开启和关闭阀门时发生的水击现象及冬季供暖时热水循环系统等问题时才考虑水的膨胀性。

【例 1.3】 200℃体积为 $2.5\mathrm{m}^3$ 的水，当温度升至 800℃时，其体积增加多少？

【解】 200℃时：$\rho_1=998.23\mathrm{kg/m}^3$；800℃时：$\rho_2=971.83\mathrm{kg/m}^3$。

由于温度变化后，流体的总质量没有变化，所以

$$\mathrm{d}m=\mathrm{d}(\rho V)=\rho\mathrm{d}V+V\mathrm{d}\rho=0$$

故

$$\Delta V=-\frac{\Delta\rho}{\rho}V=-\frac{971.83-998.23}{998.23}\times2.5=0.0661(\mathrm{m}^3)$$

体积变化率为：

$$\frac{\Delta V}{V}=\frac{0.0673}{2.5}\times100\%=2.64\%$$

对于气体，它与液体显著不同，不但具有明显的可压缩性，而且具有较大的膨胀性，压力和温度的变化对气体密度或比重的影响很大。在温度不过低，压力不过高时，气体的压力、温度和密度之间的关系满足理想气体状态方程(Equation of State of a Perfect Gas)。即

$$RT=\frac{p}{\rho} \tag{1-7}$$

式中，p——气体的绝对压强；

ρ——气体的密度；

T——热力学温度；

R——气体常数，对于空气 $R=287[\mathrm{J/(kg\cdot K)}]$；对于其他气体，在标准状态下，$R=\frac{8314}{n}$($n$ 为气体的分子量)。

1.2.3 粘性

流体对切力的抗阻很小，例如水从高处往低处流，这时由于高处的水在重力作用下，沿着水的表面方向有分力，这个分力对静止的水来说是切应力。在水表面受切应力的部位，静止状态就遭到破坏，水立即开始滑动，产生无限制的剪切变形，这就是流动。不仅水具有对剪切力抗阻很小的特性，其他流体同样具有这种特性，即流动性。但是，各种流

体的流动性有大有小，比较粘的流体如豆油与水相比，尽管外在条件相同，前者流动较缓，也就是能承受较大的切应力。流体的这种抵抗剪切变形的能力称为粘性(Viscosity)。

假设流场的速度分布是不均匀的，这时各流体层之间会产生相对运动。由于分子的不规则运动，当快层中的分子移到慢层中去时，它把多余的动量交给了慢层中的分子，使慢层加快，产生切向的向前拖力。反之，慢层中的分子移到快层中去时，动量交换的结果使快层减慢速度，产生一个切向阻力。因此，在流体中动量交换就形成了内摩擦力或粘性阻力，由于流体层之间的相互运动，在两层之间产生了内摩擦力以阻止相对运动。

粘性是流体所具有的重要属性。凡实际流体，无论气体还是液体都具有粘性。在流体力学问题的研究中，由于粘性影响所带来的复杂性使无数研究者付出了艰辛的劳动。因而，对流体的这一属性必须给予足够的重视。

1686年，牛顿通过大量的实验，总结出“牛顿内摩擦定律”，现在以图1.1说明牛顿实验的内容及其结果。

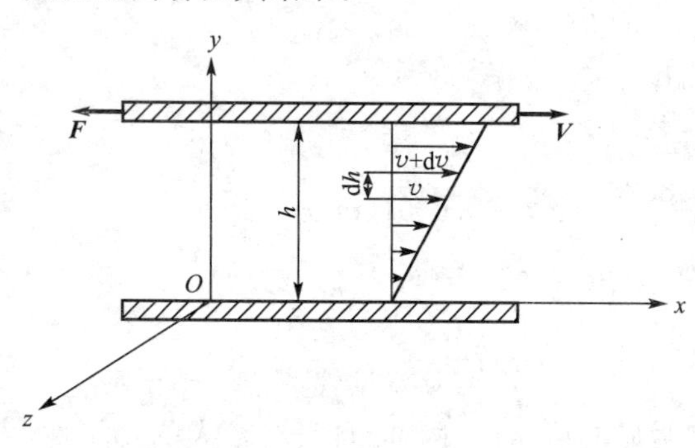

图1.1　牛顿内摩擦实验

图1.1为两个水平放置的平行平板，间距为h，两平板间充满某种液体。使上板以V的速度向右运动，下板保持不动。由于液体与板之间存在着附着力，故紧邻于上板的流体必以速度V随上板一同向右运动。而紧邻于下板的流体则依然附着于下板静止不动。在一定的速度V的范围内，实际测得流体的速度为线性分布，如图1.1所示。两板间的液体做平行于平板的流动，可以看成是许许多多无限薄层的液体在平行运动，而内摩擦力正是在我们设想的这种有相对运动的薄层之间产生的。

实验测出板所受粘性阻力的大小与各参数之间存在着如下关系：

$$T=\mu A\frac{V}{h} \tag{1-8}$$

式中，T——内摩擦力(N)；

A——平板与流体接触的计算面积(m^2)；

V——平板的运动速度(m/s)；

h——两平板间的垂直距离(m)；

μ——与流体性质有关的比例系数，称为［动力］粘度(粘滞系数)(Pa·s)。

若取如图1.1所示相距为dh的流体薄层，其速度差为dv，则上式可推广为不受直线分布规律所限制的普遍形式：

$$T=\mu A\frac{dv}{dh} \tag{1-9}$$

式中，$\frac{dv}{dh}$——流体速度梯度。

若以单位面积上的摩擦力，即摩擦切应力$\tau=T/A$来表示，则上式为

$$\tau=\mu\frac{\mathrm{d}v}{\mathrm{d}h} \tag{1-10}$$

式(1-8)和式(1-9)所表示的关系为牛顿内摩擦定律。其物理意义为：流体内摩擦力的大小与流体的速度梯度和接触面积大小成正比，并且与流体的性质，即粘性有关。

由式(1-10)可以看出，当 $\mathrm{d}v/\mathrm{d}h=0$ 时，$\tau=0$，也即当流体薄层之间或流体微团之间没有相对运动时，或者说处于静止状态时流体中不存在内摩擦力。因此流体的粘性是指：在外力作用下流体微团间具有相对运动时，产生摩擦力，阻滞相对运动的特性。

由牛顿内摩擦定律可以看出，流体与固体在摩擦规律上是截然不同的。流体中的摩擦力取决于流体间的相对运动，即其大小与速度梯度成正北；固体间的摩擦力与速度无关，与两固体之间所承受的正压力成正比。在流体力学的研究中，当速度梯度发生变化时，我们把动力粘度 μ 为不变数的流体称为牛顿流体(Newtonian fluid)；把 μ 为变数的流体称为非牛顿流体(Non-Newtonian fluid)。本书所研究的主要是牛顿流体。

实验表明，流体的动力粘性系数，将随流体的温度改变而变化，但随流体的压力变化则不大。当温度升高时，气体的［动力］粘度都将增大。这是因为，气体的粘性力主要来自相邻流动层分子的横向动量交换的结果：温度升高，这种动量的交换也加剧。因而内摩擦力或 μ 值将增大。但是，液体则不同。随着温度的升高，液体的 μ 值将减小。原因在于液体的粘性力主要来自相邻流动层间分子的内聚力；随着温度的升高，液体分子热运动加剧，液体分子间的距离变大，因而分子间的内聚力将随之减小，故 μ 值减小。常见流体的［动力］粘度 μ 的大小，可参看表1-1。

表1-1 在标准大气压下某些常见液体的物理性质

项目 / 名称	温度 T/℃	密度 ρ /(kg/m³)	弹性模量 E /kPa	［动力］粘度 μ /($\times10^{-4}$ Pa·s)	表面张力 σ /(N/m)
苯	20	876.2	1 034 250	6.56	0.029
四氯化碳	20	4587.4	1 103 200	9.74	0.026
乙醇	20	788.6	1 206 625	12.0	0.022
氟里昂-12	15.6	1645.2	—	14.8	—
	−34.4	1499.8	—	18.3	—
石油	20	855.6	—	71.8	0.03
汽油	20	680.3	—	2.0	—
甘油	20	1257.6	4 343 850	14930	0.063
汞	15.6	13 555	26 201 000	15.6	0.51
	315.6	12 833	—	9.0	—
燃油(JP-4)	15.6	773.1	—	8.7	0.029
液氢	−257.2	73.7	—	0.21	0.003
液氧	−195.6	1206	—	2.78	0.015
水	20	998.2	2 170 500	10.0	0.073

它们随温度的变化关系，可以参见下列公式：

$$\mu=\frac{\mu_0}{1+\alpha(T-273.15)+\beta(T-273.15)^2} \tag{1-11}$$

式中，μ_0——$T=273.15$时的［动力］粘度；

α，β——取决于液体种类的系数。例如，对于水，$\alpha=33.69\times10^{-4}$，$\beta=221\times10^{-4}$，而$\mu_0=1.79\times10^{-3}$帕·秒(Pa·s)。

对于气体(空气)有：

$$\mu=[17\,040+56.02(T-273.15)-0.1189(T-273.15)^2]\times10^{-9} \tag{1-12}$$

表1-2给出了常见气体的物理力学性质。从表1-2可知，气体的μ是很小的，除非剪切应变率很大，液体的μ值都比气体的大许多，特别是低温时。所以，在寒带地区进行液体的输送(如石油的输送)时需要考虑增温；飞机或其他机械的某些传动系统需考虑用气体替代液体来做工作介质；人们还利用温度升高流体粘性降低，流动性能提高的特点发明了热力采油方法，这种方法已经在石油工程中得到广泛应用，我国的辽河油田就普遍采用热力采油的方法进行生产。

表1-2　某些常见气体的物理性质①

项目 名称	通用气体常数$\bar{R}$/[J/(kg·K)]	气体常数R/[J/(kg·K)]	定压比热C_γ/[J/(kg·K)]	比热比k	[动力]粘度μ/($\times10^{-6}$Pa·s)
二氧化碳	8264	187.8	858.2	1.28	1.47
氧	8318	269.9	909.2	1.40	2.01
氮	8302	296.5	1038	1.40	1.76
氦	8307	2076.8	5223	1.66	1.97
氢	8318	4126.6	14446	1.40	0.90
甲　烷	8302	518.1	2190	1.31	1.34
空　气	8313	286.8	1003	1.40	1.81

① 海平面标准大气压，$t=20$℃下。

在流体力学的许多方程中，常有这样一个组合量$\frac{\mu}{\rho}$出现，为了研究方便，人们定义了一个新的变量：运动粘度(Kinematic Viscosity)ν，其定义是：

$$\nu=\frac{\mu}{\rho}$$

式中，ν的量纲是L^2T^{-1}，单位是m^2/s。量纲只包含长度和时间，故是运动学的量纲。现在广泛使用μ和ν这样两个粘性系数。

但初学者要留意。例如水的动力粘性系数μ要比空气的μ大许多；但空气的运动粘度系数ν却要比水的ν大许多，这是因为空气的密度ρ比水的ρ小许多的缘故。

在流体力学研究中，常采用理想流体模型进行研究。即假定流体不存在粘性或者其粘度为0。这种流体在运动时不仅内部不存在摩擦力，而且在它与固体接触的边界上也不存在摩擦力，而且理想流体虽然事实上并不存在，但这种理论模型却有重大的理论和实际价值。因为有些问题(例如边界层以外的流动区域)粘性并不起重大作用，忽略粘性可以容易地分析其力学关系，所得结果与实际并无太大出入。有些问题虽然流体粘性不可忽视，但作为由浅入深的一种手段，我们也可以先讨论理想流体的运动规律，然后再考虑有粘性影响时的修正方法，这样问题就容易解决，因为粘性影响非常复杂。研究流体运动，如果将实际因素通盘考虑，则问题有时难以解决，理想流体的运动则简单得多，所得结果虽然与实际有很大差别，但作为定性分析仍然有可供参考之处。

理想流体运动学和动力学理论严谨，范围广泛，这些理论对于分析实际问题都有重大作用，不可因为没有理想流体而忽视理想流体理论的重要性，这种思想对于学过理论力学熟知刚体概念的同学来说是不难理解的。理想流体也是类似于刚体这样一种科学抽象的概念。

1.2.4 液体的表面张力和毛细现象

在液体内部，液体分子之间的内聚力是相互平衡的，但在液体与气体交界的自由面上，内聚力之间不能平衡，交界面下侧的内聚力力图使自由面收缩，从而在交界面上形成张紧的分子膜。在两种不相混合的液体之间的分界面上也会因同样原因形成分子膜。所谓表面张力就是指这种分子膜中的拉力。显然一种液体表面张力的大小与它跟何种流体组成交界面有关。在表1-1中所列举的表面张力数据都是指该液体同空气组成交界面情况下取得的。表面张力σ方向与自由液面相切并与所取面元边缘相垂直，σ的大小是指所取面元单位边缘长度上的拉力，故σ的量纲为MT^{-2}，单位是牛/米(N/m)。

表1-1给出了某些常见液体的表面张力值，都是在某个温度下测量所得的数据。因为表面张力是液体分子间内聚力不平衡造成的，温度上升内聚力将减小，故表面张力也将减小。自然界中存在许多有表面张力作用的现象。如毛细现象，气泡或液滴的生成及液体射流的破坏现象等。

毛细(管)现象在流体力学实验所使用的测量仪器中经常遇到。在液体中插入一根竖直的细管，于是将产生管内液体上升或下降的情况，称为毛细现象，如图1.2所示。如液体能够浸湿内管壁，管内液面将上升h高度，波面呈凹形；反之，如液体不能浸湿内管壁，管内液面将下降h高度，液面呈凸形。前者相当于水在毛细玻璃管内产生的毛细现象，后者相当于汞在毛细玻璃管内产生的毛细现象。

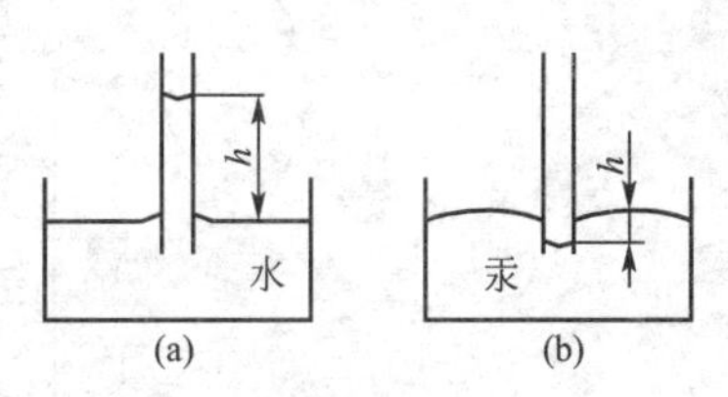

图1.2 毛细现象示意图

毛细管内液面上升或下降的高度h，与液体的表面张力、毛细管半径、流体的重度等有关，可用下式计算得到：

$$h=\frac{2\sigma\cos\theta}{\gamma\cdot r}$$

式中，γ——液体的重度；

r——毛细管的半径；

θ——接触角。

1.3 非牛顿流体

即使是当做流体的物质，在应力作用下，反应也是非常不同的。遵循牛顿粘性定律，且粘度不变的流体即牛顿流体。大多数常见的流体均属于这一类，其切应力与速度梯度成直线关系。不遵循牛顿粘性定律的称为非牛顿流体，具体有以下几种。

(1) 塑性流体：在塑变开始前，其切应力必须达到某一极小值，据此，切应力随剪切变形率变化的关系式为：

$$\tau=A+B\left(\frac{\mathrm{d}u}{\mathrm{d}y}\right)^n$$

式中，A、B、n——均为常数。若 $n=1$，则称此流体为宾汉塑性流体(例如污泥)。

(2) 伪塑性流体：这种流体当剪切变形率增加时，其动力粘性减小(例如胶状溶液、粘土乳状物及水泥)。

(3) 膨胀性流体：当剪切变形率增加时，这种物体的动力粘性也增加(例如流沙)。

(4) 摇溶性物质：这种物体，随切力作用时间的增加其动力粘性减小(例如摇溶性胶状油漆)。

(5) 震凝流体：这种流体随切力作用时间的增加其动力粘性增加。

(6) 粘弹性流体：如果条件不随时间而变，此类物体的表现类似于牛顿流体，但是，如果切应力突然变化，则其表现似塑性物体。

牛顿流体和非牛顿流体切应力随速度梯度的变化关系如图 1.3 所示。在流体力学中分析某些问题，我们有理由假定流体为无粘性的理想流体的特性。对于这种流体得到理论解，往往对所涉及的问题给出有价值的见解，并能在需要时通过实验研究去联系实际情况。

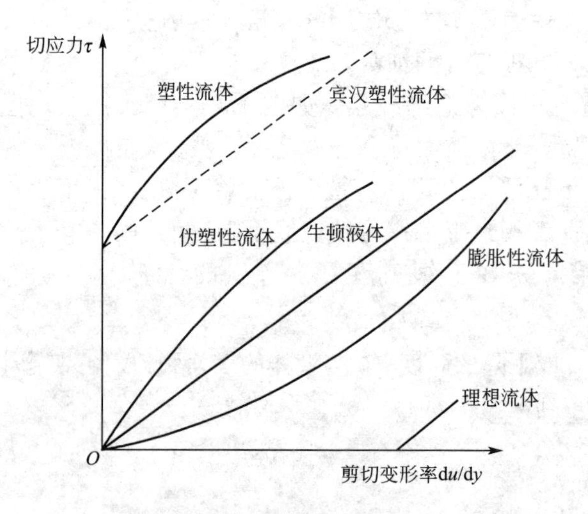

图 1.3 切应力随速度梯度的变化

习　题

1. 在标准大气压下 20℃时空气的密度为________ kg/m^3。

   A. 1.2　　B. 12　　C. 120　　D. 1200

2. 温度升高时，水的粘性________。

   A. 变小　　B. 变大　　C. 不变　　D. 不能确定

3. 温度升高时，空气的粘性________。

   A. 变小　　B. 变大　　C. 不变　　D. 不能确定

4. ［动力］粘度 μ 与运动粘度 ν 的关系为________。

   A. $\nu=\mu\rho$　　B. $\nu=\frac{\mu}{\rho}$

   C. $\nu=\frac{\rho}{\mu}$　　D. $\nu=\frac{\mu}{p}$

5. 运动粘度的单位是________。

   A. s/m^2　　B. m^2/s　　C. $N\cdot s/m^2$　　D. $N\cdot m^2/s$

6. 流体的粘性与流体的________无关。

   A. 分子内聚力　　B. 分子动量交换

   C. 温度　　D. 速度梯度

7. 与牛顿内摩擦定律直接有关的因素是________。

   A. 切应力与速度　　B. 切应力与剪切变形

   C. 切应力与剪切变形速度　　D. 切应力与压强

8. 液体的体积压缩系数是在________条件下单位压强变化引起的体积变化率。

   A. 等压　　B. 等温　　C. 等密度　　D. 体积不变

9. ________是非牛顿流体。

   A. 空气　　B. 水　　C. 汽油　　D. 沥青

10. 静止流体________剪切应力。

    A. 可以承受　　B. 能承受很小的

    C. 不能承受　　D. 具有粘性时可以承受

11. 流体的基本力学特性是________。

    A. 可以充满整个容器　　B. 不能保持一定的形状

    C. 不能承受剪切力而保持静止　　D. 不能承受剪切力不可以被压缩

12. 根据连续介质概念，流体质点是指________。

    A. 流体的分子

    B. 流体内的固体颗粒

    C. 空间几何点

    D. 微观上看由大量分子组成，宏观上看只占据一个空间点的流体团

13. 理想流体假设认为流体________。

A. 不可压缩　　　　　　　　B. 粘性系数是常数

C. 无粘性　　　　　　　　　D. 符合牛顿内摩擦定律

14. 比较重力场(质量力只有重力)中，水和水银所受的单位质量力 $f_{水}$ 和 $f_{水银}$ 的大小关系为________。

A. $f_{水}<f_{水银}$　　　　　　　　C. $f_{水}>f_{水银}$

B. $f_{水}=f_{水银}$　　　　　　　　D. 不一定

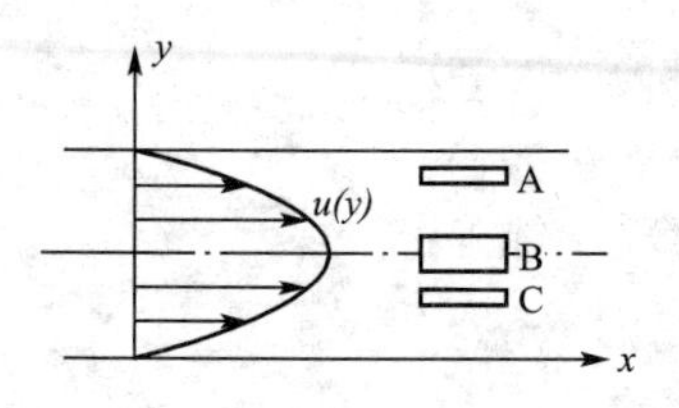

图 1.4　16题图

15. 试从力学观点分析液体和气体有何异同，举例说明在空气中和水中相同和不相同的一些流体力学现象。

16. 液体在两块平板间流动，流速分布如图 1.4 所示，从中取出 A、B、C 3 块流体微元，试分析：

(1) 各微元上下两平面上所受切应力的方向。

(2) 定性指出哪个面上的切应力最大？哪个最小？为什么？

17. 已知液体中的流速分布如图 1.5 所示的 3 种情况：(1)矩形分布；(2)三角形分布；(3)抛物线分布。试定性地画出各种情况下的切应力分布图。

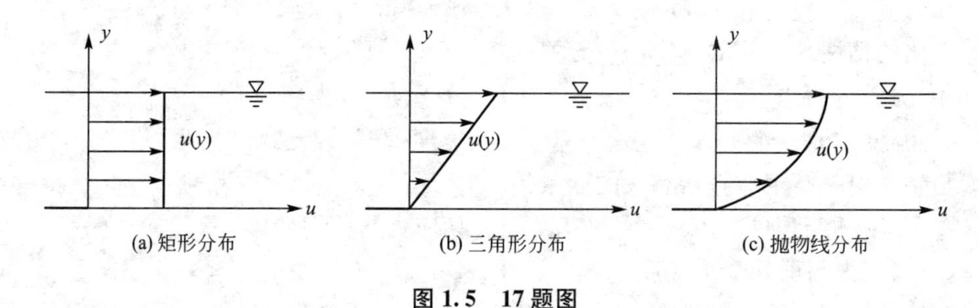

图 1.5　17题图

18. 试分析图 1.6 中 3 种情况下流体微元 A 受到哪些表面力和质量力作用。

(1) 静止水池。

(2) 明渠水流。

(3) 平面弯道水流。

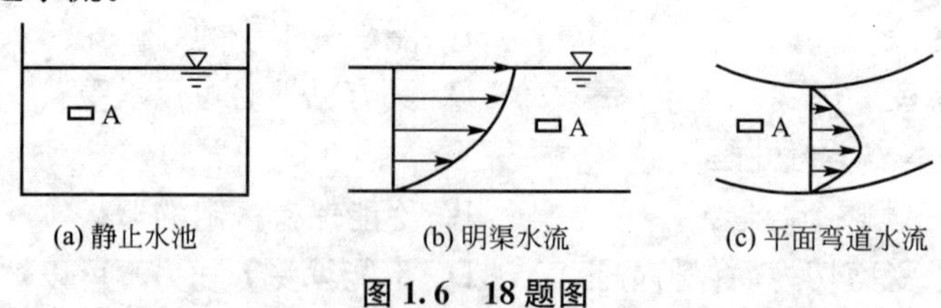

图 1.6　18题图

19. 200℃体积为 2.5m^3 的水，当温度升至 800℃时，其体积增加多少？

20. 使水的体积减小 0.1%及 1%时，应增大压强各为多少？

21. 输水管 $l=200$m，直径 $d=400$mm，做水压试验。使管中压强达到 55at 后停止加压，经历 1 小时，管中压强降到 50at。如不计管道变形，问在上述情况下，经管道漏缝流出的水量平均每秒是多少？(水的体积压缩率$=4.83\times10^{-10}$ • m^2/N)

22. 试绘制平板间液体的流速分布图与切应力分布图。设平板间的液体流动为层流，且流速按直线分布，如图 1.7 所示。

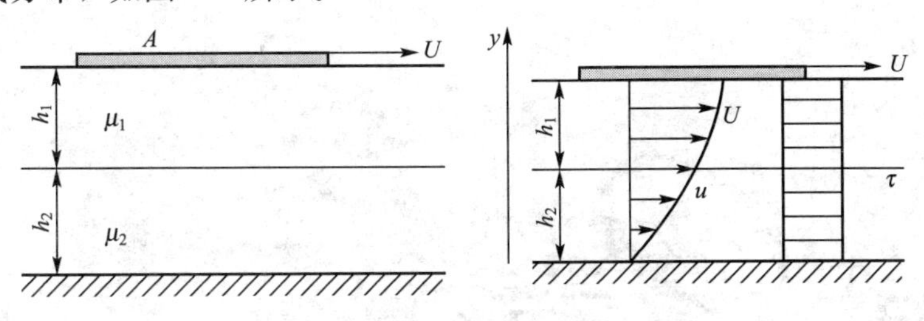

图 1.7　22 题图

23. 如图 1.8 所示，底面积为 40cm×45cm、高为 1cm 的木块。已知木块运动速度 u=1m/s，油层厚度 d=1mm，由木块所带动的油层的运动速度呈直线分布，求油的粘度。

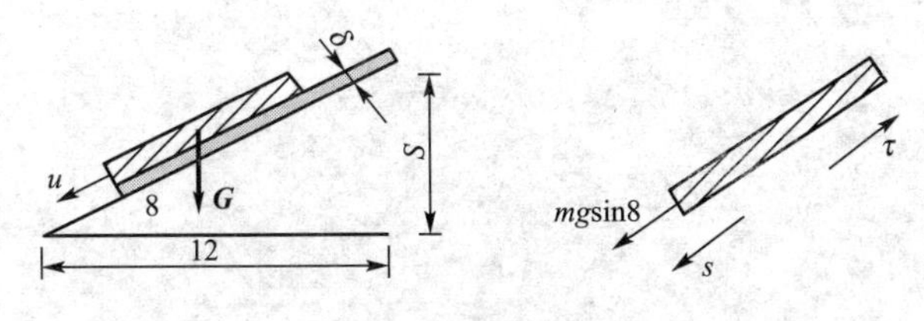

图 1.8　23 题图

24. 如图 1.9 所示直径为 10cm 的圆盘，内筒高 10cm。由轴带动在一平台上旋转，圆盘与平台间充有厚度 δ=1.5mm 的油膜相隔，当圆盘以 n=50r/min 旋转时，测得扭矩 M=2.94×10^{-4}N·m。设油膜内速度沿垂直方向为线性分布，试确定油的粘度。

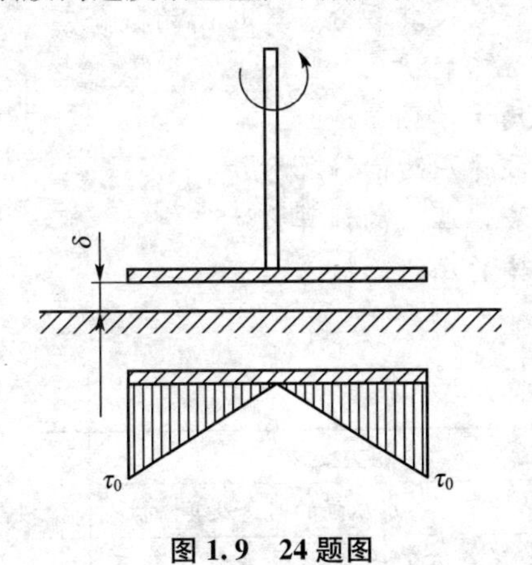

图 1.9　24 题图

第2章 流体静力学

教学目标

熟练掌握流体静压强及其特性。

理解液体的平衡微分方程式及其积分、等压面的概念。

熟练掌握流体静压强的分布规律。

掌握压强的计算标准和度量单位。

熟练掌握作用于平面的液体压力的计算方法。

熟练掌握作用于曲面的液体压力的计算方法。

理解相对静止状态下流体的压力的概念。

教学要求

知识要点	能力要求	相关知识
静水压强的特性	熟练掌握静水压强的概念及其特性	极限、空间汇交力系平衡方程
液体平衡微分方程、等压面	理解液体的平衡微分方程式及其积分、等压面的概念	泰勒(Taylor)级数、偏导数、全微分
水静力学的基本方程、测压管高度、真空高度	熟练掌握流体静压强的分布规律、测压管高度、真空高度的概念	全微分、积分
作用于平面的液体压力	熟练掌握作用于平面的液体压力的计算方法	平行力系的合力、静矩、惯性矩、惯性积、惯性矩的平行移轴定理、惯性积的平行移轴定理
作用于曲面的液体压力、压力体	熟练掌握作用于曲面的液体压力的计算方法	积分、静矩

引言

流体静力学是研究流体在静止状态下平衡规律及其工程应用的分支。通常把静止分为静止和相对静止两类，两者划分的依据在于所选的参照系不同。如果选地球为参照坐标系，流体相对地球没有运动，则称流体处于静止状态，此时流体所受质量力只有重力；如果以盛装流体的容器为参照坐标系，流体和容器一起作加速运动(匀加速直线运动或绕铅直轴心等速旋转)，虽然系统相对地球是运动的，但流体和容器壁之间无相对运动，我们称之为相对静止，这时流体同时受到重力和惯性力这两种质量力的作用。上述两种情况的共同点是每一流体质点所受的作用力都相互平衡。流体在平衡状态下所受作用力只有沿法线方向的表面力和质量力，不出现粘性力，因此，流体静力学的规律同时适用了理想流体和实际流体。

2.1 流体静压强及其特性

2.1.1 流体静压强

在静止流体中取一作用面 ΔA，其上作用的压力为 Δp，则当 ΔA 缩小为一点时，平均压强$\frac{\Delta p}{\Delta A}$的极限定义为该点的流体静压强，以符号 p 表示。即

$$p=\lim_{\Delta A\to 0}\frac{\Delta p}{\Delta A} \tag{2-1}$$

在国际单位制中，压力单位为 N 或 kN；流体静压强的单位为 N/m^2，也可用 Pa 或 kPa 表示。

2.1.2 静止流体中应力的特征

静止流体中的应力具有以下两个特性。

(1) 应力的方向和作用面的内法线方向一致。

(2) 静压强的大小与作用面方位无关。

为了论证第一个特性，可在静止流体中任取截面 N—N，将其分为Ⅰ、Ⅱ两部分，取Ⅱ为隔离体，Ⅰ对Ⅱ的作用由 N—N 面上连续分布的应力代替(图 2.1)。

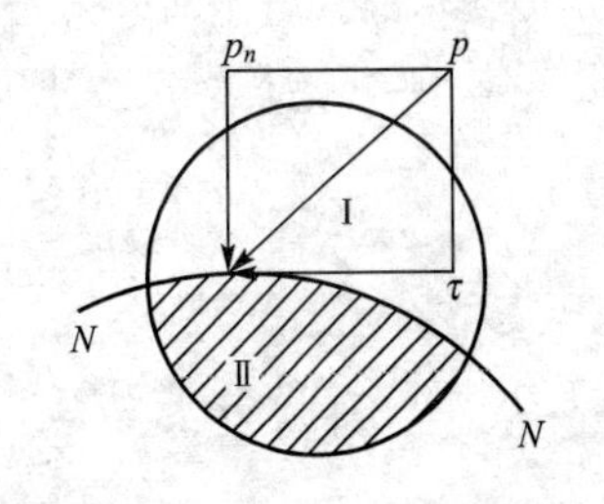

图 2.1 静止流体中应力方向

在 N—N 面上，任一点的应力 p 的方向若不是沿作用面的法线方向，则 p 可将其分解为法向应力 p_n 和切向应力 τ。因为静止流体不能承受切力，又流体不能承受拉力，故 p 的方向只能和作用面的内法线方向一致。

以下论证第二个特性。

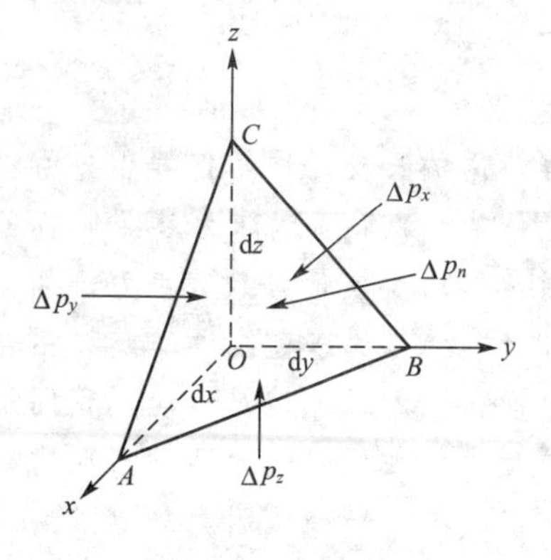

图 2.2　静微元四面体

设在静止流体中任取一点 O，包含 O 点作微元直角四面体 $OABC$ 为隔离体，取坐标轴如图 2.2 所示，其正交的三个面分别与 x、y、z 三个坐标轴垂直，三个边长分别为 dx、dy、dz。

作用在四面体上的力有表面力 Δp_x、Δp_y、Δp_z、Δp_n 和质量力 ΔF_{BX}、ΔF_{BY}、ΔF_{BZ}，且：

$$\Delta F_{BX}=\frac{1}{6}X\rho dxdydz$$

$$\Delta F_{BY}=\frac{1}{6}Y\rho dxdydz$$

$$\Delta F_{BZ}=\frac{1}{6}Z\rho dxdydz$$

因四面体静止，各方向作用力平衡，则有：$\sum F_x=0$，$\sum F_y=0$，$\sum F_z=0$，

考察 x 方向的平衡有：

$$\Delta p_x-\Delta p_n\cos(n,\ x)+\Delta F_{BX}=0$$

式中$(n,\ x)$为倾斜平面 ABC(面积 ΔA_n)的外法线方向与 x 轴夹角。以三角形 AOC 面积

$$\Delta A_x=\Delta A_n\cos(n,\ x)=\frac{1}{2}dydz$$

除以上式得：

$$\frac{\Delta p_x}{\Delta A_x}-\frac{\Delta p_n}{\Delta A_n}+\frac{1}{3}X\rho dx=0$$

令四面体向 O 点收缩，对上式取极限，其中

$$\lim_{\Delta A_x\to 0}\frac{\Delta p_x}{\Delta A_x}=p_x,\quad \lim_{\Delta A_n\to 0}\frac{\Delta p_n}{\Delta A_n}=p_n,\quad \lim_{dx\to 0}\left(\frac{1}{3}X\rho dx\right)=0$$

于是：$$p_x-p_n=0,\quad p_x=p_n$$

同理，由：　$\sum F_y=0$，$\sum F_z=0$，可得 $p_y=p_n$，$p_z=p_n$

所以：$$p_x=p_y=p_z=p_n$$

由于 O 点和 n 的方向都是任选的，因此静止流体内任一点上，压强的大小与作用面方位无关，各个方向的压强可用同一个符号 p 表示，p 只是该点坐标的连续函数。

$$p=p(x,\ y,\ z)$$

2.2 欧拉平衡微分方程

2.2.1 平衡微分方程

根据力的平衡原理，可推出静压强的分布规律。

在静止流体内任取一点 $O'(x,\ y,\ z)$，该点压强 $p=p(x,\ y,\ z)$。以 O' 为中心作微元

直角六面体，正交的3个边分别与坐标轴平行，长度为 dx、dy、dz(图 2.3)。由于微元六面体静止，各方向的作用力相平衡。以 x 方向为例，所受的力有表面力和质量力。

其中表面力只有作用在 $abcd$ 和 $a'b'c'd'$ 面上的压力。对两个受压面中心点 p_M、p_N 的压强，取泰勒(Taylor)级数展开式的前两项：

$$p_M=p\left(x-\frac{\mathrm{d}x}{2},\ y,\ z\right)=p-\frac{1}{2}\frac{\partial p}{\partial x}\mathrm{d}x$$

$$p_N=p\left(x+\frac{\mathrm{d}x}{2},\ y,\ z\right)=p+\frac{1}{2}\frac{\partial p}{\partial x}\mathrm{d}x$$

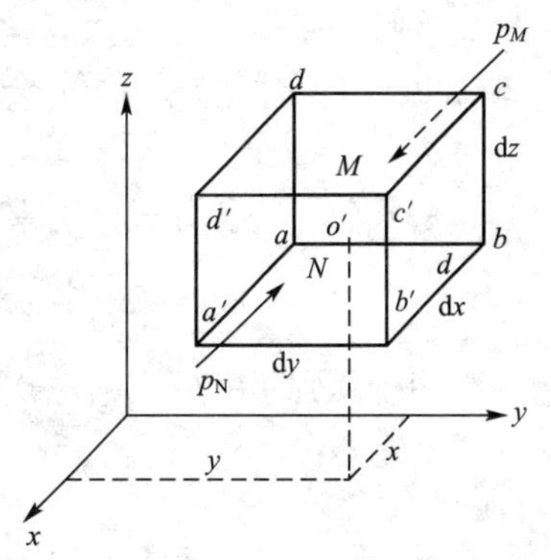

图 2.3 平衡微元六面体

由于受压面足够小，可将 p_M、p_N 作为所在面的平均压强，于是 $abcd$ 和 $a'b'c'd'$ 面上的压力为：

$$P_M=\left(p-\frac{1}{2}\frac{\partial p}{\partial x}\mathrm{d}x\right)\mathrm{d}y\mathrm{d}z$$

$$P_N=\left(p+\frac{1}{2}\frac{\partial p}{\partial x}\mathrm{d}x\right)\mathrm{d}y\mathrm{d}z$$

质量力大小为：
$$F_{BX}=X\rho\mathrm{d}x\mathrm{d}y\mathrm{d}z$$

由 $\sum F_x=0$，有：

$$\left(p-\frac{1}{2}\frac{\partial p}{\partial x}\mathrm{d}x\right)\mathrm{d}y\mathrm{d}z-\left(p+\frac{1}{2}\frac{\partial p}{\partial x}\mathrm{d}x\right)\mathrm{d}y\mathrm{d}z+X\rho\mathrm{d}x\mathrm{d}y\mathrm{d}z=0$$

化简得：
$$X-\frac{1}{\rho}\frac{\partial p}{\partial x}=0$$

同理 y、z 方向可得：

$$Y-\frac{1}{\rho}\frac{\partial p}{\partial y}=0,\ Z-\frac{1}{\rho}\frac{\partial p}{\partial z}=0$$

可统一写为：

$$\left.\begin{aligned}X-\frac{1}{\rho}\frac{\partial p}{\partial x}=0\\Y-\frac{1}{\rho}\frac{\partial p}{\partial y}=0\\Z-\frac{1}{\rho}\frac{\partial p}{\partial z}=0\end{aligned}\right\}\tag{2-2}$$

式(2-2)用一个向量方程表示

$$\vec{f}-\frac{1}{\rho}\nabla p=0\tag{2-3}$$

式中符号 ∇ 为矢性微分算子，称哈密尔顿(Hamilton)算子。

$$\nabla=\vec{i}\frac{\partial}{\partial x}+\vec{j}\frac{\partial}{\partial y}+\vec{k}\frac{\partial}{\partial z}$$

式(2-2)和式(2-3)是流体平衡微分方程，是瑞士数学家和力学家欧拉在1755年导出的，又称为欧拉平衡微分方程。该方程表明，在静止流体中各点单位质量流体所受表面力和质量力相平衡。

2.2.2 平衡微分方程的全微分

将式(2-2)各分式分别乘以 dx、dy、dz 然后相加，得：

$$\frac{\partial p}{\partial x}\mathrm{d}x+\frac{\partial p}{\partial y}\mathrm{d}y+\frac{\partial p}{\partial z}\mathrm{d}z=\rho(X\mathrm{d}x+Y\mathrm{d}y+Z\mathrm{d}z)$$

由于压强 $p=p(x, y, z)$是坐标的连续函数，由全微分定理，上式等号左边即是压强 p 的全微分：

$$\mathrm{d}p=\rho(X\mathrm{d}x+Y\mathrm{d}y+Z\mathrm{d}z) \tag{2-4}$$

此式是欧拉平衡微分方程的全微分表达式，也称为平衡微分方程的综合式。当作用于流体的单位质量力已知时，便可通过积分求得流体静压强的分布规律。

2.2.3 等压面的概念

压强相等的空间点构成的面(平面或曲面)称为等压面。运用平衡微分方程的综合式，可以证明等压面的一个重要性质。

由方程(2-4)可知，当压强相等 p=常数时，dp=0，即：

$$\rho(X\mathrm{d}x+Y\mathrm{d}y+Z\mathrm{d}z)=0$$

由 $\rho\neq0$，则可得到等压面方程为：

$$X\mathrm{d}x+Y\mathrm{d}y+Z\mathrm{d}z=0 \tag{2-5}$$

式中，X、Y、Z——等压面上某点 M 的单位质量力$\vec{f}$在坐标 x、y、z 方向的投影，dx、dy、dz 为该点处微小有向线段 d$\vec{l}$在坐标 x、y、z 方向的投影，于是：

$$X\mathrm{d}x+Y\mathrm{d}y+Z\mathrm{d}z=\vec{f}\cdot\mathrm{d}\vec{l}=0$$

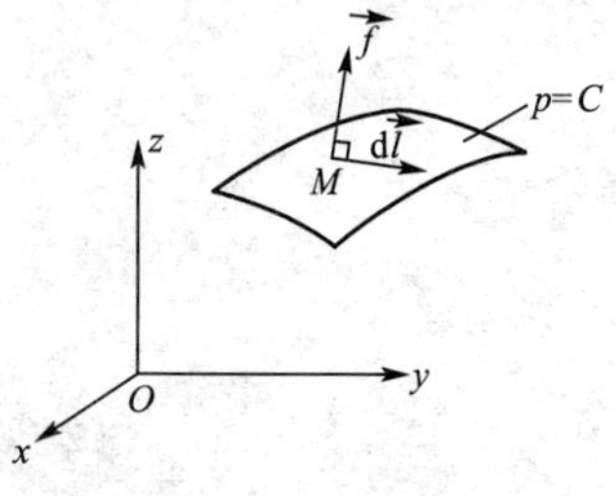

由向量运算可知$\vec{f}$和 d$\vec{l}$正交，从物理意义上说，单位质量力沿等压面任意方向所做的功为零，即等压面与质量力正交。

根据等压面的这一性质，可由质量力的方向来判断等压面的形状。在流体只受重力作用时，等压面为水平面；若同时受到重力和直线惯性力作用时，等压面为斜面；在重力和离心惯性力共同作用下，等压面为曲面，如图 2.4 所示。

图 2.4 等压面

2.3 流体静压强的分布规律

2.3.1 静压强基本方程

1. 基本方程的表达式

考察重力作用下的静止流体，选直角坐标系 $Oxyz$，如图 2.5 所示，自由液面的位置

高度为 z_0，压强为 p_0。

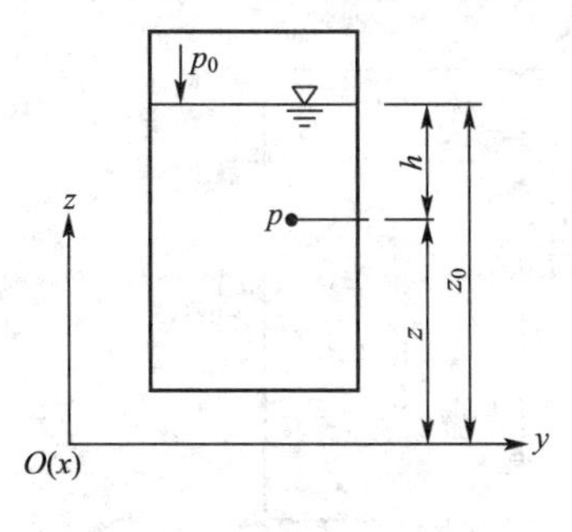

图 2.5 静止液体

现求液体中任一点的压强，由式(2-4)

$$dp=\rho(Xdx+Ydy+Zdz)$$

质量力只有重力，将 $X=Y=0$，$Z=-g$ 代入上式，得：

$$dp=-\rho g dz$$

对均质液体，密度 ρ 是常数，积分上式，得：

$$p=-\rho gz+c' \quad (2-6)$$

将边界条件 $z=z_0$，$p=p_0$ 代入得出积分常数，得：

$$c'=p_0+\rho gz_0$$

代入式(2-6)得：

$$p=p_0+\rho g(z_0-z)$$

$$p=p_0+\rho gh \quad (2-7)$$

此式即流体静力学基本方程，它表明在重力作用下的静止流体中，压强随深度成线性规律变化。以单位体积液体的重量 ρg 除以式(2-6)各项，得

$$\frac{p}{\rho g}=-z+\frac{c'}{\rho g}$$

$$z+\frac{p}{\rho g}=c \quad (2-8)$$

式中，p——静止流体内某点的压强；

p_0——流体表面压强（对于液面通大气的开口容器，p_0 即为大气压强，并以符号 p_a 表示）；

h——该点到液面的距离，称淹没深度；

z——该点在水平坐标面以上的高度。

式(2-8)是流体静力学基本方程的另一种表达方式，它表明在重力作用下的静止流体中，任意一点的 $z+\frac{p}{\rho g}$ 为一个常数。

2. 推论

由液体静压强 $p=p_0+\rho gh$ 基本方程，可得出以下推论。

(1) 静压强的大小与液体的体积无直接关系。盛有相同液体的容器(图 2.6)，各容器的容积不同，液体的重力不同，但只要深度 h 相同，由式(2-7)知容器底面上各点的压强都相同。

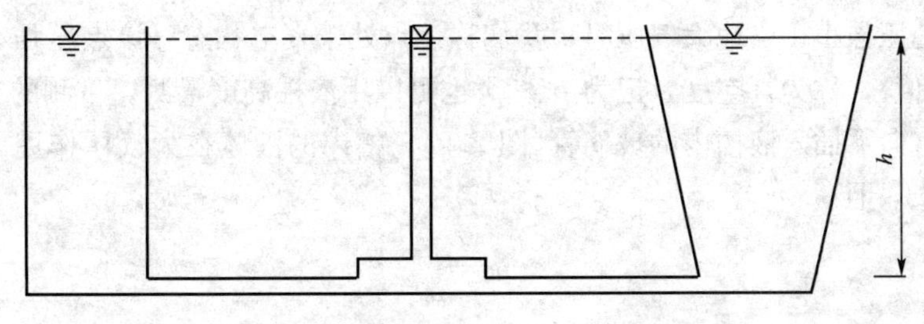

图 2.6 推论之一

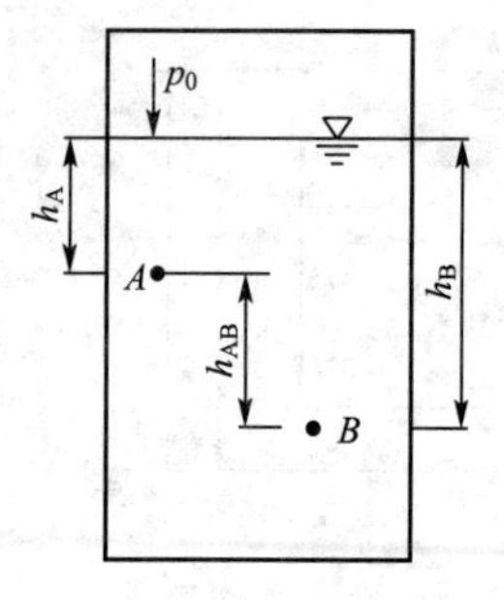

图 2.7　推论之二

(2) 液体内两点的压强差，等于两点间竖向单位面积液柱的重量。如图 2.7 所示，对液体内任意两点 A、B 有：

$$p_A = p_0 + \rho g h_A$$

$$p_B = p_0 + \rho g h_B$$

$$p_B - p_A = \rho g(h_B - h_A) = \rho g h_{AB}$$

或

$$\left.\begin{aligned} p_A &= p_B - \rho g h_{AB} \\ p_B &= p_A + \rho g h_{AB} \end{aligned}\right\} \tag{2-9}$$

(3) 平衡状态下，液体内(包括边界上)任意点压强的变化，能等值地传递到其他各点。引用式(2-9)，液体内任意点的压强为：

$$p_B = p_A + \rho g h_{AB}$$

在平衡状态下，当 A 点的压强增加 Δp，则 B 点的压强变为

$$\begin{aligned} p' &= (p_A + \Delta p) + \rho g h_{AB} = (p_A + \rho g h_{AB}) + \Delta p \\ &= p_B + \Delta p \end{aligned} \tag{2-10}$$

即某点压强的变化，等值地传递到其他各点，这就是著名的帕斯卡原理。

2.3.2　测压管高度

1. 测压管高度

现在讨论流体静力学基本方程式(2-8)的意义。

其中，在图 2.8 中，z 为某点(如 A 点)在基准面以上的高度，称为位置高度或位置水头。它的物理意义是单位质量液体具有的，相对于基准面的位置势能，简称位能。第二项 $p/\rho g$ 称为压强水头，当某点的压强大于大气压时，在该点接一根竖直向上的开口玻璃管，在压强差(大于大气压的部分)作用下，液体将沿管道上升高度 h_p，即

$$h_p = \frac{p}{\rho g} \tag{2-11}$$

故 h_p称为测压管高度或压强水头。物理意义是单位质量液体具有的压强势能，简称压能。

$z + p/\rho g$ 合称为测压管水头，是单位质量液体具有的总势能。液体静力学基本方程 $z + p/\rho g = c$ 表示，在均质连通静止液体中，各点的测压管水头相等。从物理意义上说，表明静止液体中各点单位质量液体具有的总势能相等。

2. 真空高度

当某点的压强小于当地大气压时，我们称该点处于真空状态。该点压强小于当地大气压的值(绝对值)，称为真空度，记为 p_v。p_v也可以用液柱高度量测。量测的方法是，在该点接一根竖直向下插入液槽内的玻璃管(图 2.9)，槽内的液体在大气压作用下，将沿玻璃管上升高度 h_v，且：

$$h_v = \frac{p_v}{\rho g} \tag{2-12}$$

式中，h_v——真空高度。

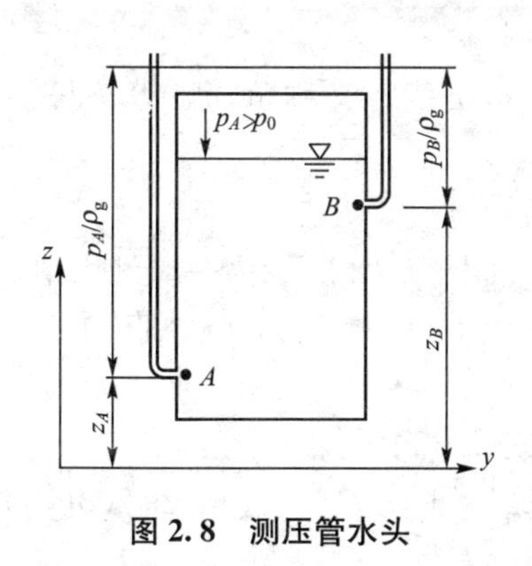

图 2.8 测压管水头

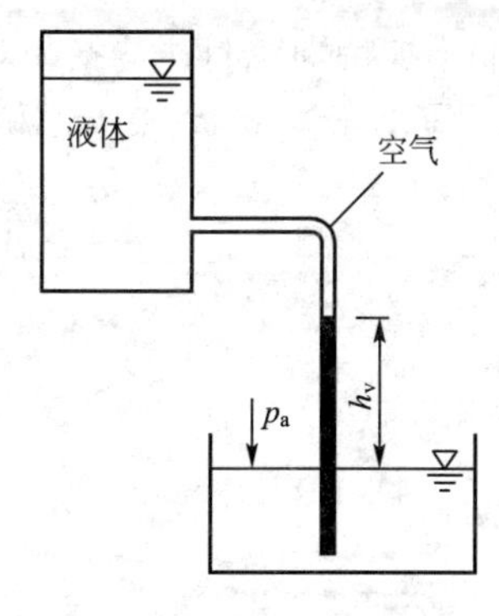

图 2.9 真空高度

2.4 压强的计算标准和度量单位

2.4.1 计算标准

压强值的大小，可因起算的基准不同而不相同。

绝对压强是以无气体分子存在的完全真空为基准起算的压强，以符号 p_{abs} 表示。相对压强是以当地大气压为基准起算的压强，以符号 p 表示。绝对压强和相对压强之间相差一个当地大气压(图 2.10)。

$$p=p_{abs}-p_a \tag{2-13}$$

普通工程结构、工业设备都处在当地大气压的作用下，采用相对压强计量可使计算简化。例如，相对压强又称为表压强或计示压强，开口容器(图 2.11)如忽略大气压沿高度的变化，则液面下某点的相对压强简化为：

$$p=p_0+\rho gh-p_a=\rho gh \tag{2-14}$$

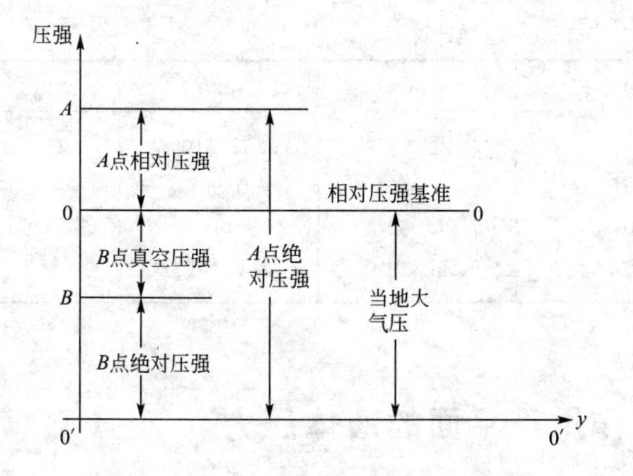

图 2.10 绝对压强与相对压强的对比

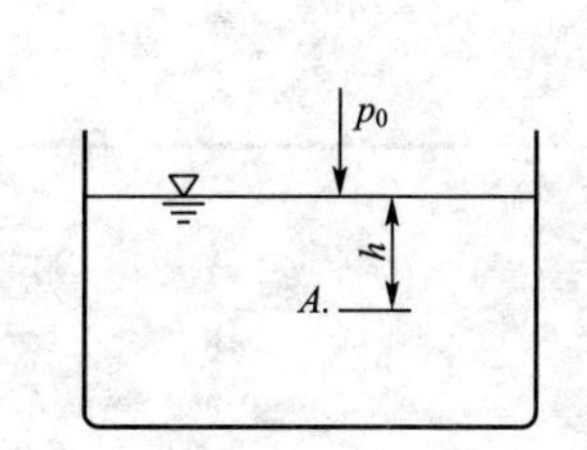

图 2.11 开口容器

本书中如不加特别说明，均指相对压强。

当绝对压强小于当地大气压，相对压强便是负值，又称负压，以符号 p_v 表示，由图 2.10，可知：

$$p_v = p_a - p_{abs} = -p \tag{2-15}$$

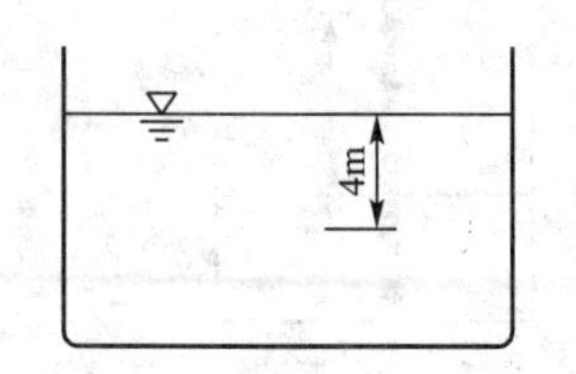

图 2.12 绝对压强、相对压强和真空度的关系

【例 2.1】 如图 2.12 所示为一露天水池，试求水深 4m 处的相对压强和绝对压强，已知当地大气压为 101325Pa。

【解】 由式(2-14)得：

$$p = \rho g h = 1000 \times 9.8 \times 4 = 39\ 200(\mathrm{Pa})$$

由式(2-13)，得：

$$p_{abs} = p_a + p = 101\ 325 + 39\ 200 = 140\ 525(\mathrm{Pa})$$

【例 2.2】 某点的真空度 $p_v = 80\ 000\mathrm{Pa}$，试求该点的绝对压强和相对压强，已知当地大气压为 0.1MPa。

【解】 由式(2-15)得

$$p_{abs} = p_a - p_v = 0.1 \times 10^6 - 8 \times 10^4 = 2 \times 10^4(\mathrm{Pa})$$

$$p = -p_v = -8 \times 10^4(\mathrm{Pa})$$

2.4.2 度量单位

由前面讨论，目前常用的压强单位有以下 3 种。

(1) 应力单位。应力单位是 Pa，或直接用 $\mathrm{N/m^2}$ 和 $\mathrm{kN/m^2}$。如压强很高，常采用 MPa(兆帕，$1\mathrm{MPa} = 10^6\mathrm{Pa}$)。

(2) 液柱单位。压强也可用液柱高度计量，常用单位是 m 水柱、mm 水柱或汞柱。

(3) 大气压单位。用大气压的倍数来计量。国际上规定标准大气压符号为 atm，$1\mathrm{atm} = 101\ 325\mathrm{N/m^2}$。另外，工程界常采用工程大气压，符号为 at，$1\mathrm{at} = 98\ 000\mathrm{N/m^2}$，在误差约 2%以内，也可用 1at=0.1MPa。

几种计量单位的换算关系见表 2-1。

表 2-1 压强计算表

压强单位	Pa($\mathrm{N/m^2}$)	mm 水柱	at	atm	mm 汞柱
换算关系	9.8	1	10^{-4}	9.67×10^{-5}	0.0735
	98 000	10^4	1	0.967	735
	101 325	1033	1.033	1	760
	133.33	13.6	1.36×10^{-3}	13.16×10^{-3}	1

2.5 作用于平面的液体压力

在工程中，除了要知道静止流体的压强分布规律之外，还要确定流体作用在结构物表面上的总压力的大小和作用点，下面我们主要讨论静止液体对固体边壁作用力的大小、方向及其求解方法。

2.5.1 解析法

1. 总压力的大小和方向

设任意形状平面，面积为 A，与水平面夹角为 α（图 2.13）。选坐标系，以平面的延伸面与液面的交线为 Ox 轴。Oy 轴垂直于 Ox 轴向下。将平面所在坐标平面绕 Oy 轴旋转 90°，展现受压平面，如图 2.13 所示。

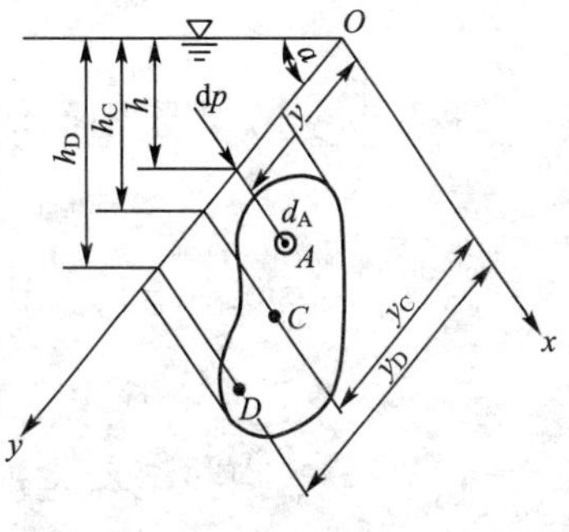

在受压面上，围绕任一点(h, y)取微元面积 $\mathrm{d}A$，液体作用在 $\mathrm{d}A$ 上的微小压力，则：

$$\mathrm{d}P=\rho gh\mathrm{d}A=\rho gy\sin\alpha\mathrm{d}A$$

图 2.13 平面上总压力(解析)

作用在平面上的总压力是平行力系的合力，即：

$$P=\int\mathrm{d}P=\rho g\sin\alpha\int_A y\mathrm{d}A$$

积分 $\int_A y\mathrm{d}A$ 是受压面 A 对 Ox 轴的静矩，将 $\int_A y\mathrm{d}A=y_CA$ 代入上式，且有 $y_C\sin\alpha=h_C$，$\rho gh_C=p_C$。则平面上静水总压力为：

$$P=\rho gy_CA\sin\alpha=\rho gh_CA=p_CA \tag{2-16}$$

上式表明，任意形状平面上的静水总压力的大小等于受压面面积与其形心点的压强乘积。总压力的方向沿受压面的内法线方向。

式中，P——平面上静水总压力；

h_C——受压面形心点的淹没深度；

p_C——受压面形心点的压强。

2. 总压力的作用点

设总压力作用点（压力中心）D 到 Ox 轴的距离为 y_D，则 $Py_D=\int\mathrm{d}P\cdot y=\rho g\sin\alpha\int_A y^2\mathrm{d}A$，积分 $\int_A y^2\mathrm{d}A$ 是受压面 A 对 Ox 轴的惯性矩，以 $\int_A y^2\mathrm{d}A=I_x$ 代入上式得：

$$Py_D=\rho g\sin\alpha I_x$$

将式(2-16)代入化简，得：

$$y_D=\frac{I_x}{y_CA}$$

由平行移轴定理得，$I_x=I_C+y_C^2A$，代入得：

$$y_D=y_C+\frac{I_C}{y_CA} \tag{2-17}$$

式中，y_D——总压力作用点到 Ox 轴的距离；

y_C——受压面形心到 Ox 轴的距离；

I_C——受压面对平行于 Ox 轴的形心轴的惯性矩；

A——受压面的面积。

式中，$\dfrac{I_C}{y_C A}>0$，故 $y_D>y_C$，即总压力作用点 D 一般在受压面形心 C 之下。

总压力作用点(压力中心)D 到 Oy 轴的距离为 x_D，根据合力矩定理

$$Px_D=\int_A \mathrm{d}Px=\rho g\sin\alpha\int_A xy\mathrm{d}A$$

积分 $\int_A xy\mathrm{d}A$ 是受压面 A 对 x、y 轴的惯性积，$\int_A xy\mathrm{d}A=I_{xy}$，代入上式：

$$Px_D=\rho g\sin\alpha I_{xy}$$

将 $P=\rho g\sin\alpha y_C A$ 代入上式，化简得：

$$x_D=\frac{I_{xy}}{y_C A}$$

由惯性积的平行移轴定理可知，

$$I_{xy}=I_{xyc}+x_C y_C A \tag{2-18}$$

式中，x_D——总压力作用点到 Oy 轴的距离；

x_C——受压面形心到 Oy 轴的距离；

y_C——受压面形心到 Ox 轴的距离；

I_{xyC}——受压面对平行于 x、y 轴的形心轴的惯性积，常见图形的几何特征量见表2-2。

表2-2 常见图形的几何特征量

几何图形名称	面积 A	形心坐标 h_C	对通过形心轴的惯性矩 I_C	几何图形名称	面积 A	形心坐标 L_C	对通过形心轴的惯性矩 L_C
矩形	bh	$\frac{1}{2}h$	$\frac{1}{12}bh^3$	梯形	$\frac{h}{2}(a+b)$	$\frac{h}{3}\cdot\frac{(a+2b)}{(a+b)}$	$\frac{h^3}{36}\cdot\left[\frac{a^2+4ab+b^2}{a+b}\right]$
三角形	$\frac{1}{2}bh$	$\frac{2}{3}h$	$\frac{1}{36}bh^3$	圆	$\frac{\pi}{4}d^2$	$\frac{d}{2}$	$\frac{\pi}{64}d^4$
半圆	$\frac{\pi}{8}d^2$	$\frac{4r}{3\pi}$	$\frac{(9\pi^2-64)}{72\pi}r^4$	椭圆	$\frac{\pi}{4}bh$	$\frac{h}{2}$	$\frac{\pi}{64}bh^3$

惯性积 I_{xyC} 的数值可正可负，x_D 可能大于 x_C，也可能小于 x_C。

2.5.2 图算法

对于规则平面，一般用图算法比较方便，其步骤是先绘出压强分布图，然后根据压强分布图求总压力。

1. 压强分布图

压强分布图是在受压面承压的一侧，以一定比例尺的矢量线段表示压强大小和方向的图形。它是液体静压强分布规律的几何图示。对于与大气连通的容器，液体的相对压强 $p=\rho gh$，故压强沿水深呈直线分布。只要把上、下两点的压强用线段绘出，中间以直线相连，就得到相对压强分布图(图 2.14)。

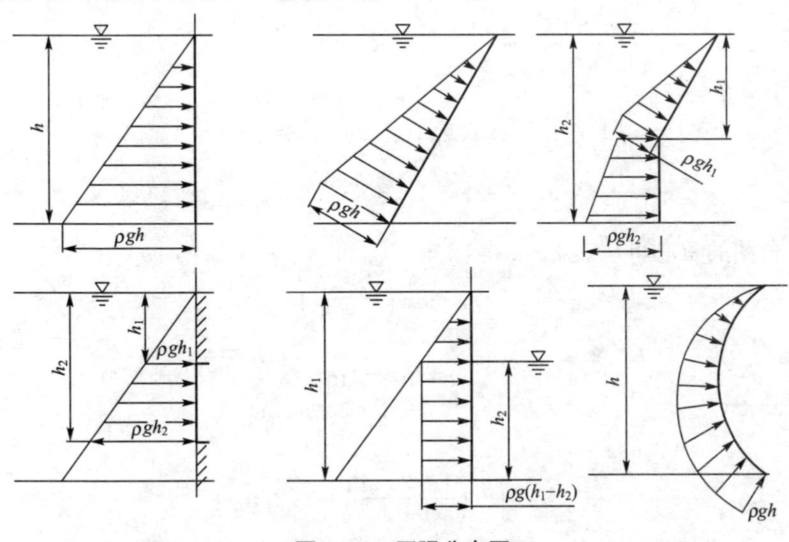

图 2.14 压强分布图

2. 图算法

设底边平行于液面的矩形平面 AB，与水平面夹角为 α，平面宽度为 b，上下底边的淹没深度为 h_1 和 h_2(图 2.15)。

根据压强分布规律，其压强分布图为梯形，总压力的大小等于压强分布图的面积 S 乘以受压面的宽度 b，即：

$$P=bS \tag{2-19}$$

总压力的作用线通过压强分布图的形心，作用线与受压面的交点就是总压力的作用点。

【例 2.3】 一铅直矩形平板 AB(图 2.16)，板宽 $b=4\text{m}$，板高 $h=3\text{m}$，板顶水深 $h_1=1\text{m}$，求静水总压力的大小及作用点。

【解】 根据静止液体压强的特性，绘出平板的压强分布图(图 2.16)。总压力的作用点为 D，其淹没深度为 h_D。

(1) 用解析法。

由式(2-16)得总压力大小为：

$$P=\rho gh_CA=1000\times9.8\times\left(1+\frac{3}{2}\right)\times4\times3=294\,000=2.94\times10^5\text{(N)}$$

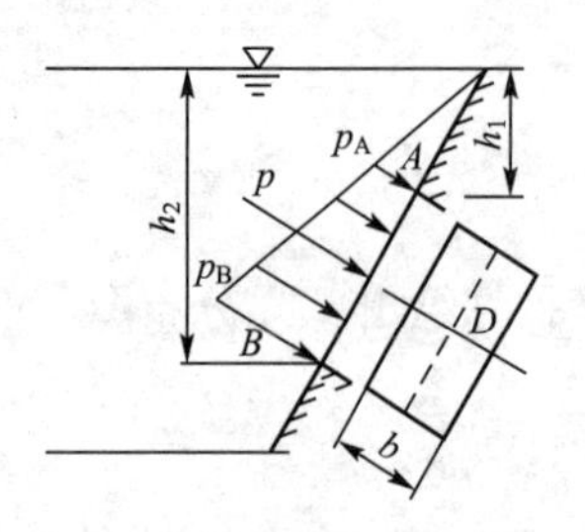

图 2.15　平面总压力(图算)

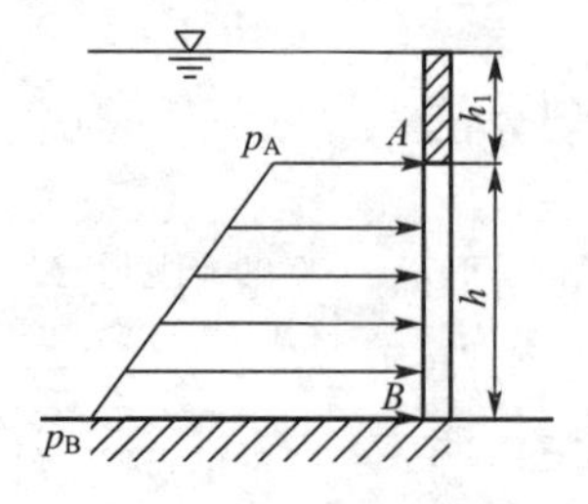

图 2.16　铅直矩形平板

可知，总压力的作用点为：

$$h_D=h_C+\frac{I_C}{Ah_C}=\left(1+\frac{3}{2}\right)+\frac{\frac{1}{12}\times4\times3^3}{4\times3\times\left(1+\frac{3}{2}\right)}=2.8(\mathrm{m})$$

(2) 用图算法。

$$\begin{aligned}P&=\frac{1}{2}[\rho gh_1+\rho gh(h_1+h)]bh\\&=\frac{1}{2}\times1000\times9.8\times4\times3\times(2\times1+3)=294\,000\mathrm{N}=2.94\times10^5(\mathrm{N})\end{aligned}$$

压强分布图的重心可从表 2-2 得：

$$Y_C=\frac{h}{3}\left(\frac{a+2b}{a+b}\right)$$

这里 $h=3\mathrm{m}$，

$$a=h_1=1\mathrm{m}$$
$$b=h_1+h=1+3=4(\mathrm{m})$$

所以，

$$Y_C=\frac{3}{3}\left(\frac{1+2\times4}{1+4}\right)=1.8(\mathrm{m})$$

总压力作用点位置，

$$h_D=h_1+Y_C=1+1.8=2.8(\mathrm{m})$$

2.6 作用于曲面的液体压力

2.6.1 曲面上的液体总压力

作用于任意曲面上各点处的静止液体压强总是沿着作用面的内法线方向，由于曲面上各点的法线方向各不相同，彼此既不平行也不一定相交于一点，因此不能采用求平面总压力的直接积分法求和，通常将总压力分解为水平方向和垂直方向，然后合成。由于工程上二向曲面较多。下面我们以二向曲面为例，具体加以说明。

设二向曲面 AB(柱面)，母线垂直于图面，曲面的面积为 A，一侧承压。选坐标系，令 xOy 平面与液面重合，Oz 轴向下，如图 2.17 所示。

在曲面上沿母线方向任取一微小弧面 ab，并将 ab 上的压力 $\mathrm{d}P$ 分解为水平分力和铅垂分力两部分。

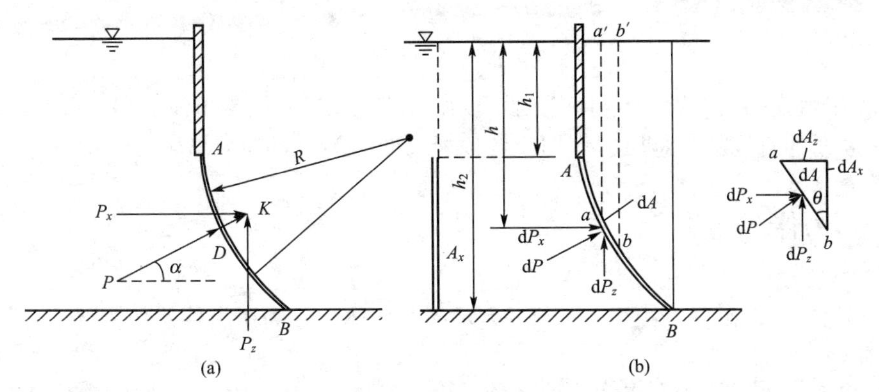

图 2.17　曲面上的总压力

$$dP_x = dP\cos\alpha = \rho gh dA\cos\alpha = \rho gh dA_x$$
$$dP_z = dP\sin\alpha = \rho gh dA\sin\alpha = \rho gh dA_z$$

式中，θ——dP 与水平面的夹角；

dA_x——ab 在铅垂投影面上的投影；

dA_z——ab 在水平投影面上的投影。

总压力的水平分力为：

$$P_x = \int dP_x = \rho g\int_{A_x} h\,dA_x$$

积分 $\int_{A_x} h\,dA_x$ 是曲面的铅垂投影面 A_x 对 Oy 轴的静矩，$\int_{A_x} h\,dA_x = h_C A_x$，代入上式，得

$$P_x = \rho g h_C A_x = P_C A_x \tag{2-20}$$

上式表明，液体作用在曲面上总压力的水平分力，等于作用在该曲面的铅垂投影面上的压力。可以按照确定平面总压力的方法来求解 P_x。

式中，P_x——曲面上总压力的水平分力；

A_x——曲面的铅垂投影面积；

h_C——投影面 A_x 形心点淹没深度；

P_C——投影面 A_x 形心点的压强。

总压力的铅垂分力为：

$$P_z = \int dP_z = \rho g\int_{A_z} h\,dA_z$$

积分 $\int_{A_z} hdA_z$ 表示曲面到自由液面(或自由液面的延伸面)之间的铅垂曲底柱体的体积，我们称之为压力体，记为 V_p，则 P_z 可写为：

$$P_z = \rho g V_p \tag{2-21}$$

上式表明，液体作用曲面上总压力的铅垂分力等于压力体的重力。

液体作用在二向曲面上的总压力是平面汇交力系的合力，为：

$$P = \sqrt{P_x^2 + P_z^2} \tag{2-22}$$

总压力作用线与水平面的夹角为：

$$\tan\alpha=\frac{P_z}{P_x}，\alpha=\arctan\frac{P_z}{P_x} \tag{2-23}$$

过 P_x 作用线(通过 A_x 压强分布图形心)和 P_x 作用线(通过压力体的形心)的交点，作与水平面成 α 角的直线就是总压力作用线，该线与曲面的交点即为总压力作用点。

2.6.2　压力体

式(2-21)中，积分 $\int_{A_z} h\,\mathrm{d}A_z=\rho g V_{\mathrm{p}}$ 表示的几何体积称为压力体。压力体可用下列方法确定：设想取铅垂线沿曲面边缘平行移动一周，割出的以自由液面(或延伸面)为上底，曲面本身为下底的柱体就是压力体。

随曲面承压位置的不同，压力体大致分为以下几种情况。

1. 实压力体

压力体和液体在曲面 AB 的同侧。此时假想压力体内盛有液体，习惯上称为实压力体。P_z 方向向下(图 2.18)。

2. 虚压力体

压力体和液体在曲面 AB 的异侧，其上底面为自由液面的延伸面，压力体内无液体，习惯上称为虚压力体，P_z 方向向上(图 2.19)。

3. 压力体迭加

对于水平投影重迭的曲面，可分段确定压力体，然后相迭加，例如半圆柱面，ABC(图 2.20)的压力体，分别按曲面 AB、BC 确定，迭加后得到虚压力体 ABC，P_z 方向向上。

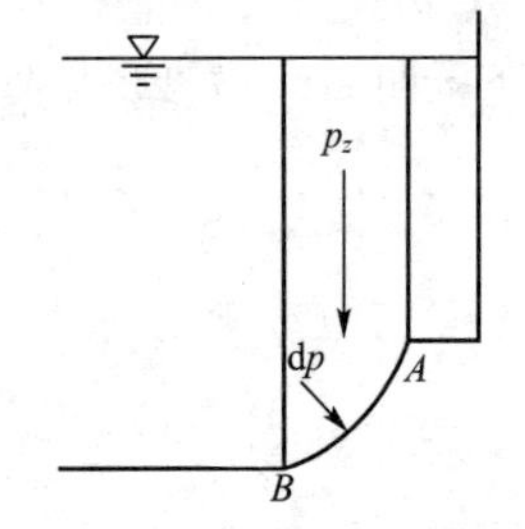

图 2.18　实压力体

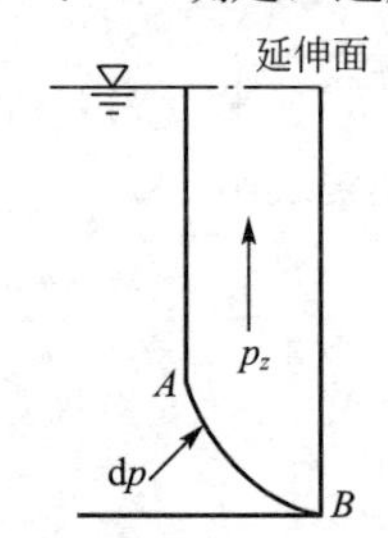

图 2.19　虚压力体

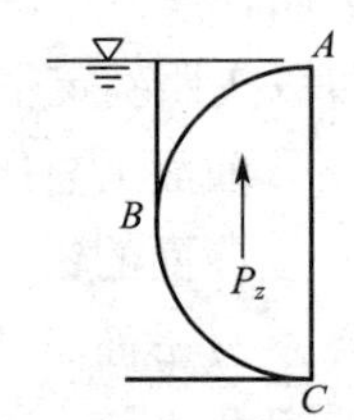

图 2.20　压力体迭加

2.7　相对静止状态下流体的压力

相对静止是指流体和容器之间无相对运动，而整个系统对地球来说是运动的，如果我们的参考坐标选在运动着的容器上(非惯性系)，则流体是“静止”的。下面用平衡微分方程来讨论相对静止时的压强分布规律。

2.7.1　等加速直线运动容器中液体的平衡

盛水容器静止时水深 H，该容器以加速度 $\vec{a}$ 作直线运动，液面形成倾斜平面。选坐标系(非惯性坐标系)$Oxyz$，O 置于容器底面中心点，Oz 轴向上，e 点为 Oz 与液面的交点，如图 2.21 所示。

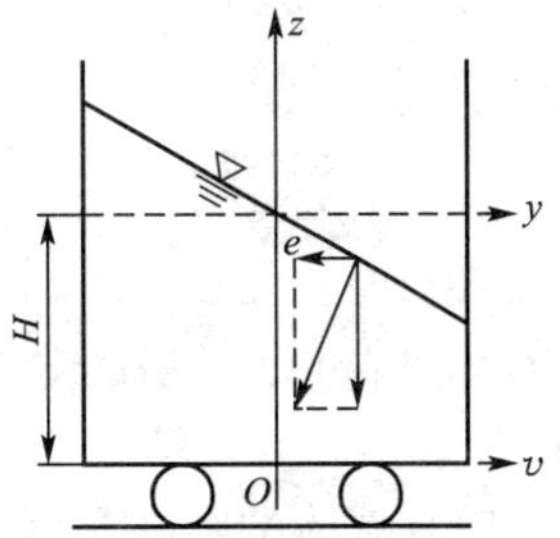

图 2.21 等加速度直线运动

1. 压强分布规律

由平衡微分方程(2－4)

$$dp=\rho(Xdx+Ydy+Zdz)$$

质量力除重力外，还有直线惯性力，惯性力方向与加速度的方向相反，即

$$X=0,\ Y=-a,\ Z=-g$$

$$dp=\rho(-ady-gdz)$$

$$p=\rho g\left(-\frac{a}{g}y-z\right)+c \tag{2-24}$$

液面倾斜后液体体积不变，故 e 点位置不变，$y=0$，$z=H$，$p=p_0$。由此可定出积分常数 $c=p_0=p_0+\rho gH$，代入式(2－24)得：

$$p=p_0+\rho g\left(H-z-\frac{a}{g}y\right)=p_0+\rho gh \tag{2-25}$$

式 (2－25) 表明，垂直方向压强分布规律与静止液体相同。

2. 等压面

在式(2－24)中，令 p=常数，得等压面方程：

$$z=-\frac{a}{g}y+c$$

等压面是一族倾斜平面，其斜率 $k_1=-\frac{a}{g}$，而质量力作用线的斜率 $k_2=-\frac{g}{a}$，两者的乘积 $k_1k_2=-1$，说明等压面与质量力正交。

在式(2－25)中，令 $p=p_0$，得自由液面方程：

$$z_s=H-\frac{a}{g}y_s \tag{2-26}$$

3. 测压管水头

由式(2－24)得：

$$z+\frac{p}{\rho g}=c-\frac{a}{g}y$$

可见，在同一个横断面(坐标 y 一定)上，各点的测压管水头相等。

$$z+\frac{p}{\rho g}=c'$$

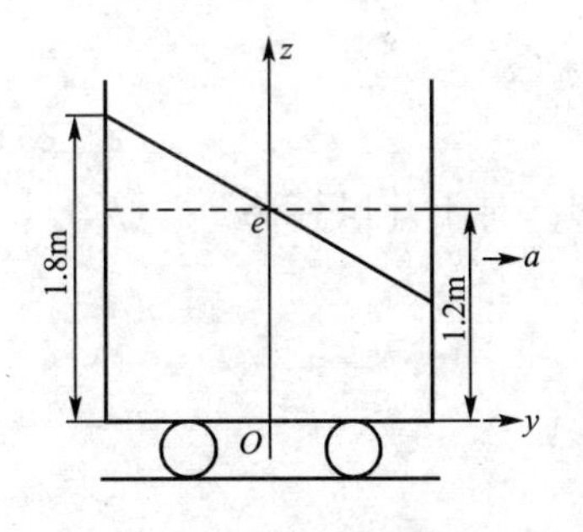

图 2.22 等加速直线运动

【例 2.4】 水车长 3m，宽 1.5m，高 1.8m，盛水深 1.2m(图 2.22)。试问为使水不溢出，加速度 a 的允许值是多少?

【解】 计算 $y_s=-1.5$m，$z_s=1.8$m 时，a 的允许值。由式(2－26)知

$$a=\frac{g}{y_s}(H-z_s)$$
$$=\frac{9.8}{-1.5}(1.2-1.8)=3.92\text{m/s}^2$$

2.7.2 等角速度旋转容器中液体的平衡

盛有液体的圆柱形容器，静止时液体深度为 H，该容器绕垂直轴以角速度 ω 旋转。由于液体的粘滞作用，经过一段时间后，容器液体质点以同样角速度旋转，液体与容器及液体质点之间无相对运动，液面形成抛物面。

选动坐标系(非惯性坐标系)$Oxyz$，O 点置于容器底面中心点，Oz 轴与旋转轴重合，如图 2.23 所示。

1. 压强分布规律

由式(2-4)

$$dp=\rho(X dx+Y dy+Z dz)$$

质量力除重力外，计入惯性力，惯性力的方向与加速度的方向相反，为离心方向，即：

$$X=\omega^2 x,\ Y=\omega^2 y,\ Z=-g$$
$$dp=\rho(\omega^2 x dx+\omega^2 y dy-g dz)$$
$$p=\rho g\left[\frac{\omega^2(x^2+y^2)}{2g}-z\right]+c$$
$$=\rho g\left(\frac{\omega^2 r^2}{2g}-z\right)+c \qquad (2-27)$$

2. 等压面

在式(2-27)中，令 $p=$常数，得等压面方程：

$$z=\frac{\omega^2 r^2}{2g}+c$$

等压面是一组旋转抛物面。

在式(2-27)中，令 $p=p_0$，得自由液面方程：

$$z_s=z_0+\frac{\omega^2 r^2}{2g} \qquad (2-28)$$

将$\frac{\omega^2 r^2}{2g}=z_s-z_0$代入式(2-26)：

$$p=p_0+\rho g[(z_0-z)+(z_s-z_0)]=p_0+\rho g(z_s-z)$$
$$=p_0+\rho g h \qquad (2-29)$$

式(2-29)表明，垂直方向压强分布规律与静止液体相同。对于开口容器 $p_0=p_a$，以相对压强计，上式化简为：

$$p=\rho g h$$

式中，h——该点在液面下的淹没深度。

3. 测压管水头

由式(2-27)，得：

$$z+\frac{p}{\rho g}=c+\frac{\omega^2 r^2}{2g}$$

在同一个圆柱面(r一定)上，测压管水头相等，即：

$$z+\frac{p}{\rho g}=c'\left(=c+\frac{\omega^2 r^2}{zg}\right)$$

式中，c'——常量。

【例2.5】 半径为R的密闭球形容器，充满密度为ρ的液体，该容器绕铅垂轴以角速度ω旋转(图2.24)，试求最大压强作用点的z坐标。

【解】 $\mathrm{d}p=\rho(X\mathrm{d}x+Y\mathrm{d}y+Z\mathrm{d}z)$

质量力：$X=\omega^2 x$，$Y=\omega^2 y$，$Z=-g$。代入上式积分

$$p=\rho\left(\frac{\omega^2 r^2}{2}-gz\right)+c$$

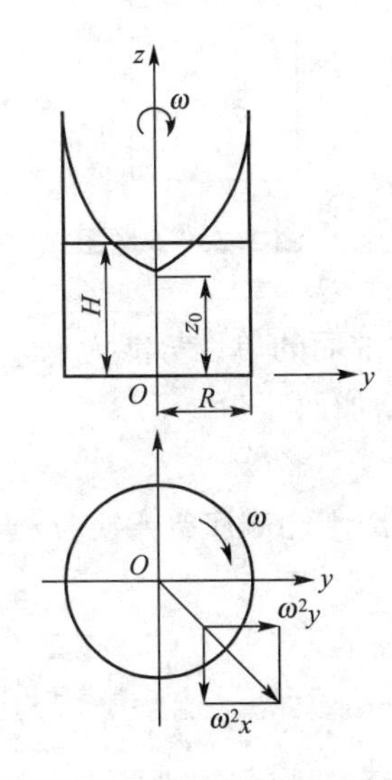

图2.23 等角速度旋转运动

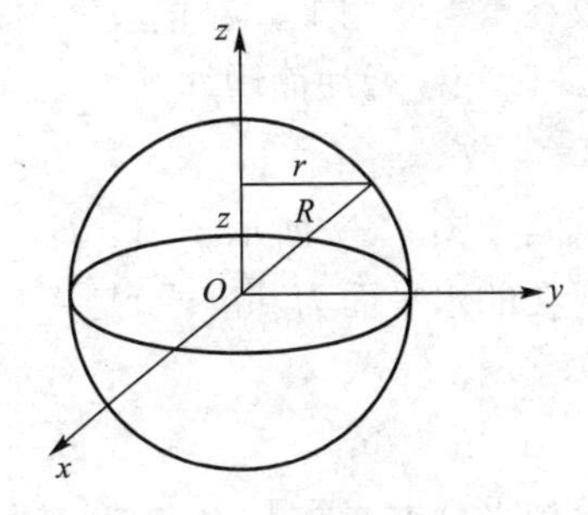

图2.24 旋转球形容器

设球心压强为p_0，则$x=y=z=0$，$p=p_0$，得$c=p_0$。又球壁上有：$\gamma^2=R^2-z^2$，代入上式得：

$$p=p_0+\rho\left[\frac{\omega^2(R^2-z^2)}{2}-gz\right]$$

由：
$$\frac{\mathrm{d}p}{\mathrm{d}z}=0,\ \frac{\omega^2}{2}(-2z)-g=0$$

得：
$$z=-\frac{g}{\omega^2}$$

习　题

1. 判断：在弯曲断面上，理想流体动压强呈静压强分布特征。
2. 判断：在均匀流中，任一过水断面上的流体动压强呈静压强分布特征。

3. 使用图解法和解析法求静水总压力时，对受压面的形状有无限制？为什么？

4. 如图2.25所示的密闭容器中，液面压强 $p_0=9.8\text{kPa}$，A 点压强为49kPa，则 B 点压强为39.2kPa，在液面下的深度为3m，则露天水池水深5m处的相对压强为________。

A. 5kPa　　B. 49kPa　　C. 147kPa　　D. 205kPa

5. 如图2.26所示，$\rho_1 g \neq \rho_2 g$，下述静力学方程正确的是________。

A. $z_1+\dfrac{p_1}{\rho g}=z_2+\dfrac{p_2}{\rho g}$　　B. $z_3+\dfrac{p_3}{\rho g}=z_2+\dfrac{p_2}{\rho g}$

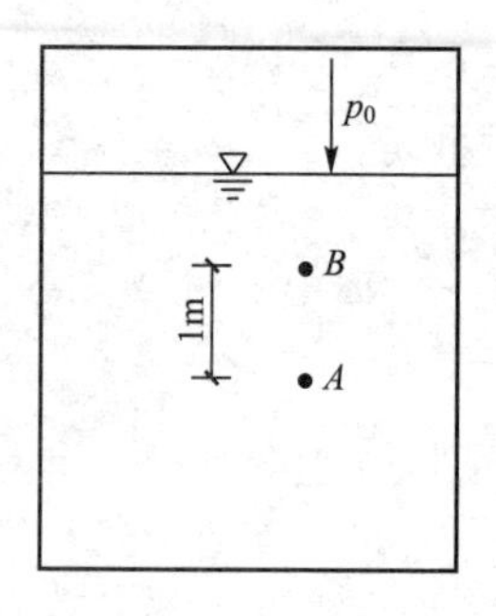

图2.25　4题图

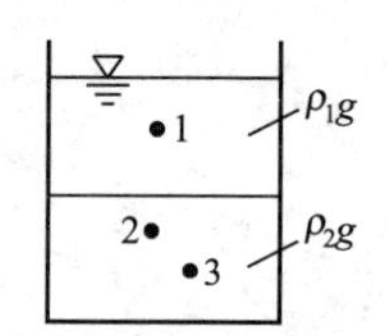

图2.26　5题图

6. 仅在重力作用下，静止液体中任意一点对同一基准面的单位势能为________。

A. 随深度增加而增加　　C. 随深度增加而减少

B. 常数　　D. 不确定

7. 试问如图2.27所示中 A、B、C、D 点的测压管高度和测压管水头(D 点闸门关闭，以 D 点所在的水平面为基准面)是________。

A. 0m，6m　　B. 0.2m，6m

C. 0.3m，6m　　D. 0.6m，6m

8. 求淡水自由表面下2m深处的绝对压强和相对压强。

9. 如图2.28所示，$h_v=2\text{m}$ 时，求封闭容器 A 中的真空值。

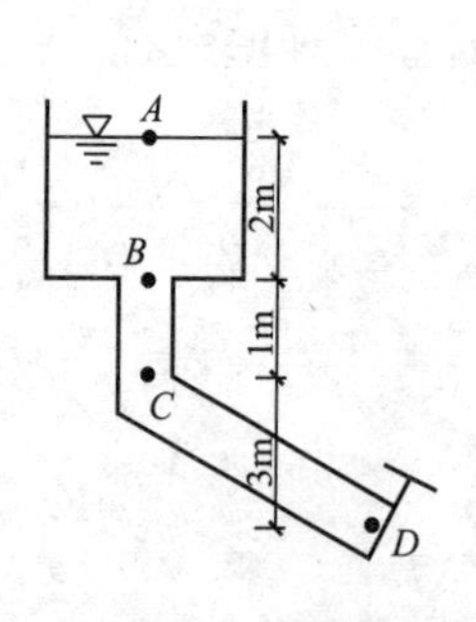

图2.27　7题图

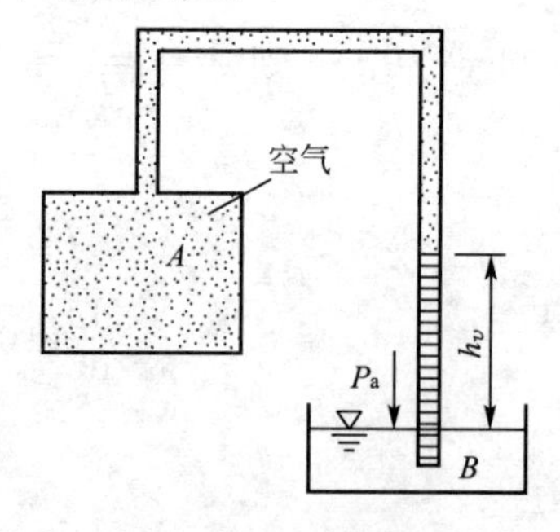

图2.28　9题图

10. 一密闭容器内下部为水，上部为空气，液面下4.2m处测压管高度为2.2m，设当地大气压为1个工程大气压，则容器内绝对压强为________水柱。

A. 2m　　C. 8m

B. 1m　　D. −2m

11. 如图 2.29 所示，一洒水车等加速度 $a=0.98\text{m/s}^2$ 向右行驶，求水车内自由表面与水平面间的夹角 α；若 B 点在运动前位于水面下深为 $h=1.0\text{m}$，距 z 轴为 $x_B=-1.5\text{m}$ 处，求洒水车加速运动后该点的静水压强。

12. 如图 2.30 所示，有一盛水的开口容器以 3.6m/s^2 的加速度沿与水平成 30°夹角的倾斜平面向上运动，试求容器中水面的倾角 θ，并分析 p 与水深的关系。

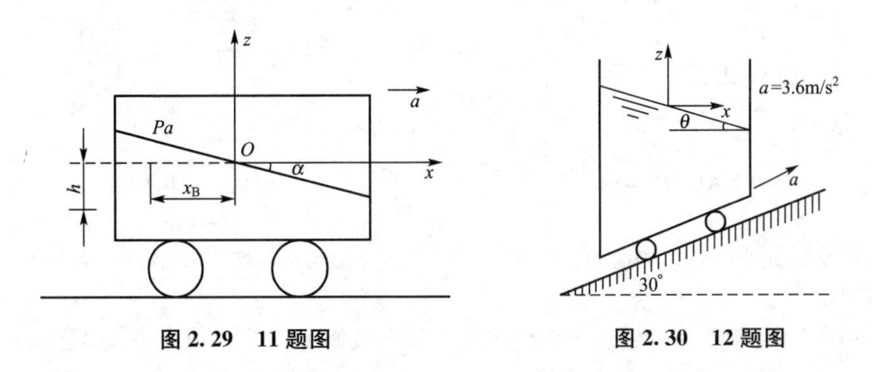

图 2.29　11 题图　　图 2.30　12 题图

13. 求如图 2.31 所示的等角速度旋转器皿中液体的相对平衡的压强分布规律。

14. 如图 2.32 所示，若测压管水头为 1m，压强水头为 1.5m，则测压管的最小长度应该为多少？

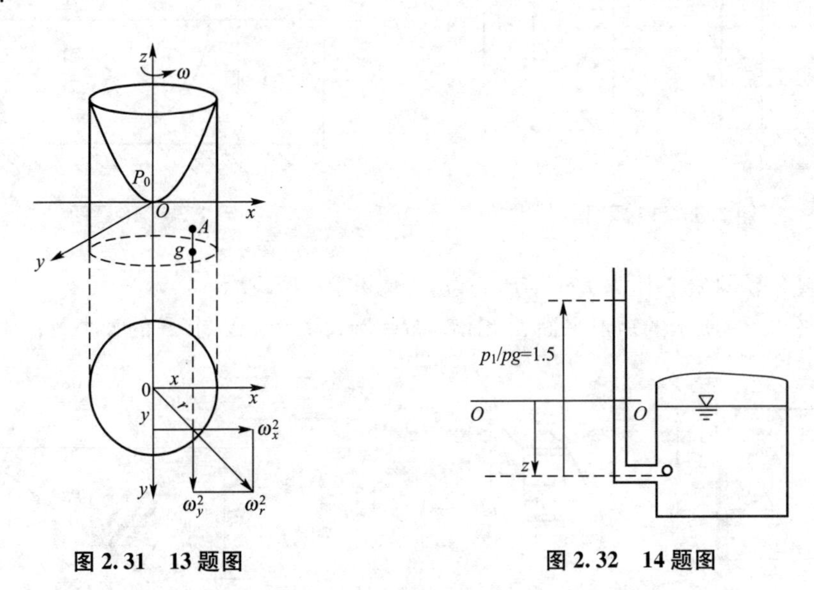

图 2.31　13 题图　　图 2.32　14 题图

15. 由真空表 A 中测得真空值为 17 200N/m²。各高程如图 2.33 所示，空气质量忽略不计，$g_1=6860\text{N/m}^3$，$g_2=15\,680\text{N/m}^3$，试求测压管 E、F 及 G 内液面的高程及 U 形测压管中水银上升的高差的 H_1 大小。

16. 一密封水箱如图 2.34 所示，若水面上的相对压强 $p_0=-44.5\text{kN/m}^2$，求：(1)h 值；(2)求水下 0.3m 处 M 点的压强，要求分别用绝对压强、相对压强、真空度、水柱高及大气压表示；(3)M 点相对于基准面 0—0 的测压管水头。

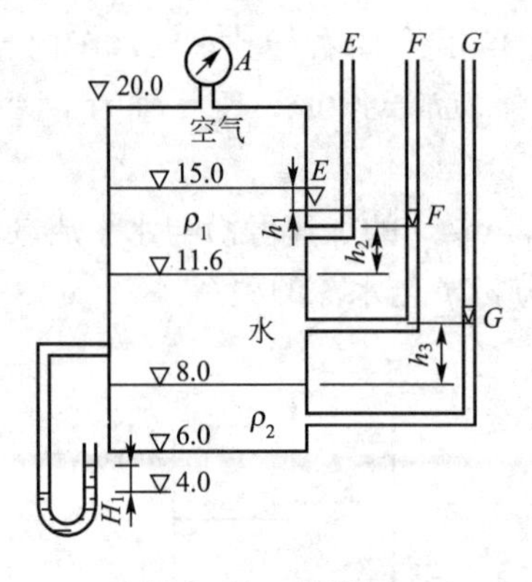

图 2.33 15 题图

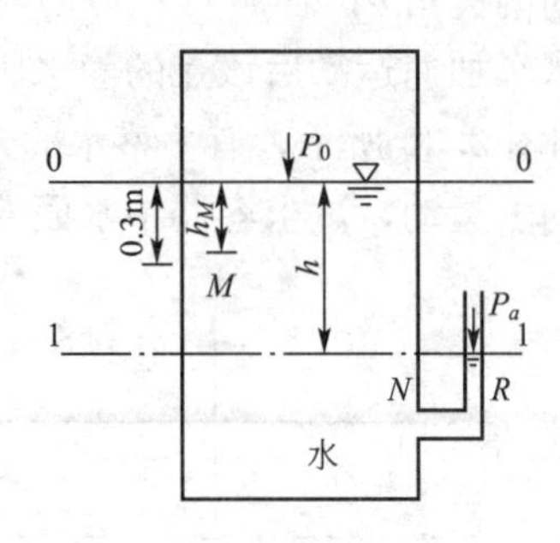

图 2.34 16 题图

17. 如图 2.35 所示为一铅直矩形闸门，已知 $h_1=1\text{m}$，$h_2=2\text{m}$，宽 $b=1.5\text{m}$，求总压力及其作用点。

18. 如图 2.36 所示为一铅直半圆壁的直径位于液面上，求 F 值大小及其作用点。

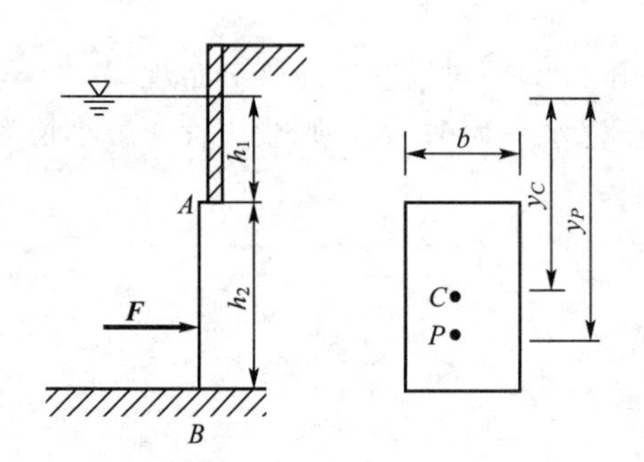

图 2.35 17 题图

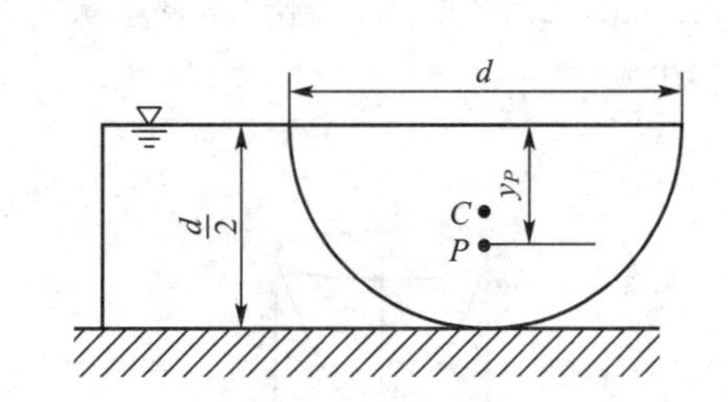

图 2.36 18 题图

19. 用图解法计算总压力大小与压心位置，如图 2.37 所示。

20. 如图 2.38 所示的矩形平面 $h=1\text{m}$，$H=3\text{m}$，$b=5\text{m}$，求 F 的大小及作用点。

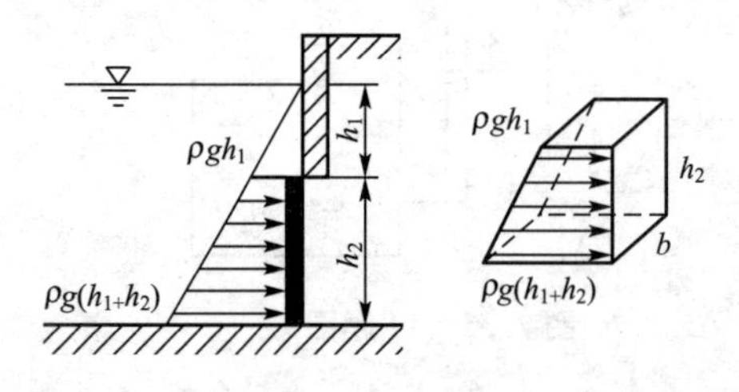

图 2.37 19 题图

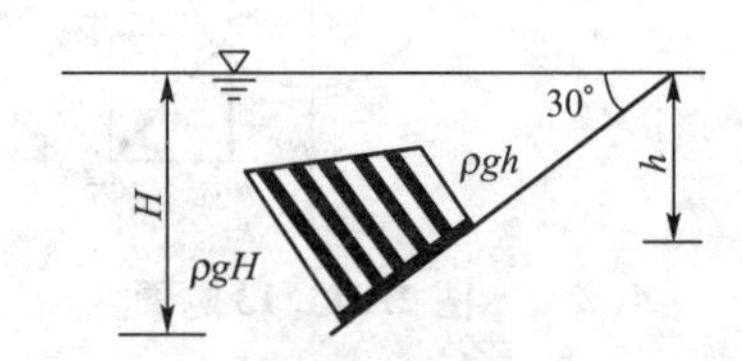

图 2.38 20 题图

21. 如图 2.39 所示，左边为水箱，其上压力表的读数为 $-0.147\times10^5\text{Pa}$，右边为油箱，油的 $g'=7350\text{N/m}^3$，用宽为 1.2m 的闸门隔开，闸门在 A 点铰接。为使闸门 AB 处于平衡，必须在 B 点施加多大的水平力 F'？

22. 一直径 $d=2000\text{mm}$ 的涵洞(图 2.40)，其圆形闸门 AB 在顶部 A 处铰接，若门重为 3000N，试求：(1)作用于闸门上的静水总压力 F；(2)F 的作用点；(3)阻止闸门开启的水平力 F'。

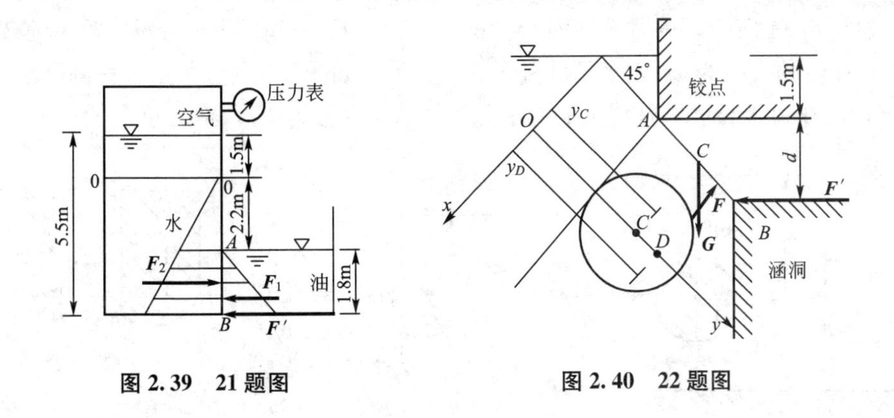

图 2.39　21 题图　　图 2.40　22 题图

23. 绘制图 2.41 中 AB 曲面上的压力体。

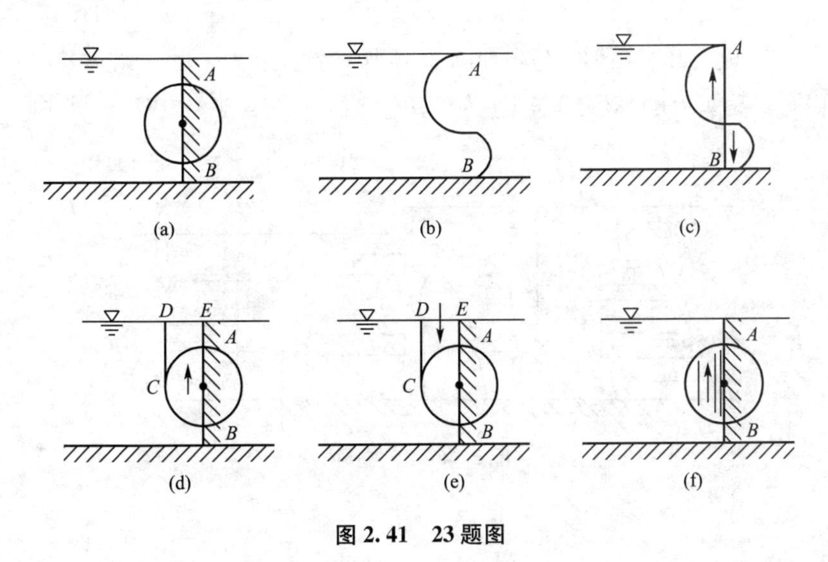

图 2.41　23 题图

24. 如图 2.42 所示，一球形容器由两个半球面铆接而成的，铆钉有 n 个，内盛重度为 g 的液体，求每一铆钉受到的拉力。

25. 如图 2.43 所示，用允许应力 $[\alpha]=150\text{MPa}$ 的钢板，制成直径 D 为 1m 的水管，该水管内压强高达 500m 水柱，求水管壁应有的厚度(忽略管道内各点因高度不同而引起的压强差)。

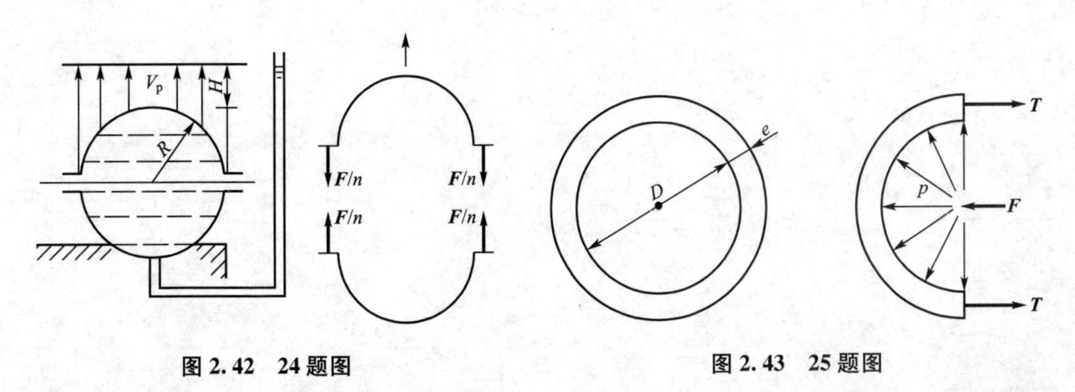

图 2.42　24 题图　　图 2.43　25 题图

26. 如图2.44所示，单宽圆柱即$b=1\text{m}$，在浮力F_z的作用下能否没完没了地转动?

27. 圆柱体的直径为2m，水平放置，各部分尺寸如图2.45(a)所示。左侧有水，右侧无水。求作用在每米长度圆柱体上的静水总压力的水平分力F_x和垂直分力F_z。

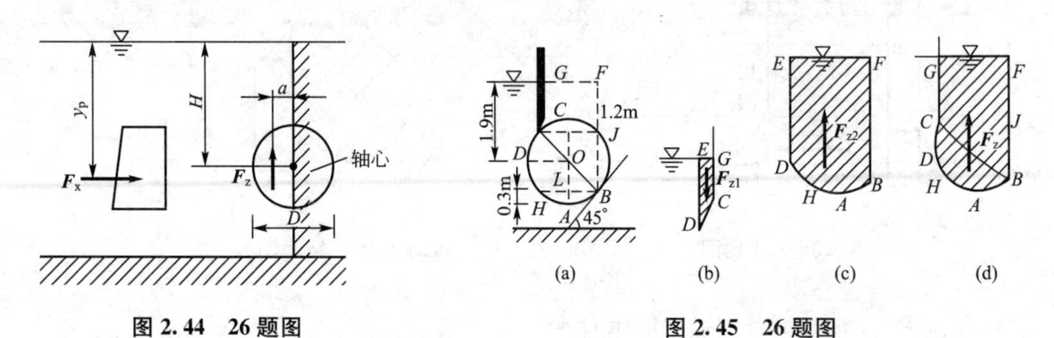

图2.44　26题图　　图2.45　26题图

28. 某竖直隔板上开有矩形孔口，如图2.46所示：高$a=1.0\text{m}$、宽$b=3\text{m}$。直径$d=2\text{m}$的圆柱筒将其堵塞。隔板两侧充水，$h=2\text{m}$，$z=0.6\text{m}$。求作用于该圆柱筒的静水总压力。

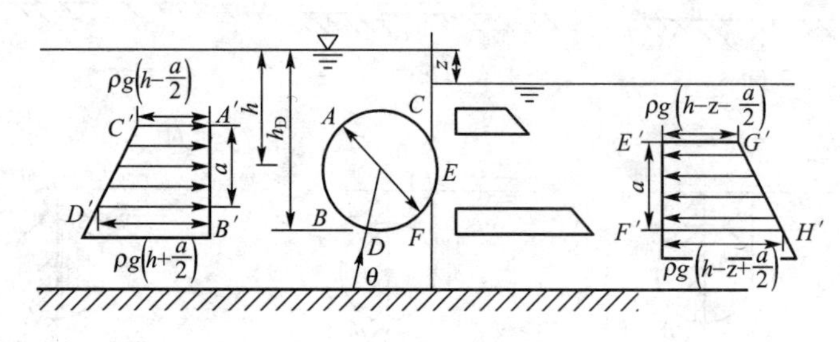

图2.46　28题图

第3章 流体动力学基础

教学目标

了解流体运动的两种描述方法。
理解流场的基本概念。
熟练掌握流体运动的连续性方程。
了解理想流体运动微分方程。
熟练掌握流体运动的能量方程和动量方程。
理解能量方程几种不同的表达形式。

教学要求

知识要点	能力要求	相关知识
描述流体运动的两种方法	了解表达流体运动形态和方式有拉格朗日方法和欧拉法	单值函数和复合函数求导
流体运动的连续性方程	掌握连续性方程的几种表达形式	质量守恒定律
理想流体运动微分方程	了解N-S方程	牛顿第二运动定律
流体运动的能量方程	掌握能量方程的几种表达形式	积分法推导能量方程
流体与固体边界面之间相互作用力	掌握动量方程的表达形式	动量定理

引言

流体运动的形式虽然多种多样的，但从普遍规律来讲，都要服从质量守恒定律、动能定律和动量定律这些基本原理。在本章中，我们将阐述研究流体流动的一些基本方法，讨论流体运动学方面的一些基本概念，应用质量守恒定律、牛顿第二运动定律、动量定理等推导出理想流体动力学中的几个重要的基本方程：连续性方程、欧拉方程、伯努利能量方程、动量方程等，并举例说明它们的应用。

3.1 流体运动的描述方法

要研究流体运动的规律，就要建立描述流体运动的方法。在流体力学中，表达流体的运动形态和方式有两种不同的基本方法：拉格朗日法和欧拉法。

3.1.1 拉格朗日法(跟踪法)

拉格朗日法是瑞士科学家欧拉首先提出的，法国科学家J.L. 拉格朗日作了独立的、完整的表述和具体运用。该方法着眼于流体内部各质点的运动情况，描述流体的运动形态。按照这个方法，在连续的流体运动中，任意流体质点的空间位置，将是质点的起始坐标(a, b, c)(即当时间t等于起始值t_0时的坐标)及时间t的单值连续函数。若以$\vec{r}$代表任意选择的质点在任意时间t的矢径，则：

$$\vec{r}=r(a, b, c, t) \tag{3-1}$$

式中，$\vec{r}$在x、y、z轴上的投影为x、y、z；a、b、c称为拉格朗日变量。

当研究对象为某一确定的流体质点时，起始坐标a、b、c将为常数，$\vec{r}$及x、y、z将只是时间t的函数；此时式(3-1)所表达的将是这个流体质点运动的轨迹。

当研究的对象不是某一确定的流体质点，而是在某一确定时间中，各流体质点的分布情况，即时间t为一常数，$\vec{r}$及x、y、z将只是起始坐标a、b、c的函数；在这种情况下，式(3-1)所表达的将不是某流体质点的历史情况，而是同一瞬间，由各质点所组成的整个流体的照相图案。当研究的对象系任意流体质点在任意时间时的运动情况，则起始坐标a、b、c及时间t均为变数，$\vec{r}$及x、y、z将是两者的函数。在这种情况下，式(3-1)所表达的将是任意流体质点的运动轨迹。采用拉格朗日方法研究个别流体质点运动，然后综合所有流体质点的运动，便可得到整个流体的运动规律。和质点动力学一样，这种方法通过建立流体质点的运动方程式来描述所有流体质点的运动特性。

采用拉格朗日法求流体质点的速度时，直接对式(3-1)求导即可。即：

$$\left.\begin{aligned}u&=\frac{\mathrm{d}x(a, b, c, t)}{\mathrm{d}t}\\v&=\frac{\mathrm{d}y(a, b, c, t)}{\mathrm{d}t}\\w&=\frac{\mathrm{d}z(a, b, c, t)}{\mathrm{d}t}\end{aligned}\right\} \tag{3-2}$$

式中，u、v、w——x、y、z 方向的运动速度。

求加速度时，对式(3-2)进一步求导即得：

$$\left.\begin{aligned} a_x&=\frac{\mathrm{d}^2x(a,\ b,\ c,\ t)}{\mathrm{d}t^2}\\ a_y&=\frac{\mathrm{d}^2y(a,\ b,\ c,\ t)}{\mathrm{d}t^2}\\ a_z&=\frac{\mathrm{d}^2z(a,\ b,\ c,\ t)}{\mathrm{d}t^2} \end{aligned}\right\} \tag{3-3}$$

式中，a_x、a_y、a_z——x、y、z 方向的运动加速度。

由于流体具有无限多的质点，采用这种方法进行研究时，必须选择有代表性的运动质点逐一进行研究，所建立的数学方程组很大，求解困难，因此，除个别问题外，实际上很少应用这种方法。

3.1.2 欧拉法(布哨法)

流体是由无限多个质点所组成的连续介质。因此，流体的流动是由充满整个流动空间的无限多流体质点的运动所构成的。我们把充满运动着的流体的空间称为流场。在研究流体的流动时，广泛应用的是欧拉方法。欧拉法不是着眼于个别流体质点的运动，而是着眼于整个流场的状态，即研究表征流场内流体流动特性的各种物理量的矢量场与标量场。例如速度场、压力场和密度场等，并将这些物理量表示为坐标 x、y、z 和时间 t 的函数。这种方法着眼于流场空间中的固定点，它将各个时刻流过空间任一固定点的流体质点的某些物理量，表示为该点位置和时间 t 的函数，即有：

$$\left.\begin{aligned} u&=u(x,\ y,\ z,\ t)\\ v&=v(x,\ y,\ z,\ t)\\ w&=w(x,\ y,\ z,\ t) \end{aligned}\right\} \tag{3-4}$$

$$p=p(x,\ y,\ z,\ t) \tag{3-5}$$

$$\rho=\rho(x,\ y,\ z,\ t) \tag{3-6}$$

方程(3-4)是欧拉方法的3个速度分量的表达式，分别对时间求导数，便可得到3个加速度分量的表达式。但应该注意到，这些速度是坐标和时间的函数，而且运动质点的坐标也随时间变化，即自变量 x、y、z 本身也是 t 的函数。因此，必须按照复合函数的求导法则去推导。

加速度的 x 方向分量为：

$$a_x=\frac{\mathrm{D}u}{\mathrm{D}t}=\frac{\partial u}{\partial t}+\frac{\partial u}{\partial x}\frac{\mathrm{d}x}{\mathrm{d}t}+\frac{\partial u}{\partial y}\frac{\mathrm{d}y}{\mathrm{d}t}+\frac{\partial u}{\partial z}\frac{\mathrm{d}z}{\mathrm{d}t}$$

式中，$\frac{\mathrm{D}u}{\mathrm{D}t}$——流速 u 对时间的全导数。

由于运动质点的坐标对时间的导数等于该质点的速度分量，即：

$$\frac{\mathrm{d}x}{\mathrm{d}t}=u,\ \frac{\mathrm{d}y}{\mathrm{d}t}=v,\ \frac{\mathrm{d}z}{\mathrm{d}t}=w$$

故：

$$a_x=\frac{\partial u}{\partial t}+u\frac{\partial u}{\partial x}+v\frac{\partial u}{\partial y}+w\frac{\partial u}{\partial z} \tag{3-7}$$

同理：

$$a_y=\frac{\partial v}{\partial t}+u\frac{\partial v}{\partial x}+v\frac{\partial v}{\partial y}+w\frac{\partial v}{\partial z} \tag{3-8}$$

$$a_z=\frac{\partial w}{\partial t}+u\frac{\partial w}{\partial x}+v\frac{\partial w}{\partial y}+w\frac{\partial w}{\partial z} \tag{3-9}$$

将以上 3 式表示为矢量的形式为：

$$\vec{a}=\frac{\partial \vec{V}}{\partial t}+(\vec{V}\cdot\nabla)\vec{V} \tag{3-10}$$

∇ 符号表示哈密顿算子，$\nabla=i\frac{\partial}{\partial x}+j\frac{\partial}{\partial y}+k\frac{\partial}{\partial z}$，$\nabla$ 是矢量分析中一个重要的微分算子，它是具有矢量和微分双重性质的符号。

由此可见，用欧拉法来描述流体的流动时，加速度由两部分组成：第一部分就是$\frac{\partial \vec{V}}{\partial t}$项，它表示在一固定点上流体质点的速度变化率，称为当地加速度；第二部分是$(\vec{V}\cdot\nabla)\vec{V}$项，表示由于流体质点所在的空间位置的变化而引起的速度变化率，称为迁移加速度。

同理，用欧拉法求流体质点的其他物理量的时间变化率亦采用上述形式，例如密度的时间变化率可表示为：

$$\frac{\mathrm{D}\rho}{\mathrm{D}t}=\frac{\partial \rho}{\partial t}+\vec{V}\cdot\nabla\rho \tag{3-11}$$

或表示为：

$$\frac{\mathrm{D}\rho}{\mathrm{D}t}=\frac{\partial \rho}{\partial t}+u\frac{\partial \rho}{\partial x}+v\frac{\partial \rho}{\partial y}+w\frac{\partial \rho}{\partial z} \tag{3-12}$$

3.2 流场的基本概念

由于流体具有“易流动性”，因而流体的运动和刚体的运动有所不同。刚体在运动时，各质点之间处于相对静止状态，表现为一个整体一致地运动；而流体在运动时，质点之间则有相对运动，不表现整体一致的运动。因此，表征流体的运动就应有与其运动特征相应的一些概念。

流动流体所占据的空间称为流场。表征流体运动的物理量，如流速、加速度、压力等统称为运动要素。由于流体为连续介质，因而其运动要素是空间和时间的连续函数。下面就流场的几个基本概念分别进行叙述，正确掌握这些基本概念，对于深入认识流体运动规律十分重要。

3.2.1 恒定流与非恒定流

在流场中，如果在各空间点上流体质点的运动要素都不随时间而变化，这种流动称为恒定流(或称稳定流)。如图 3.1 所示，当容器内水面保持不变，器壁孔洞的泄流也一定保持不变，这是恒定流的一个例子。在这种情况下，容器内和泄流中任一点的运动要素是不随时间变化的。也就是说，在稳定流中，运动要素仅是空间坐标的连续函数，而与时间无关。因而运动要素对时间的偏导数为零，例如：$\frac{\partial u}{\partial t}=0$、$\frac{\partial p}{\partial t}=0$。

在流场中，如果在任一空间点上有任何质点的运动要素是随时间而变化的，这种流动就称为非恒定流(或非稳定流)。在非恒定流情况下，运动要素不仅是空间坐标的连续函数，而且也是时间的连续函数，例如：$u=u(x, y, z, t)$、$p=p(x, y, z, t)$及$\frac{\partial u}{\partial t}\neq 0$、$\frac{\partial p}{\partial t}\neq 0$。

图 3.2 就是非恒定流的一个例子。图中容器的水面随时间而下降，器壁孔洞的泄流形状和大小随时间而变化。在这种情况下，容器内和泄流中任一点的流动都随时间而变化。

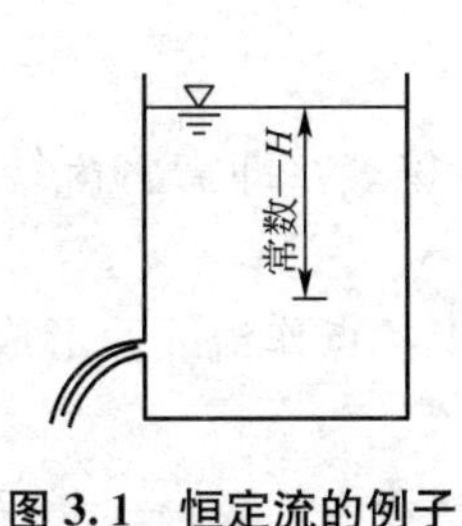

图 3.1　恒定流的例子

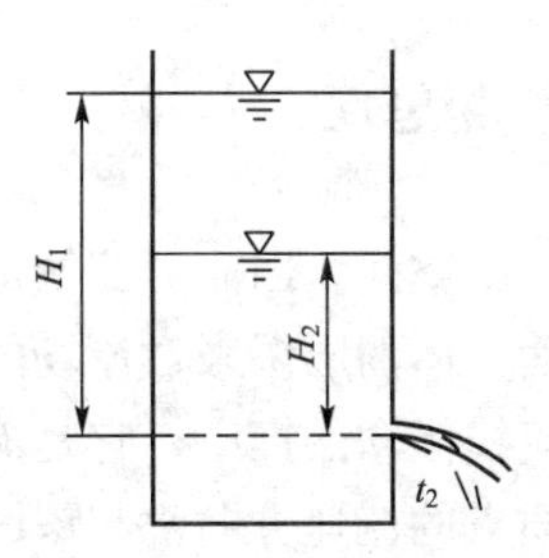

图 3.2　非恒定流的例子

3.2.2　流线和迹线

在流体力学中，研究流体质点的运动有两种方法。一种方法是跟踪每个质点的路径进行描述的所谓质点系法。这种方法注意质点的迹线，并用相应的数学方程式来表达。所谓迹线，就是质点在连续时间过程内所占据的空间位置的连线(即质点在某段时间段内所走过的轨迹线)。另一种研究方法只注意在固定的空间位置上研究质点运动要素的情况，即所谓的流场法。流场法考察的是同一时刻流体质点通过不同空间点时的运动情况。因此，这种方法引出了流线的概念。流线是某一时刻在流场中画出的一条空间曲线，该曲线上的每个质点的流速方向都与这条曲线相切(图 3.3)。因此，一条时刻的流线就表示这条线上各点在该时刻质点的流向，一组某时刻的流线就表示流场某时刻的流动方向和流动的形象。

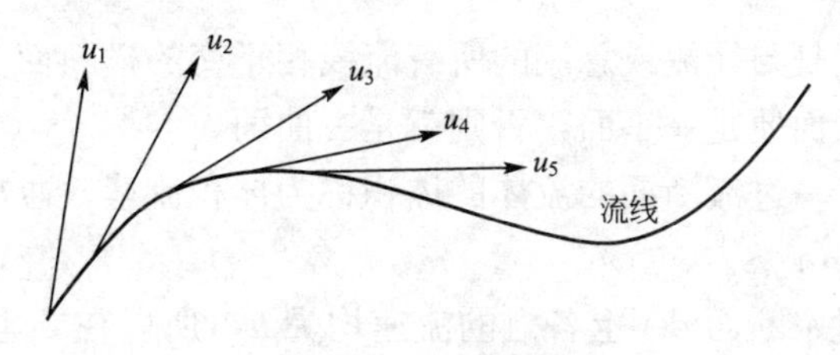

图 3.3　流线示意图

在科学实验中，为了获得某一流场的流动图形，常把一些能够显示流动方向的“指示剂”(如锯末、纸屑等)撒放在所要观察的运动流体中，利用快速照相的手段，可以拍摄出在某一微小时段内这些指示剂所留下的一个个短的线段。如果指示剂撒得很密的话，这些短线就能在照片上连成流线的图形。

流线的概念在流体力学研究中是很重要的。从流线的定义可以引申出以下结论。

(1) 一般情况下，流线不能相交(驻点处除外)，且流线只能是一条光滑的曲线或直线。

(2) 流场中每一点都有流线通过。流线充满整个流场，这些流线构成某一时刻流场内的流动图像。

(3) 在恒定流条件下，流线的形状和位置不随时间而变化，在非恒定流条件下，流线的形状和位置一般要随时间而变化。

(4) 恒定流动时，流线与迹线重合；非恒定流时，流线与迹线一般不重合。

3.2.3 元流和总流

流场是三维空间，因而对流场的几何描述需进一步扩展，即需将流线的概念加以拓广，以线、面、体的层次来对流场的几何特征进行描述。

流面是流线概念的推广，它是流场中通过任意线段上各点作流线而形成的一个面。流面上的每个质点的流速方向都与该面相切。

流管是通过封闭曲线上各点作流线而得出的封闭管状流面。

元流(也称纤流)是通过一微分面积上各点作流线所形成的微小流束，即横断面无限小的流管中的液流。

总流是当流束的横断面面积不是无限小而是具有一定尺寸时的液流，可以把总流看成是由无数元流所组成的。

从上述对流场几何描述的一些概念中，可以得出如下推论。

(1) 流体质点不能穿过流面、流管或元流而流动。

(2) 流面是将水流可以划分为若干股水流的理论依据。

(3) 元流的断面无限小，因而同一断面上的运动要素可以看作是相等的；但对总流来说，同一断面上各处的运动要素不一定都相等。

3.2.4 过流断面

所谓过流断面，就是与元流或总流的所有流线相正交的横断面。显然，如果流体的流线相互平行时，过流断面便是一平面，否则就是一曲面。

单位时间内流过某一过流断面的流体的体积称为体积流量，通常用符号 Q 表示，其量纲为 $[L^3T^{-1}]$ 单位为 m^3/s。

对于元流来讲，过水断面 dA 上各点的流速均为 u，所以在 dt 段内通过的流体体积为 $u dt dA$，则单位时间内通过该过流断面的流体体积为 $u dA$，这就是元流的流量 dQ，即 $dQ=u dA$。

对于总流来讲，通过某过流断面 A 的流量等于组成该总流的无数元流流量的总和。即：

$$Q=\int \mathrm{d}Q=\int u\mathrm{d}A \tag{3-13}$$

因为总流过流断面上每点的流速是不相同的，如果要利用式(3-13)来计算总流的流量，就需要确定过水断面上的流速分布。在实际工程中，确定流速 u 在总流过水断面上的分布是很困难的，有时在解决实际问题中也不需要这样做。因此，从统计学的角度引进一个所谓过流断面的平均流速，记为 $\overline{V}$，它是一个想象的流速，就是认为总流过流断面上各点的流速都等于 $\overline{V}$，水流以这一想象的流速通过过流断面的流量和以不均匀分布的实际流速所通过该过流断面的流量相等，即：

$$Q=\int_A u\mathrm{d}A=\overline{V}\int_A \mathrm{d}A=\overline{V}A \tag{3-14}$$

因而

$$\overline{V}=\frac{Q}{A}=\frac{\int_A u\mathrm{d}A}{A} \tag{3-15}$$

由此可见，过流断面的平均流速数值等于过流断面的流量除以该断面的面积。

3.2.5 一元流、二元流及三元流

流场中流体质点的流速状况在空间的分布有各种形式，可根据其与空间坐标的关系，将其划分为三种类型：一元流、二元流和三元流(又称一维流、二维流和三维流)。

一元流是流体的流速在空间坐标中只和一个空间变量有关，或者说仅与沿流程坐标 s 有关，即 $u=u(s)$ 或 $u=u(s, t)$。显然，在一元流场中，流线是彼此平行的直线，而且同一过流断面上各点的流速是相等的。

如果对空间坐标来讲，流场中任一点的流速是两个空间坐标变量的函数，即 $u=u(x, y)$ 或 $u=u(x, y, t)$，则称这种流动为二元流。

如果流场中任一点的流速与三个空间坐标变量有关，则称这种流动为三元流。这时质点的流速 u 在3个坐标上均有分量。例如，一矩形明渠，当宽度沿流程方向变化时，由于明渠水流流动时水面向流动方向倾斜，则水流中任意点的流速就不仅与断面位置坐标有关，而且还与该点在断面上的坐标 y 和 z 有关，即 $u=u(x, y, z)$ 或 $u=u(x, y, z, t)$。

实际流体力学问题，大多属于三元流或二元流。但由于考虑多维问题的复杂性，在数学上有相当大的困难。为此，有的需要进行简化。最常用的简化方法，就是引入过流断面平均流速的概念，把水流简化为一维流，用一维分析方法研究实际上是多维的水流问题，但用一维流代替多维流所产生的误差，要加以修正，修正系数一般用试验的方法来解决。

3.3 流体运动的连续性方程

3.3.1 恒定流的连续性方程

流体的连续性方程式是流体流动过程中质量守恒的数学表达式，对于不同的流体流动

情况，连续性方程有不同的表达形式。最简单的一种，则是不可压缩流体恒定流的连续性方程式。

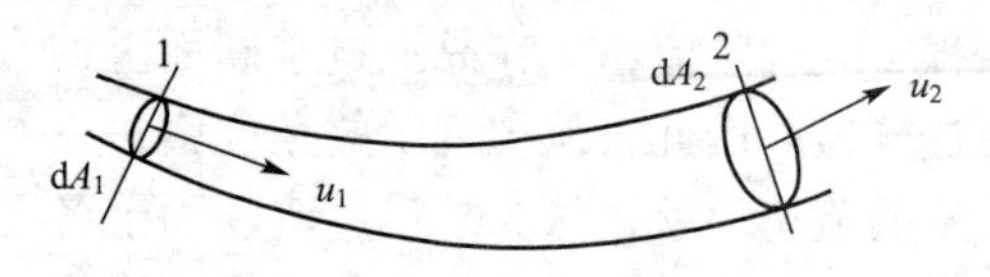

图 3.4　流体通过过流断面的流动

设在某一元流中任取两过流断面 1 和 2(图 3.4)，其面积分别为 dA_1 和 dA_2，在恒定流条件下，过流断面 dA_1 和 dA_2 上的流速 u_1 和 u_2 不随时间变化。因此，在 dt 时段内通过这两个过流断面流体的体积应分别为 $u_1 dA_1 dt$ 和 $u_2 dA_2 dt$，考虑到：

(1) 流体是连续介质。

(2) 流体是不可压缩的。

(3) 流体是恒定流，且流体不能通过流面流进或流出该元流。

(4) 在元流两过流断面间的流段内，不存在输出或吸收流体的奇点。

因此，在 dt 时段内通过过流断面 dA_1 流进该元流段的流体体积应与通过过流断面 dA_2 流出该元流段的流体体积相等。即：

$$u_1 dA_1 dt = u_2 dA_2 dt$$

于是得：

$$u_1 dA_1 = u_2 dA_2 \tag{3-16}$$

式(3-16)称为不可压缩流体恒定元流的连续性方程。它表达了沿流程方向流速与过流断面面积成反比的关系。由于流速和过流断面面积相乘的积等于流量，所以式(3-16)也表明，在不可压缩流体恒定元流中，各过流断面的流量是相等的，从而保证了流动的连续性。

根据过流断面平均流速的概念，可以将元流的连续性方程推广到总流中。设在不可压缩流体恒定总流中任取两个过流断面 A_1 和 A_2，其相应的过流断面平均流速为 V_1 和 V_2，则根据上述讨论元流连续性方程，有：

$$\int_{A_1} u_1 dA_1 = \int_{A_2} u_2 dA_2$$

因而：

$$A_1 V_1 = A_2 V_2 \tag{3-17}$$

式(3-16)和式(3-17)被称为不可压缩流体恒定总流的连续性方程式。它表明，通过恒定总流任意过流断面的流量是相等的，或者说，恒定总流的过流断面的平均流速与过流断面的面积成反比。

如果恒定总流两断面间有流量输入或输出(如图 3.5 所示的管、渠交汇处)，则恒定总流的连续性方程为：

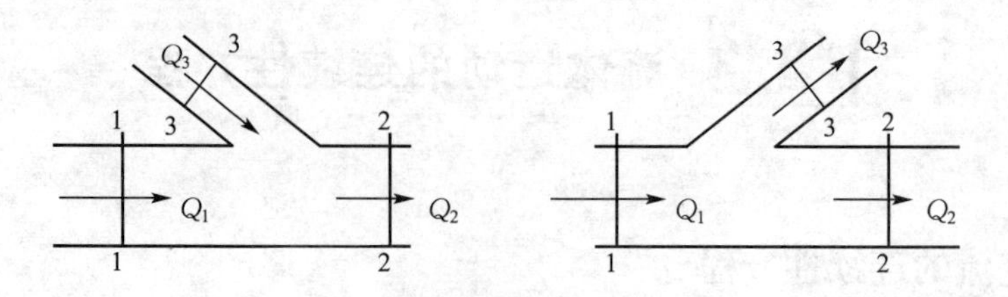

图 3.5　分叉管渠中的水流

$$Q_1 \pm Q_2 = Q_3 \tag{3-18}$$

式中，Q_3——引入(取正号)或引出(取负号)的流量。

3.3.2 三维流动的连续性方程

对于一般的三维流动，能够采用流体微元分析法，得到其微分形式的连续性方程。设 c 是流场中的任意一点，c 点上的流速分量为 u、v、w，流体密度为 ρ。为了方便，选取流场中的矩形六面体微元作为控制体，如图 3.6 所示，六面体微元以 c 点为中心，边长分别为 $\mathrm{d}x$、$\mathrm{d}y$、$\mathrm{d}z$。显然，六面体微元的 6 个表面构成了封闭的控制面。

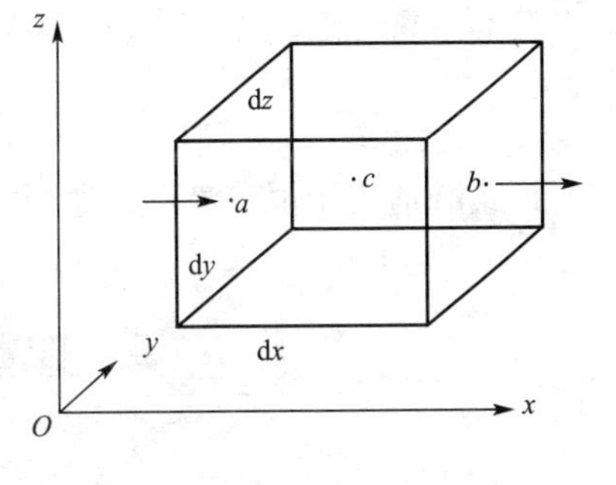

图 3.6 三维流动的连续性方程

为了用 c 点的流动要素来表示控制面上的流动要素，需要假定流速 u、v 及 w 与密度 ρ 在空间上是连续可微的函数。先考察控制面的左、右表面上的质量流量。设 a、b 分别为左、右表面的中心，能够根据泰勒级数展开(忽略高阶微量)得到 a、b 点上的流动要素。例如 a、b 点上流速的 x 分量可以近似表示成：

$$u_a = u - \frac{\partial u}{\partial x}\frac{\mathrm{d}x}{2} \quad u_b = u + \frac{\partial u}{\partial x}\frac{\mathrm{d}x}{2}$$

由于六面体微元的体积微小，而且流动要素是空间上的连续可微函数，计算通过其 6 个面的流体质量流量时可以认为流动要素在各表面上的分布近似均匀。动量分量(ρu)也是空间上的连续可微函数，能够写出类似于上式的表达式，所以通过左表面流入控制体内的质量流量能够表示为：

$$Q_{ma} = \left[\rho u - \frac{\partial(\rho u)}{\partial x}\frac{\mathrm{d}x}{2}\right]\mathrm{d}y\mathrm{d}z$$

通过右表面流出控制体外的质量流量能够表示为：

$$Q_{mb} = \left[\rho u + \frac{\partial(\rho u)}{\partial x}\frac{\mathrm{d}x}{2}\right]\mathrm{d}y\mathrm{d}z$$

通过 x 方向的两个控制体表面流入六面体微元的质量流量为：

$$Q_{mx} = Q_{ma} - Q_{mb} = -\frac{\partial(\rho u)}{\partial x}\mathrm{d}x\mathrm{d}y\mathrm{d}z$$

同理，能够得到通过 y 方向、z 方向的控制体表面流入六面体微元的质量流量为：

$$Q_{my} = -\frac{\partial(\rho v)}{\partial y}\mathrm{d}x\mathrm{d}y\mathrm{d}z \quad Q_{mz} = -\frac{\partial(\rho w)}{\partial z}\mathrm{d}x\mathrm{d}y\mathrm{d}z$$

根据质量守恒定律，在没有质量源的条件下，单位时段内控制体内流体总质量($\rho\mathrm{d}x\mathrm{d}y\mathrm{d}z$)的变化量应当等于单位时段内流入控制体内的流体质量，即：

$$\frac{\partial(\rho\mathrm{d}x\mathrm{d}y\mathrm{d}z)}{\partial t} = Q_{mx} + Q_{my} + Q_{mz}$$

将 Q_{mx}、Q_{my}、Q_{mz} 的表达式代入上式，并消去 $\mathrm{d}x\mathrm{d}y\mathrm{d}z$ 得到：

$$\frac{\partial\rho}{\partial t} + \frac{\partial(\rho u)}{\partial x} + \frac{\partial(\rho v)}{\partial y} + \frac{\partial(\rho w)}{\partial z} = 0 \tag{3-19}$$

这就是微分形式的三维流动连续性方程，对可压缩流体、非恒定流均适用。

对于恒定流，$\frac{\partial\rho}{\partial t}=0$，式(3-19)变为：

$$\frac{\partial(\rho u)}{\partial x}+\frac{\partial(\rho v)}{\partial y}+\frac{\partial(\rho w)}{\partial z}=0 \tag{3-20}$$

若为不可压缩流体，式(3-19)变为：

$$\frac{\partial u}{\partial x}+\frac{\partial v}{\partial y}+\frac{\partial w}{\partial z}=\nabla\cdot\vec{u}=0 \tag{3-21}$$

该式既适用于恒定流，又适用于非恒定流。

3.4 理想流体运动的微分方程式

流体质点的运动同刚体质点一样，服从牛顿第二运动定律。根据这一定律，可以得出流体运动和它所受到的作用力之间的关系。下面从分析作用在流动着的理想液体质点上的各种力及流体质点在这些外力作用下产生的运动加速度出发，来建立理想流体运动的基本微分方程式。

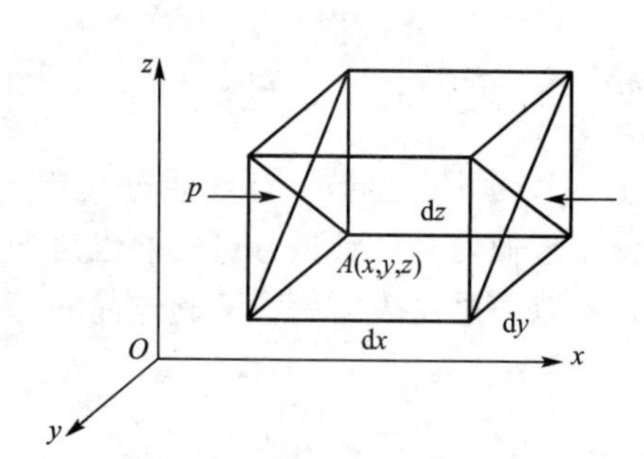

图3.7 理想流体中的表征单元体

如图3.7所示，在x、y、z空间坐标系所表示的流场中，取一微分六面体的流体作为表征单元体进行分析。该六面体各边与对应的坐标轴平行，其边长分别为dx、dy和dz。并设$A(x,y,z)$点为该六面体的顶点，其流体压力为p，可以认为任何包括A点在内的微元体的边界面上，其压力均等于p，而其余边界面上的各点的动水压强则分别为：

$$p+\frac{\partial p}{\partial x}\mathrm{d}x,\ p+\frac{\partial p}{\partial y}\mathrm{d}y,\ p+\frac{\partial p}{\partial z}\mathrm{d}z$$

其中作用在该微分六面体上的力有以下几种。

1. 作用在各边界面上的流体压力

在Ox方向为：$p\mathrm{d}y\mathrm{d}z$及$-\left(p+\frac{\partial p}{\partial x}\mathrm{d}x\right)\mathrm{d}y\mathrm{d}z$

在Oy方向为：$p\mathrm{d}x\mathrm{d}z$及$-\left(p+\frac{\partial p}{\partial y}\mathrm{d}y\right)\mathrm{d}x\mathrm{d}z$

在Oz方向为：$p\mathrm{d}x\mathrm{d}y$及$-\left(p+\frac{\partial p}{\partial z}\mathrm{d}z\right)\mathrm{d}x\mathrm{d}y$

2. 质量力

若作用于单位质量流体的质量力的分量分别用X、Y、Z表示，则作用于该微分六面体体内液体的总质量力的各分量如下。

在Ox方向：$X\rho\mathrm{d}x\mathrm{d}y\mathrm{d}z$。

在Oy方向：$Y\rho\mathrm{d}x\mathrm{d}y\mathrm{d}z$。

在Oz方向：$Z\rho\mathrm{d}x\mathrm{d}y\mathrm{d}z$。

其中，X、Y、Z 均采用顺坐标指向者为正值。

在上述外力作用下，该微元体的运动具有加速度，其在坐标轴的分量可分别表示为：$\frac{\mathrm{D}u}{\mathrm{D}t}$，$\frac{\mathrm{D}v}{\mathrm{D}t}$，$\frac{\mathrm{D}w}{\mathrm{D}t}$。

根据牛顿第二运动定律，可以写出质点受力与加速度的关系式。如 x 轴方向为：

$$p\mathrm{d}y\mathrm{d}z-\left(p+\frac{\partial p}{\partial x}\mathrm{d}x\right)\mathrm{d}y\mathrm{d}z+X\rho\mathrm{d}x\mathrm{d}y\mathrm{d}z=\rho\mathrm{d}x\mathrm{d}y\mathrm{d}z\frac{\mathrm{D}u}{\mathrm{D}t} \tag{3-22}$$

将式(3－22)整理化简后，可得：

$$X-\frac{1}{\rho}\frac{\partial p}{\partial x}=\frac{\mathrm{D}u}{\mathrm{D}t} \tag{3-23}$$

同理对 y 方向和 z 方向进行操作，可得到类似于式(3－23)的方程。综合可得下列方程组：

$$\begin{cases}\dfrac{\mathrm{D}u}{\mathrm{D}t}=X-\dfrac{1}{\rho}\dfrac{\partial p}{\partial x}\\ \dfrac{\mathrm{D}v}{\mathrm{D}t}=Y-\dfrac{1}{\rho}\dfrac{\partial p}{\partial y}\\ \dfrac{\mathrm{D}w}{\mathrm{D}t}=Z-\dfrac{1}{\rho}\dfrac{\partial p}{\partial z}\end{cases} \tag{3-24}$$

将欧拉方法得到了流体加速度表达式 3－7、3－8、3－9，代入(3－24)式，可得：

$$\begin{cases}\dfrac{\partial u}{\partial t}+u\dfrac{\partial u}{\partial x}+v\dfrac{\partial u}{\partial y}+w\dfrac{\partial u}{\partial z}=X-\dfrac{1}{\rho}\dfrac{\partial p}{\partial x}\\ \dfrac{\partial v}{\partial t}+u\dfrac{\partial v}{\partial x}+v\dfrac{\partial v}{\partial y}+w\dfrac{\partial v}{\partial z}=Y-\dfrac{1}{\rho}\dfrac{\partial p}{\partial y}\\ \dfrac{\partial w}{\partial t}+u\dfrac{\partial w}{\partial x}+v\dfrac{\partial w}{\partial y}+w\dfrac{\partial w}{\partial z}=Z-\dfrac{1}{\rho}\dfrac{\partial p}{\partial z}\end{cases} \tag{3-25}$$

方程组(3－25)即为理想流体运动的微分方程，它是欧拉在 1755 年得出的，故又称欧拉方程。

欧拉方程(3－25)与微分形式的三维流动连续方程(3－19)构成了描述理想流体运动的偏微分方程组。不可压缩流体的密度 ρ 是已知的，方程组中含有 p、u、v、w 4 个未知量，与方程的个数相等。因此能够通过求方程组的解得到未知量在时间、空间上的变化规律。

若流体是可压缩的，流体密度 ρ 是未知的，方程组的 4 个方程中含有 5 个未知量。此时，需要将连续方程、欧拉方程与能量方程、流体的状态方程联解。

对于粘性流体，需要考虑切应力的作用。x、y、z 方向单位质量流体受到的粘滞力分别为 $\mu\nabla^2 u$、$\mu\nabla^2 v$、$\mu\nabla^2 w$，考虑粘滞力的影响，流体运动微分方程变为：

$$\begin{cases}\dfrac{\partial u}{\partial t}+u\dfrac{\partial u}{\partial x}+v\dfrac{\partial u}{\partial y}+w\dfrac{\partial u}{\partial z}=X-\dfrac{1}{\rho}\dfrac{\partial p}{\partial x}+\mu\nabla^2 u\\ \dfrac{\partial v}{\partial t}+u\dfrac{\partial v}{\partial x}+v\dfrac{\partial v}{\partial y}+w\dfrac{\partial v}{\partial z}=Y-\dfrac{1}{\rho}\dfrac{\partial p}{\partial y}+\mu\nabla^2 v\\ \dfrac{\partial w}{\partial t}+u\dfrac{\partial w}{\partial x}+v\dfrac{\partial w}{\partial y}+w\dfrac{\partial w}{\partial z}=Z-\dfrac{1}{\rho}\dfrac{\partial p}{\partial z}+\mu\nabla^2 w\end{cases} \tag{3-26}$$

式(3－26)为纳维-斯托克斯方程(Navier－Stokes)方程，简称 N－S 方程。

3.5 伯努利积分及能量方程

3.5.1 理想流体运动微分方程的积分

由于数学上的困难，理想流体的运动微分方程仅在某些特定条件下才能求解。假定流体运动满足如下假设。

(1) 理想流体。

(2) 流体不可压缩，密度为常数。

(3) 流动是恒定的。

(4) 质量力是有势力。

(5) 沿流线积分。

通过数学推导，可得到欧拉方程与连续方程所构成的偏微分方程组的解析解。为了推导方便，将欧拉方程(3-24)写成：

$$\frac{\mathrm{d}\vec{u}}{\mathrm{d}t}=\vec{f}-\frac{1}{\rho}\nabla p \tag{3-27}$$

设 $\mathrm{d}r$ 是流体质点的微小位移矢量，其3个分量为 $\mathrm{d}x$、$\mathrm{d}y$、$\mathrm{d}z$，将上式两边同时点乘 $\mathrm{d}\vec{r}$，得到：

$$\mathrm{d}\vec{r}\cdot\frac{\mathrm{d}\vec{u}}{\mathrm{d}t}=\mathrm{d}\vec{r}\cdot f-\frac{1}{\rho}\mathrm{d}\vec{r}\cdot\nabla p$$

因为 $\mathrm{d}\vec{r}$ 为流体质点的位移，所以 $\frac{\mathrm{d}\vec{r}}{\mathrm{d}t}=\vec{u}$，因此：

$$\mathrm{d}\vec{r}\cdot\frac{\mathrm{d}\vec{u}}{\mathrm{d}t}=\frac{\mathrm{d}\vec{r}}{\mathrm{d}t}\cdot\mathrm{d}\vec{u}=\vec{u}\cdot\mathrm{d}\vec{u}=\mathrm{d}\left(\frac{\vec{u}\cdot\vec{u}}{2}\right)=\mathrm{d}\left(\frac{u^2+v^2+w^2}{2}\right)$$

若以 U 表示 $\vec{u}$ 的大小，则 $U^2=u^2+v^2+w^2$，上式可变为：

$$\mathrm{d}\vec{r}\cdot\frac{\mathrm{d}\vec{u}}{\mathrm{d}t}=\mathrm{d}\left(\frac{U^2}{2}\right) \tag{3-28}$$

由于质量力是恒定的有势力，可以用 W 表示质量力势函数，而且有：

$$\mathrm{d}\vec{r}\cdot f=X\mathrm{d}x+Y\mathrm{d}y+Z\mathrm{d}z=\mathrm{d}W \tag{3-29}$$

$$\mathrm{d}\vec{r}.\nabla p=(\mathrm{d}xi+\mathrm{d}yj+\mathrm{d}zk)\left(\frac{\partial p}{\partial x}i+\frac{\partial p}{\partial y}j+\frac{\partial p}{\partial z}k\right)=\frac{\partial p}{\partial x}\mathrm{d}x+\frac{\partial p}{\partial y}\mathrm{d}y+\frac{\partial p}{\partial z}\mathrm{d}z=\mathrm{d}p \tag{3-30}$$

将式(3-28)、式(3-29)、式(3-30)代入式(3-27)可得到：

$$\mathrm{d}\left(\frac{U^2}{2}\right)=\mathrm{d}W-\frac{\mathrm{d}p}{\rho}$$

因为 ρ 为常数，可以将上式改写为：

$$\mathrm{d}\left(\frac{U^2}{2}+\frac{p}{\rho}-W\right)=0$$

该方程只有在流线上才能成立。将该式沿流线积分后可得：

$$\frac{U^2}{2}+\frac{p}{\rho}-W=c \tag{3-31}$$

式中，c——积分常数。

这就是理想流体的伯努利积分方程。式(3-31)表明：在有势力场的作用下常密度理想流体恒定流中同一条流线上的$\frac{U^2}{2}+\frac{p}{\rho}-W$数值不变。一般情况下，积分常数$c$的数值随流线的不同而变化。

3.5.2 重力作用下理想流体的伯努利方程

通常情况下，作用在流体上的力只有重力，即：

$$X=Y=0，Z=-g \quad (选坐标轴 z 垂直向上为正)$$

所以质量力势函数W为：

$$W=-gz$$

将质量力势函数W代入伯努利积分方程(3-31)，可得：

$$\frac{U^2}{2}+\frac{p}{\rho}+gz=c$$

也可写为：

$$\frac{U^2}{2g}+\frac{p}{\rho g}+z=c'$$

上式表明，在同一条流线上的任意两点1、2满足：

$$\frac{U_1^2}{2g}+\frac{p_1}{\rho g}+z_1=\frac{U_2^2}{2g}+\frac{p_2}{\rho g}+z_2 \tag{3-32}$$

上式即为重力场中理想流体的伯努力积分方程。式(3-32)表示重力场中理想流体的元流(或在流线上)作恒定流动时，流速大小U、动压强p与位置高度z三者之间的关系。

实际上，伯努利方程是能量守恒定律的一种表达形式，又称能量方程。z是相对于某一基准面的位置水头，它代表了单位质量流体相对于基准面的位置势能(位能)；$\frac{p}{\rho g}$是测压管高度或压力水头，代表了单位质量流体相对于大气压强的压力水头(压能)。位置水头和压力水头均为流体的势能，二者之和称为测压管水头(测管水头)，即：

$$h_p=\frac{p}{\rho g}+z$$

式(3-32)中的第一项$\frac{U^2}{2g}$的物理意义为：单位质量流体，流速为U时的动能，$\frac{U^2}{2g}$被称为速度水头。

因此，单位质量所具有的总机械能H_0为：

$$H_0=\frac{U^2}{2g}+\frac{p}{\rho g}+z$$

式中，H_0——在工程上被称为总水头。

理想流体的伯努利方程表明，流体从元流的一个断面运动到另一个断面的过程中，单位重力流体的机械能守恒，总水头是不变的。如图3.8所示，总水头线H_0线是水平的，

测管水头线 h_p的高度是变化的。这种表示流体各种水头沿程变化的图形称为水头线图。

现以毕托管为例说明伯努利能量方程的应用。毕托管是广泛用于测量流场各点流速的仪器，故又称测速管。它是一根弯成90°，顶端开有一小孔 A 且侧表面开有若干小孔 B 的套管，如图 3.9 所示，测量时，将小孔 A 对准来流方向，则 A 点速度为零。由于毕托管的直径很小，它对流场的扰动可以忽略，故侧表面 B 点处的速度可以认为就是等于来流速度 u。因此将伯努利方程用于 A、B 两点，可得

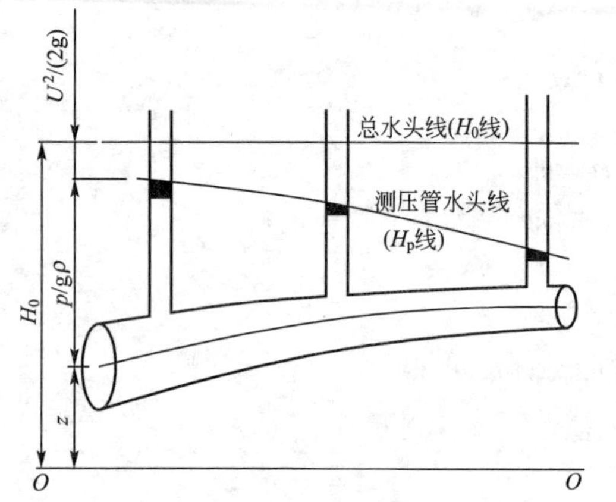

图 3.8　理想流体流动的水头线图

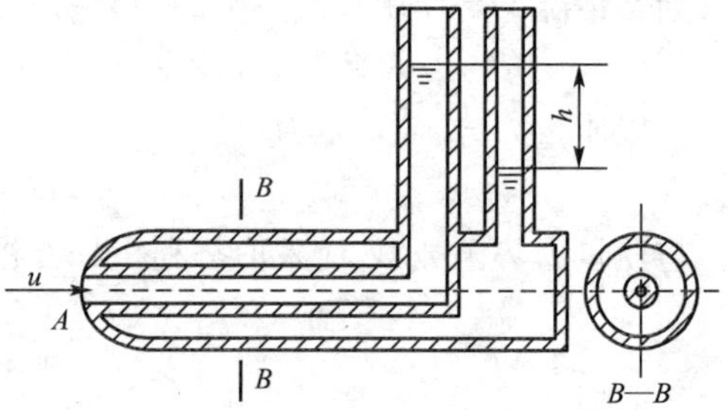

图 3.9　毕托管结构示意图

$$\frac{p_A}{\rho g}+z_A=\frac{u^2}{2g}+\frac{p_B}{\rho g}+z_B$$

其中：$\frac{p_A}{\rho g}+z_A$和$\frac{p_B}{\rho g}+z_B$分别是A 点和B 点的静水头(若压强以相对压强计量，则通称为测压管水头)，设两者之差为 h(图 3.9)，则：

$$u=\sqrt{2g\left[\left(z_A+\frac{p_A}{\rho g}\right)-\left(z_B+\frac{p_B}{\rho g}\right)\right]}=\sqrt{2gh}$$

由此可见，测得 h 后即可测得来流速度 u。

由于实际流体是有粘性的，因此，用上式计算流速 u 时尚需要进行修正，即：

$$u=\xi\sqrt{2gh}$$

式中，ξ——毕托管修正系数，其值与毕托管的构造有关，一般接近于 1.0。

3.5.3　总流的伯努利方程

前面推导的定常不可压缩理想流体绝对运动的伯努利方程，在没有确定流动是有旋还是无旋的情况下，只能适用于流线或微元流束。但是，在实际工程中要求人们解决的往往是总流流动问题，如流体在管道、渠道中的流动问题，因此还需要通过在过流断面上积分把它推广到总流上去。

将式(3-32)各项同乘以 $\rho g\mathrm{d}Q$，得单位时间内通过微元流束两个过流断面的全部流体的机械能关系式为：

$$\left(\frac{u_1{}^2}{2g}+\frac{p_1}{\rho g}+z_1\right)\rho g\mathrm{d}Q=\left(\frac{u_2{}^2}{2g}+\frac{p_2}{\rho g}+z_2\right)\rho g\mathrm{d}Q$$

注意到 $\mathrm{d}Q=u_1\mathrm{d}A_1=u_2\mathrm{d}A_2$，代入上式，在总流过流断面上积分，可得通过总流量过流断面的总机械能之间的关系式为：

$$\int_{A_1}\left(z_1+\frac{p_1}{\rho g}+\frac{u_1^2}{2g}\right)\rho g u_1\mathrm{d}A_1=\int_{A_2}\left(z_2+\frac{p_2}{\rho g}+\frac{u_2^2}{2g}\right)\rho g u_2\mathrm{d}A_2 \tag{3-33}$$

或

$$\rho g\int_{A_1}\left(z_1+\frac{p_1}{\rho g}\right)u_1\mathrm{d}A_1+\rho g\int_{A_1}\frac{u_1^3}{2g}\mathrm{d}A_1=\rho g\int_{A_2}\left(z_2+\frac{p_2}{\rho g}\right)u_2\mathrm{d}A_2+\rho g\int_{A_2}\frac{u_2^3}{2g}\mathrm{d}A_2$$

上式共有两种类型的积分，现分别确定如下。

(1) $\rho g\int_{A}\left(z+\frac{p}{\rho g}\right)u\mathrm{d}A$ 是单位时间内通过总流过流断面的流体位置势能和压力势能的总和。要确定这个积分，需要知道总流过流断面上各点上 $z+\frac{p}{\rho g}$ 的分布规律。一般来讲，$z+\frac{p}{\rho g}$ 的分布规律与过流断面上的流动状态有关。在急变流断面上，各点的 $z+\frac{p}{\rho g}$ 不为常数，其变化规律因各具体情况而异，积分较困难。但在渐变流断面上，流体动压强近似地按静压强分布，各点的 $z+\frac{p}{\rho g}$ 近似等于常数。因此，若将过流断面取在渐变流断面上，则积分为：

$$\rho g\int_{A}\left(z+\frac{p}{\rho g}\right)u\mathrm{d}A=\rho g\left(z+\frac{p}{\rho g}\right)Q \tag{3-34}$$

(2) $\rho g\int_{A}\frac{u^3}{2g}\mathrm{d}A$ 是单位时间内通过总流过流断面的流体动能的总和。由于过流断面上的速度分布一般难以确定，工程上为了计算方便，常用断面平均流速 v 来表示实际动能，即：

$$\rho g\int_{A}\frac{u^3}{2g}\mathrm{d}A=\rho g\frac{\alpha v^3}{2g}A=\rho g\frac{\alpha v^2}{2g}Q \tag{3-35}$$

因用 $\rho g\frac{\alpha v^2}{2g}Q$ 代替 $\rho g\int_{A}\frac{u^3}{2g}\mathrm{d}A$ 存在差异，故在式中引入了动能修正系数 α。α 表示实际动能与按断面平均流速计算的动能之比，即：

$$\alpha=\frac{\rho g\int_{A}\frac{u^3}{2g}\mathrm{d}A}{\rho g\frac{v^2}{2g}Q}=\frac{\int_{A}\left(\frac{u}{v}\right)^3\mathrm{d}A}{A}$$

α 值取决于总流过流断面上的速度分布，一般流动的 $\alpha=1.05\sim1.10$，但有时可达到2.0或者更大，在工程计算中一般 $\alpha=1.0$。

将式(3-34)、式(3-35)代入式(3-33)，考虑到定常流动时，$Q_1=Q_2=Q$，化简后得：

$$\frac{\alpha_1 v_1{}^2}{2g}+\frac{p_1}{\rho g}+z_1=\frac{\alpha_2 v_2{}^2}{2g}+\frac{p_2}{\rho g}+z_2 \tag{3-36}$$

这就是理想流体总流的伯努利方程。它在形式上类似于式(3－32)，但是以断面平均速度 u 代替点速度 v(相应地考虑动能修正系数)。

由于推导总流的伯努利方程式(3－36)时，采用了一些限制条件，因此应用时也必须符合这些条件，否则将不能得到符合实际的正确结果，这些限制条件可归纳如下。

(1) 流体是理想的、不可压缩的；流动是定常的；质量力仅有重力。

(2) 过流断面取在渐变流区段上，但两过流断面之间可以是急变流。

(3) 两过流断面间没有能量的输入或输出。当总流在两过流断面间通过水泵、风机或水轮机等流体机械时，流体额外地获得或失去了能量，则总流的伯努利方程应作如下修正：

$$\frac{\alpha_1 v_1^2}{2g}+\frac{p_1}{\rho g}+z_1\pm H=\frac{\alpha_2 v_2^2}{2g}+\frac{p_2}{\rho g}+z_2 \tag{3-37}$$

式中，$+H$——表示单位质量流体流过水泵、风机时获得的能量；

$-H$——表示单位质量流体经过水轮机时所失去的能量。

3.5.4 粘性流体总流的伯努利方程

从式(3－32)可知，理想流体运动时，其机械能沿流程不变。但粘性流体运动时，由于流层间内摩擦阻力做功会消耗部分机械能，使之不可逆地转变为热能等能量形式而耗散掉，因此，粘性流体的机械能将沿流程减小。设 h_w 为总流中单位质量流体从1—1过流断面至2—2过流断面所消耗的机械能(通常称为流体的能量损失或水头损失)，根据能量守恒定律，可得粘性流体总流的伯努利方程为：

$$z_1+\frac{p_1}{\rho g}+\frac{\alpha_1 {v_1}^2}{2g}=z_2+\frac{p_2}{\rho g}+\frac{\alpha_2 {v_2}^2}{2g}+h_w \tag{3-38}$$

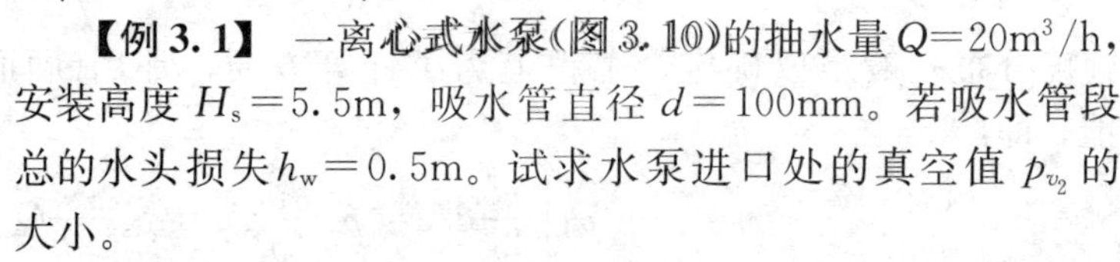

【例3.1】 一离心式水泵(图3.10)的抽水量 $Q=20\text{m}^3/\text{h}$，安装高度 $H_s=5.5\text{m}$，吸水管直径 $d=100\text{mm}$。若吸水管段总的水头损失 $h_w=0.5\text{m}$。试求水泵进口处的真空值 p_{v_2} 的大小。

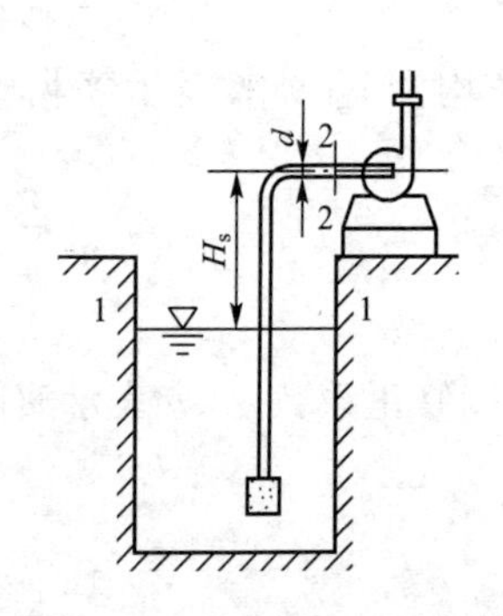

图3.10 离心式水泵示意图

【解】 取渐变流过流断面：水池液面为1—1断面，水泵进口断面为2—2断面，它们的计算点分别取在自由液面与管轴上。选基准面在水池液面上。因为水池液面远大于吸水管界面，故可认为 $v_1=0$，注意到 $p_1=p_a$(大气压强)，并令 $\alpha_1=\alpha_2=1.0$，则对1—1断面和2—2断面列出粘性流体总流的伯努利方程有：

$$0+\frac{p_a}{\rho g}+0=H_s+\frac{p_2}{\rho g}+\frac{\alpha_2 v_2^2}{2g}+h_w$$

式中：$v_2=\frac{4Q}{\pi d^2}=\frac{4\times 20/3600}{\pi\times 0.1^2}=0.707(\text{m/s})$

故：

$$p_{v_2}=p_a-p_2=\rho g\left(H_s+\frac{v_2^2}{2g}+h_w\right)=1000\times 9.8\times\left(5.5+\frac{0.707^2}{2\times 9.8}+0.5\right)=59\,050(\text{Pa})$$

3.6 动量方程

动量方程是理论力学中的动量定理在流体力学中的具体体现，它反映了流体运动的动量变化与作用力之间的关系，其特殊优点在于不必知道流动范围内部的流动过程，而只需知道其边界面上的流动情况即可，因此它可用来方便地解决急变流动中，流体与边界面之间的相互作用问题。

从理论力学中知道，质点系的动量定理可表述为：在 dt 时间内，作用于质点系的合外力等于同一时间间隔内该质点系在外力作用方向上的动量变化率，即：

$$\sum \vec{F} = \frac{\mathrm{d}(\sum m\vec{u})}{\mathrm{d}t} \tag{3-39}$$

式 (3-39) 是针对流体系统(即质点系)而言的，通常称为拉格朗日型动量方程，由于流体运动的复杂性，在流体力学中一般采用欧拉法研究流体流动问题，因此，需引入控制体及控制面的概念，将拉格朗日型的动量方程转换成欧拉型动量方程。下面来推导适用于流体运动特点的动量定理的表示式。

在稳定流动的总流中，任意取一流体段 1—1～2—2 (图 3.11)，以这个流段的侧面，即总流边界流线所构成的流面为控制面。设 Q_1、A_1、v_1 各为断面 1—1 的流量、断面积和平均流速；Q_2、A_2、v_2 各为断面 2—2 的流量、断面积和平均流速。经过 dt 时间后，流体段 1—1～2—2 移到 1′—1′～2′—2′。其动量的变化应等于 1′—1′～2′—2′段流体的动量与 1—1～2—2 段流体动量之差。由于 1′—1′～2—2 段为 1′—1′～2′—2′和 1—1～2—2 段所共有，而且在稳定流中，这段流体的动量在 dt 时间内并无变化。故动量的增量等于 2—2～2′—2′段流体的动量与 1—1～1′—1′段流体的动量之差。

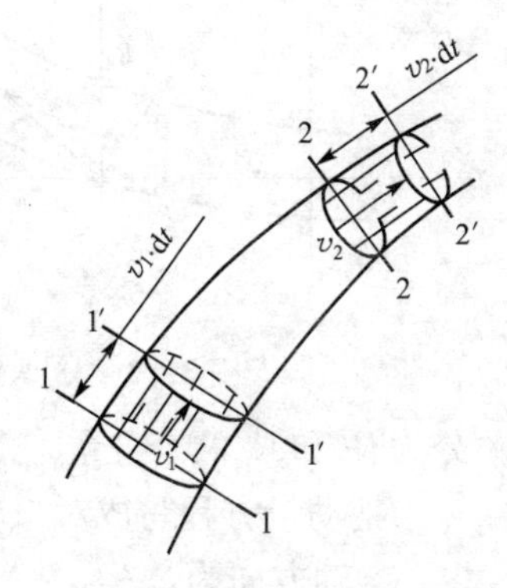

图 3.11 动量方程的推导

1—1～1′—1′段的流体质量为：$\rho A_1 v_1 \mathrm{d}t = \rho Q_1 \mathrm{d}t$

1—1～1′—1′段的流体动量为：$\rho Q_1 \mathrm{d}t\,\vec{v}_1$

同理，2—2～2′—2′段的流体动量为：$\rho Q_2 \mathrm{d}t\,\vec{v}_2$

故在 dt 时间内的动量增量为：

$$\mathrm{d}\sum m_k \vec{v}_k = \rho Q_2 \mathrm{d}t\,\vec{v}_2 - \rho Q_1 \mathrm{d}t\,\vec{v}_1$$

由此得到：

$$\frac{\mathrm{d}}{\mathrm{d}t}\sum m_k \vec{v}_k = \rho Q_2 \vec{v}_2 - \rho Q_1 \vec{v}_1$$

设在 dt 时间作用于总流控制表面上的表面力的总向量为$\sum F_a$，作用于控制表面内的质量力的总向量为$\sum F_b$，可写出流体运动的动量方程如下：

$$\sum \vec{F}_a + \sum \vec{F}_b = \rho Q_2 \vec{v}_2 - \rho Q_1 \vec{v}_1$$

这个方程是以断面各点的流速均等于平均流速这个模型来写出的。实际流速的不均匀分布使上式存在着误差，为此，以动量修正系数 α_0 来修正。α_0 定义为实际动量和按照平均流速计算的动量大小的比值。即

$$\alpha_0=\frac{\int_A \rho u^2 \mathrm{d}A}{\rho Q v}=\frac{\int_A \rho u^2 \mathrm{d}A}{A v^2} \tag{3-40}$$

α_0 取决于断面流速分布的不均匀性。不均匀性越大，α_0 越大。一般取 $\alpha_0=1.05\sim1.02$，为了简化计算，常取 $\alpha_0=1$。考虑了流速的不均匀性分布，上式可写为：

$$\sum\vec{F}_a+\sum\vec{F}_b=\alpha_{02}\rho Q_2\vec{v}_2-\alpha_{01}\rho Q_1\vec{v}_1 \tag{3-41}$$

这就是恒定流动动量方程，式(3-41)表明：稳定流动时，作用在总流控制表面上的表面力总向量与控制表面内流体的质量力总向量的向量和等于单位时间内通过总流控制面流出与流入流体的动量的向量差。

【例3.2】 在隧道中有一水平敷设的排水管道，试求作用在拐弯为45°的弯管壁上的总作用力(图3.12)。已知：管径为200mm，断面1—1处的流速 $v_1=4\text{m/s}$，$p_1=100\text{kPa}$，不计弯管内水头损失。

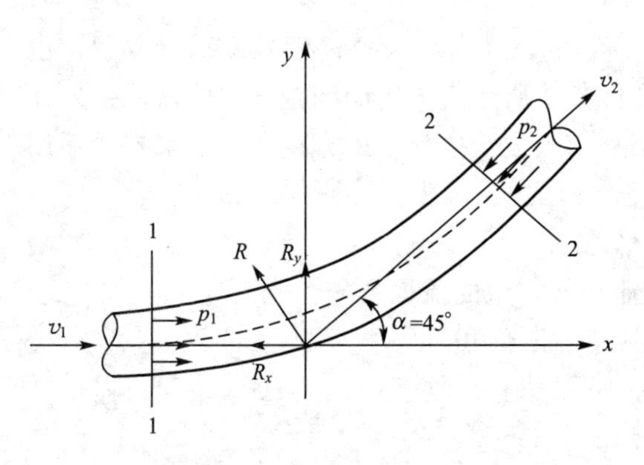

图3.12 45°弯管的受力

【解】 取过水断面1—1和2—2及管流与管壁接触的流面作为控制表面，并设两断面的面积、平均流速和压力分别为 A_1、v_1、p_1 和 A_2、v_2、p_2，则作用于这个控制表面上的表面力有断面1—1和2—2上的压力 p_1A_1 和 p_2A_2，以及管壁对水流的作用力 R。R 可分为 R_x 和 R_y 两个分量。由于弯管是水平放置的，重力在 x 轴和 y 轴的投影等于零。

把动量方程写成对 x 轴和 y 轴的投影形式，则

x 轴方向为：

$$\rho Q_2 v_2\cos\alpha-\rho Q_1 v_1=p_1A_1-p_2A_2\cos\alpha-R_x$$

y 轴方向为：

$$\rho Q_2 v_2\sin\alpha=-p_2A_2\sin\alpha+R_y$$

根据题意知：$Q_2=Q_1$，$p_2=p_1$，$A_2=A_1$，故

$$R_x=p_1A_1-p_2A_2\cos\alpha+\rho Q_1v_1-\rho Q_2v_2\cos\alpha$$
$$=(p_1A_1+\rho Q_1v_1)(1-\cos\alpha)$$
$$R_y=(p_2A_2+\rho Q_2v_2)\sin\alpha$$

将已知数据列出并代入上式，求出 R_x 和 R_y。

$$R_x=1.07\text{kN}\quad R_y=2.58\text{kN}$$

由于水流对管壁的作用力 P 与 R 大小相等而方向相反，故

$$P_x=1.07\text{kN}\quad P_y=2.58\text{kN}$$

【例3.3】 有一水枪喷嘴，其入口直径 $d_1=50\text{mm}$，出口直径 $d_2=25\text{mm}$(图3.13(a))，喷嘴前压力为2大气压力，流量为5L/s。试求喷嘴与水管接头处所受拉力为多少？如果射流作用在垂直平面后，分成两支沿水平面方向流出，则平面所受的冲击力为多大？

【解】 取喷嘴所包围的液体段为研究对象。液体段上沿喷嘴轴线方向(x 轴方向)的受力情况如图 3.13(b)所示。图中 p_1 为后续液体对 3—3 断面上的作用力，R_1 是喷嘴壁对液体段的作用力在喷嘴轴线(x 轴)方向的分力。重力在此方向无分力。喷嘴出口射流与大气接触，所以断面 1—1 上的作用力按相对压力计算为零。这样，沿喷嘴轴线方向(x 轴方向)列动量方程。则得：

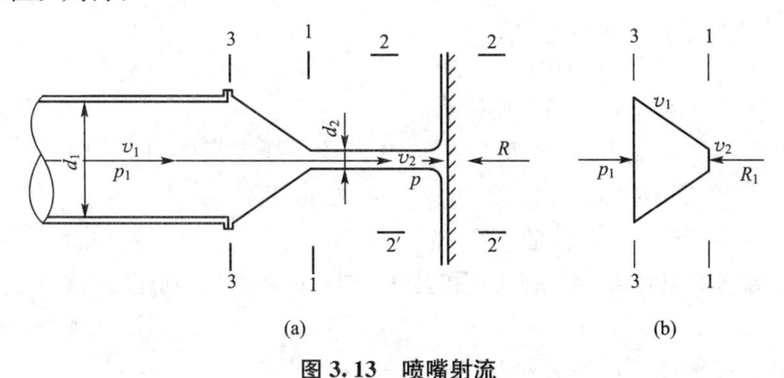

图 3.13 喷嘴射流

$$\sum F_x = P_1 - R_1 = \rho Q(v_2 - v_1)$$

$$R_1 = P_1 - \rho Q(v_2 - v_1) = \frac{\pi}{4}d_1^2 p_1 - \rho Q\left(\frac{Q}{\frac{\pi}{4}d_2{}^2} - \frac{Q}{\frac{\pi}{4}d_1{}^2}\right)$$

$$= \frac{\pi}{4}\times 0.05^2\times 2\times 10^5 - 1000\times 0.005\left(\frac{0.005}{\frac{\pi}{4}\times 0.025^2} - \frac{0.005}{\frac{\pi}{4}\times 0.05^2}\right) = 354(\text{N})$$

液体对喷嘴上的作用力，其大小与 R_1 相等，方向相反。因此喷嘴与水管接头处所受的拉力为 354N。

取 1—1 与 2—2 及 2′—2′断面间射流所据空间的表面为控制表面，并设 R 为平面对射流的作用力，由于作用在射流上的重力与流出此控制面的液体的动量对喷嘴轴向(x 轴方向)的投影均等于零，所以其动量方程应为：

$$\sum F_x = -R = \rho Q(0 - v_2)$$

故：
$$R = \rho Q v_2 = 1000\times 0.005\times \frac{0.005}{\frac{\pi}{4}\times 0.025^2} = 52(\text{N})$$

射流对平面的作用力(冲击力)P 与 R 大小相等，方向相反，即 $P=52\text{N}$。

习 题

1. 用欧拉法表示流体质点加速度 $\vec{a}$ 等于________。

A. $\dfrac{\partial \vec{u}}{\partial t}$　　　　B. $(\vec{u}\cdot\nabla)\vec{u}$

C. $\dfrac{\partial \vec{u}}{\partial t}+(\vec{u}\cdot\nabla)\vec{u}$　　D. $\dfrac{\partial \vec{u}}{\partial t}-(\vec{u}\cdot\nabla)\vec{u}$

2. 恒定流是流场中________的流动。

A. 各断面流速分布相同　　B. 流线是相互平行的直线

C. 运动要素不随时间而变化　　D. 流动随时间按一定规律变化

3. 均匀流的________加速度为零。

A. 当地　B. 迁移　C. 向心　D. 质点

4. 在________流动中，流线和迹线重合。

A. 恒定　B. 非恒定　C. 不可压缩流体　D. 一元

5. 连续性方程表示流体运动遵循________守恒定律。

A. 能量　B. 动量　C. 质量　D. 流量

6. 水在一条管道中流动，如果两断面的管径比为 $d_1/d_2=2$，则速度比 $v_1/v_2=$________。

A. 2　B. 1/2　C. 4　D. 1/4

7. 在________流动中，伯努利方程不成立。

A. 恒定　B. 理想流体　C. 不可压缩　D. 可压缩

8. 在总流伯努利方程中，速度 v 是________速度。

A. 某点　B. 断面平均　C. 断面形心处　D. 断面上最大

9. 文透里管用于测量________。

A. 点流速　B. 压强　C. 密度　D. 流量

10. 毕托管用于测量________。

A. 点流速　B. 压强　C. 密度　D. 流量

11. 应用总流能量方程时，两断面之间________。

A. 必须是缓变流　　B. 必须是急变流

C. 不能出现急变流　　D. 可以出现急变流

12. 伯努利方程中 $z+\dfrac{p}{\gamma}+\dfrac{\alpha v^2}{2g}$ 表示________。

A. 单位质量流体具有的机械能

B. 单位质量流体具有的机械能

C. 单位体积流体具有的机械能

D. 通过过流断面的总机械能

13. 粘性流体恒定总流的总水头线沿程变化规律是________。

A. 沿程下降　　B. 沿程上升

C. 保持水平　　D. 前三种情况都有可能

14. 描述不可压缩粘性流体运动的微分方程是________。

A. 欧拉方程　　B. 边界层方程

C. 斯托克斯方程　　D. 纳维-斯托克斯方程

15. 恒定水流运动方向应该是________。

A. 从高处向低处流

B. 从压强大处向压强小处流

C. 从流速大的地方向流速低的地方流

D. 从单位质量流体机械能高的地方向低的地方流

16. 欧拉运动微分方程式________。

A. 适用于不可压缩流体，不适用于可压缩流体

B. 适用于恒定流，不适用于非恒定流

C. 适用于无旋流，不适用于有旋流

D. 适用于上述所提及的各种情况下的流动

17. 如图 3.14 所示为一水泵管路系统，断面 2、3 分别为水泵进出口断面，水泵扬程 H 的计算公式为________。

A. $H=z$　　B. $H=p_3/\gamma-p_2/\gamma$

C. $H=z+h_{w0-2}+h_{w3-5}$　　D. $H=z+h_{w3-5}$

18. 如图 3.15 所示为一水泵管路系统，断面 2、3 分别为水泵进出口断面，水泵扬程 H 的计算公式为________。

A. $H=z$

B. $H=z_5+h_{w0-2}+h_{w3-4}$

C. $H=z+h_{w0-2}+h_{w3-4}+\dfrac{v_4^2}{2g}$

D. $H=p_3/\gamma-p_2/\gamma$

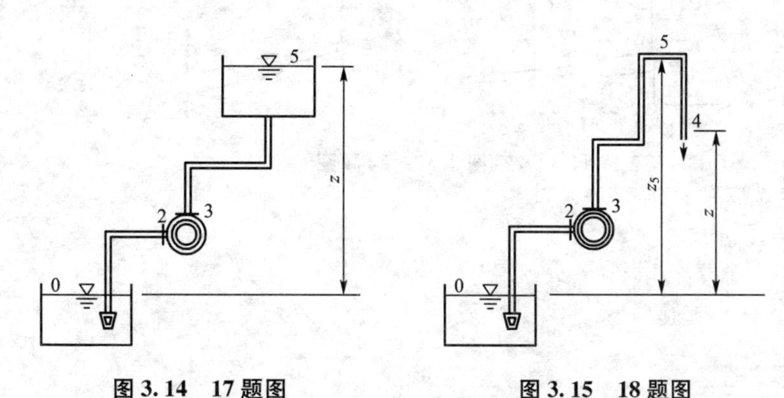

图 3.14　17 题图　　图 3.15　18 题图

19. 什么是流线与迹线？两者有什么区别？在什么条件下流线与迹线重合？为什么？

20. 不可压缩流体连续性微分方程是否适用于非恒定流动？其物理意义是什么？

21. 写出下列物理量与流速场的关系式。

(1) 质点加速度(欧拉法表示)；(2) 流体微团的体积膨胀率；

(3) xOy 平面上的平面流动的角变形速率；

(4) xOy 平面上的平面流动的平均旋转角速度。

22. 写出下列流动的微分形式连续方程。

(1) 可压缩流体的非恒定流动；(2) 可压缩流体的恒定流动；

(3) 不可压缩流体的非恒定流动；(4) 不可压缩流体的恒定流动。

23. 如图 3.16 所示，3 种形式的叶片，受流量 Q、流速 v 的射流冲击下，试问哪一种叶片所受的作用力最大？为什么？

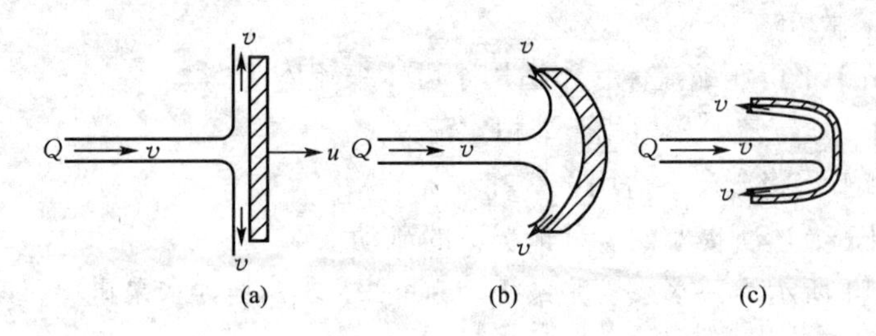

图 3.16　23 题图

24. 定性绘出如图 3.17 所示的管道的测压管水头线和总水头线。

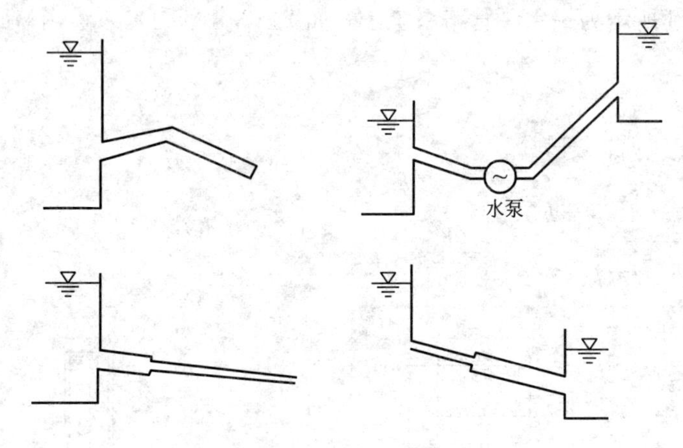

图 3.17　24 题图

第4章 流动阻力和能量损失

教学目标

熟练掌握流动阻力、层流、紊流和雷诺数的基本概念。

熟练掌握圆管层流切应力、速度和流动阻力的计算。

理解圆管紊流的运动特征和流速分布规律。

熟练掌握管路中沿程阻力和局部阻力的计算理论、方法、公式。

了解边界层的基本概念及绕流阻力。

教学要求

知识要点	能力要求	相关知识
能量损失的分类和计算公式	掌握能量损失有沿程损失和局部损失	能量损失的叠加原理
层流、紊流运动特征及判别标准	掌握雷诺数的计算、圆管层流和紊流的断面流速分布	雷诺圆管流实验
管路中的沿程阻力计算	掌握五区沿程阻力系数 λ 的计算公式	尼古拉兹实验
管路中的局部阻力计算	理解局部阻力的计算以实验为主，定性分析为指导	局部阻力系数 ζ 的确定
边界层的概念	了解边界层的概念及绕流阻力	边界层分离

引言

为了确定各断面位能、压能和动能之间的关系，计算为流动应提供的动力等，需要解决能量损失项的计算问题。不可压缩流体在流动过程中，流体之间因相对运动切应力的做功，以及流体与固壁之间摩擦力的做功，都是靠损失流体自身所具有的机械能来补偿的。这部分能量均不可逆转地转化为热能。引起流动能量损失的阻力与流体的粘滞性和惯性，与固壁对流体的阻滞作用和扰动作用有关。因此，为了得到能量损失的规律，必须分析各种阻力产生的机理和特性，研究壁面特征的影响。

4.1 沿程损失和局部损失

在工程的设计计算中，根据流体接触的边壁沿程是否变化，把能量损失分为两类：沿程能量损失 h_f 和局部能量损失 h_m。它们的计算方法和损失机理不同。

4.1.1 流动阻力和能量损失的分类

流体流动的边壁沿程不变(如均匀流)或者变化微小(缓变流)时，流动阻力沿程也基本不变，称这类阻力为沿程阻力。由沿程阻力引起的机械能损失称为沿程能量损失，简称沿程损失。由于沿程损失沿管段均布，即与管段的长度成正比，所以也称为长度损失。

当固体边界急剧变化时，使流体内部的速度分布发生急剧的变化。如流道的转弯、收缩、扩大，或流体流经闸阀等局部障碍之处。在很短的距离内流体为了克服由边界发生剧变而引起的阻力称局部阻力。克服局部阻力的能量损失称为局部损失。

整个管道的能量损失等于各管段的沿程损失和各局部损失的总和。

$$h_l=\sum h_f+\sum h_m \tag{4-1}$$

式(4-1)称为能量损失的叠加原理。

4.1.2 能量损失的计算公式

沿程水头损失：能量损失计算公式是长期工程实践的经验总结，用水头损失表达时的情况如下。

$$h_f=\lambda\frac{l}{d}\cdot\frac{v^2}{2g} \tag{4-2}$$

式(4-2)是法国工程师达西根据自己1852—1855年的实验结论，在1857年归结的达西公式。

局部水头损失：

$$h_m=\zeta\frac{v^2}{2g} \tag{4-3}$$

用压强的损失表达，则为：

$$p_f=\lambda\frac{l}{d}\cdot\frac{\rho v^2}{2} \tag{4-4}$$

$$p_m=\zeta\frac{\rho v^2}{2} \tag{4-5}$$

式中，l——管长；

d——管径；

v——断面平均流速；

g——重力加速度；

λ——沿程阻力系数；

ζ——局部阻力系数。

本章的核心问题是各种流动条件下无因次系数 λ 和 ζ 和的计算，除了少数简单情况，λ 和 ζ 的计算主要是用经验或半经验的方法获得的。

4.2 层流、紊流与雷诺数

从 19 世纪初期起，通过实验研究和工程实践，人们注意到流体流动的能量损失的规律与流动状态密切相关。直到 1883 年英国物理学家雷诺(Osbore Reynolds)所进行的著名圆管流实验才更进一步证明了实际流体存在两种不同的流动状态，以及能量损失与流速之间的关系。

4.2.1 雷诺实验

雷诺的实验装置如图 4.1 所示，水箱 A 内水位保持不变，阀门 C 用于调节流量，容器 D 内盛有容重与相近的颜色水，容器 E 水位也保持不变，经细管 E 流入玻璃管 B，用以演示水流流态，阀门 F 用于控制颜色水流量。

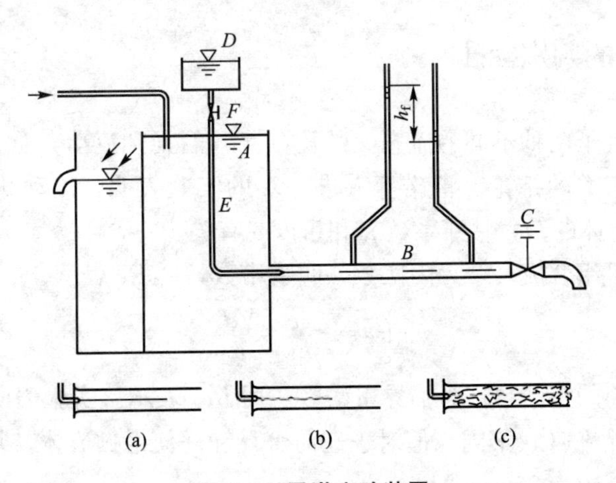

图 4.1 雷诺实验装置

当 B 管内流速较小时，管内颜色水成一股细直的流速，这表明各液层间毫不相混。这种分层有规则的流动状态称为层流。如图4.1(a)所示。当阀门C逐渐开大流速增加到某一临界流速v_k'时，颜色水出现摆动，如图4.1(b)所示。继续增大B管内流速，则颜色水迅速与周围清水相混，如图4.1(c)所示。这表明液体质点的运动轨迹是极不规则的，各部分流体互相剧烈掺混，这种流动状态称为紊流或湍流。

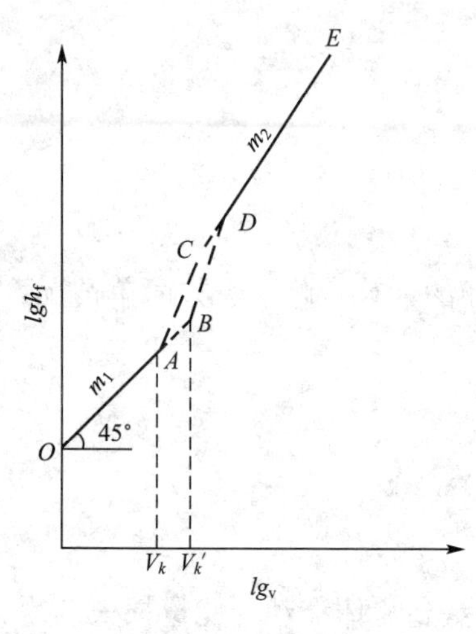

图4.2 雷诺实验结果

能量损失在不同的流动状态下规律如何？雷诺在上述装置的管道B的两个相距为L的断面处加设两根测压管，定量测定不同流速时两测压管液面之差。根据伯努利方程，测压管液面之差就是两断面管道的沿程损失，实验结果如图4.2所示。

实验表明：若实验时的流速由大变小，则上述观察到的流动现象以相反程序重演，但由紊流转变为层流的临界流速v_k小于由层流转变为紊流的临界流速v_k'。称v_k'为上临界流速，v_k为下临界流速。

实验进一步表明：对于特定的流动装置上临界流速v_k'是不固定的，随着流动的起始条件和实验条件的扰动不同，v_k'值可以有很大的差异；但是下临界流速v_k却是不变的。在实际工程中，扰动普遍存在，上临界流速没有实际意义。以后所指的临界流速即是下临界流速。

实验曲线$OABDE$在流速由小变大时获得；而流速由大变小时的实验曲线是$EDCAO$。其中AD部分不重合。图中B点对应的流速即上临界流速，A点对应的流速即下临界流速。AC段和BD段试验点分布比较散乱，是流态不稳定的过渡区域。

此外，由图4.2可分析得：

$$h_f = Kv^m$$

流速小时即OA段，$m=1.0$，$h_f=Kv^{1.0}$，沿程损失和流速一次方成正比。流速较大时，在CDE段，$m=1.75\sim2.0$，$h_f=Kv^{1.75\sim2.0}$。线段AC或BD的斜率均大于2。

4.2.2 两种流态的判别标准

上述实验观察到了两种不同的流态，以及在管B管径和流动介质——清水不变的条件下得到流态与流速有关的结论。雷诺等人进一步的实验表明：流动状态不仅和流速v有关，还和管径d、流体的动力粘滞系数μ和密度ρ有关。

以上4个参数可组合成一个无因次数，叫雷诺数，用Re表示。

$$Re=\frac{Vd\rho}{\mu}=\frac{Vd}{\nu} \tag{4-6}$$

对应于临界流速的雷诺数称为临界雷诺数，用Re_k表示。实验表明：尽管当管径或流动介质不同时，临界流速v_k不同，但对于任何管径和任何牛顿流体，判别流态的临界雷诺数却是相同的，其值约为2000。即

$$Re_k=\frac{v_k d}{v}=2000 \tag{4-7}$$

Re 在 2000～4000 是由层流向紊流转变的过渡区，相当于图 4.2 上的 AC 段。工程上为简便起见，假设当 $Re>Re_k$时，流动处于紊流状态，这样流态的判别条件如下。

层流：
$$Re=\frac{vd}{v}<2000 \tag{4-8}$$

紊流：
$$Re=\frac{vd}{v}>2000 \tag{4-9}$$

要强调指出的是临界雷诺数值 $Re_k=2000$，是仅就圆管而言的。对于诸如平板绕流和厂房内气流等边壁形状不同的流动，会具有不同的临界雷诺数。

【例 4.1】 有一管径 $d=25$mm 的室内上水管，如管中流速 $v=1.0$m/s，水温$t=10$℃。(1) 试判断管中水的流态；(2) 管内保持层流状态的最大流速为多少？

【解】 (1) 10℃时水的运动粘滞系数 $v=1.31\times10^{-6}\text{m}^2/\text{s}$，管内雷诺数为：

$$Re=\frac{vd}{v}=\frac{1.0\times0.025}{1.31\times10^{-6}}=19\,100>2000$$

故管中水流为紊流。

(2) 保持层流的最大流速就是临界流速 v_k。

由于：
$$Re=\frac{v_k d}{v}=2000$$

所以：
$$v_k=\frac{2000\times1.31\times10^{-6}}{0.025}=0.105(\text{m/s})$$

对于非圆管的管道，将非圆管折合成圆管来计算，那么根据圆管制定的公式，也就适用于非圆管。这种由非圆管折合到圆管的方法是从水力半径的概念出发，通过建立非圆管的当量直径来实现的。

水力半径 R 的定义为：过流断面面积 A 和湿周 χ 之比。

$$R=\frac{A}{\chi} \tag{4-10}$$

所谓湿周，即过流断面上流体和固体壁面接触的周界。满圆管流的水力半径为 $R=\frac{A}{\chi}=\frac{\frac{\pi d^2}{4}}{\pi d}=\frac{d}{4}$，边长为 a 和 b 的矩形断面水力半径为 $R=\frac{A}{\chi}=\frac{ab}{2(a+b)}$。

令非圆管的水力半径 R 和圆管的水力半径 $d/4$ 相等，即得当量直径的计算公式：$d_e=4R$。

有了当量直径，只要用 d_e 代替 d，即可用圆管流的计算公式计算非圆管流。

4.2.3 流态分析

层流和紊流的根本区别在于层流各流层间互不掺混，只存在粘性引起的各流层间的滑动摩擦力；紊流时则有大小不等的涡体动荡于各层流间。除了粘性阻力，还存在着由于质点掺混，互相碰撞所造成的惯性阻力。因此，紊流阻力比层流阻力大得多。

层流到紊流的转变是与涡体的产生联系在一起的，图 4.3 绘出了涡体产生的过程。

设流体原来做直线层流运动。由于某种原因的干扰，流层发生波动[图 4.3(a)]。于是在波峰一侧断面受到压缩，由连续性方程可知，断面积减小，流速增大；根据伯努利能量方程可知，流速增大，压强降低；在波谷一侧由于过流断面增大，流速减小，压强增大。因此流层受到图4.3(b)中箭头所示的压差作用。这将使波动进一步加大［图4.3(c)］，终于发展成涡体。涡体形成后，由于其一侧的旋转切线速度与流动方向一致，故流速较大，压强较小。而另一侧旋转切线速度与流动方向相反，流速较小，压强较大。于是涡体在其两侧压强差作用下，将由一层转到另一层［图4.3(d)］，这就是紊流掺混的原因。

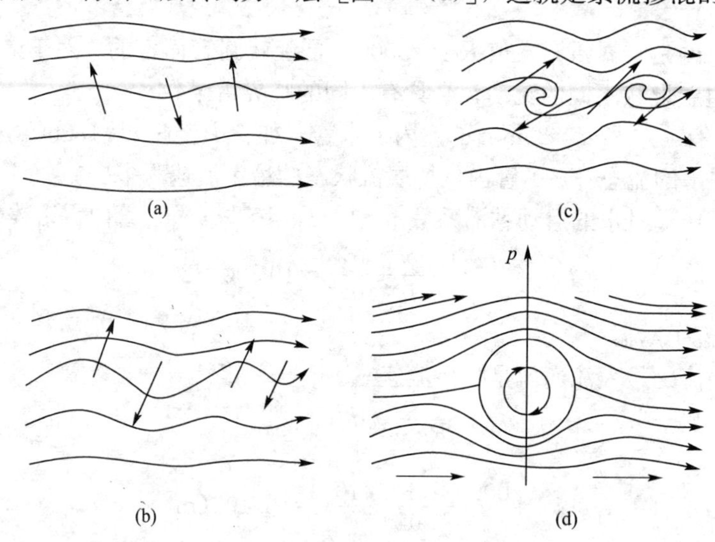

图4.3　层流到紊流的转变过程

层流受扰动后，当粘性的稳定作用起主导作用时，扰动会受到粘性的阻滞而衰减下来，层流就是稳定的。当扰动占上风，粘性的稳定作用无法使扰动衰减下来时，于是流动便变成紊流。因此流动呈现什么流态，取决于扰动的惯性作用和粘性的稳定作用相互“斗争”的结果。

雷诺数之所以能判别流态，正是因为它反映了惯性力和粘性力的对比关系。下面的因次分析可以帮助我们认识这个问题。

$$[\text{惯性力}]=[m][a]=[\rho][L]^3[L]/[T]^2=[\rho][L]^3[v]^2/[L]$$

$$[\text{粘性力}]=[\mu][A][\frac{\mathrm{d}u}{\mathrm{d}n}]=[\mu][L]^2[v]/[L]$$

$$\frac{[\text{惯性力}]}{[\text{粘性力}]}=\frac{[\rho]\ [L]^3[v]^2/[L]}{[\mu]\ [L]^2[v]/[L]}=\frac{[\rho]\ [v]\ [L]}{[\mu]}=[Re]$$

取$L=d$，以上雷诺数就和式(4-6)一致了。

4.2.4　粘性底层

实验表明，在$Re=1225$左右时，流动的核心部分就已经出现线状的波动和弯曲。随着Re的增加，其波动的范围和强度随之增大，但此时粘性仍起主导作用。层流仍是稳定的。直至Re达到2000左右时，在流动的核心部分惯性力终于克服粘性力的阻滞而开始产生涡体，掺混现象也就出现了。当$Re>2000$后，涡体越来越多，掺混也越来越强烈。直到$Re=3000\sim4000$时，除了在邻近管壁的极小区域外，均已发展为紊流。在邻近管壁的极小区域存在着很薄的一层流体，由于固体表面的阻滞作用，流速较小，惯性力较小，因而仍保持为层流运动。该流层称为粘性底层或叫层流底层。管中心部分称为紊流核心。在紊流核心与粘性底层之间还存在一个由层流到紊流的过渡层，如图 4.4 所示。粘性底层的厚度 δ 随着 Re 数的不断加大而越来越薄，它的存在对管壁粗糙的扰动作用和导热性能有重大影响。

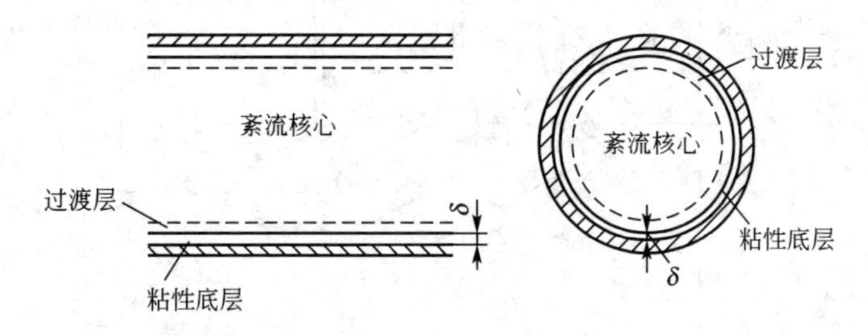

图 4.4　粘性底层

粘性底层的厚度 δ 能够表示成：

$$\delta=\frac{32.8d}{Re\sqrt{\lambda}}$$

式中，d——圆管直径；

　　Re——流动雷诺数；

　　λ——沿程阻力系数。

4.3 圆管中的层流运动

4.3.1 均匀流基本方程

均匀流只能发生在长直的管道或渠道这一类断面形状和大小都沿程不变地流动中，因此只有沿程损失，而无局部损失。设取一段恒定均匀的有压管流，如图 4.5 所示的均匀流中，在任选的两个断面 1—1 和 2—2 列能量方程：

$$z_1+\frac{p_1}{\gamma}+\frac{\alpha_1 v_1^2}{2g}=z_2+\frac{p_2}{\gamma}+\frac{\alpha_2 v_2^2}{2g}+h_{l1-2}$$

由均匀流的性质：

$$\frac{\alpha_1 v_1^2}{2g}=\frac{\alpha_2 v_2^2}{2g}\quad h_l=h_f$$

代入上式，得：

$$h_f=\left(\frac{p_1}{\gamma}+z_1\right)-\left(\frac{p_2}{\gamma}+z_2\right) \tag{4-11}$$

式(4-11)说明，在均匀流条件下，两过流断面间的沿程水头损失等于两过流断面测压管水头的差值，即流体用于克服阻力所消耗的能量全部由势能提供。考虑所取流段在流向上的受力平衡条件。设两断面间的距离为 L，过流断面面积 $A_1=A_2=A$，在流向上，该流段所受的作用力有：重力分量 $\gamma Al\cos\alpha$、断面压力 p_1A 和 p_2A、管壁切力 $\tau_0\cdot l\cdot 2\pi r_0$（$\tau_0$ 为管壁切应力，r_0 为圆管半径）。

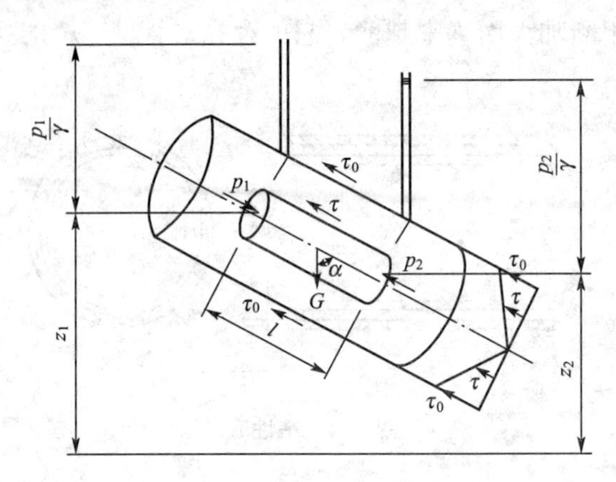

图 4.5　圆管均匀流动

在均匀流中，流体质点作等速运动，加速度为零，因此以上各力的合力为零，考虑到各力的作用方向，得：

$$p_1A-p_2A+\gamma Al\cos\alpha-2\tau_0 l\pi r_0=0$$

将 $l\cos\alpha=z_1-z_2$ 代入整理得：

$$\left(z_1+\frac{p_1}{\gamma}\right)-\left(z_2+\frac{p_2}{\gamma}\right)=\frac{2\tau_0 l}{\gamma r_0} \tag{4-12}$$

比较式(4-11)和式(4-12)，得：

$$h_f=\frac{2\tau_0 l}{\gamma r_0} \tag{4-13}$$

式中，h_f/l——单位长度的沿程损失，称为水力坡度，以 J 表示，即 $J=h_f/l$，代入式(4-13)，得：

$$\tau_0=\gamma\frac{r_0}{2}J \tag{4-14}$$

式(4-13)或式(4-14)就是均匀流基本方程，它反映了沿程水头损失和管壁切应力之间的关系，该式无论对层流还是紊流都是适用的，而且对截面为任意形状的均匀流均适用。

如取半径为 r 的同轴圆柱形流体来讨论，可类似地求得管内任一点轴向应力 τ 与沿程水头损失 J 之间的关系为：

$$\tau=\gamma\frac{r}{2}J \tag{4-15}$$

比较式(4-14)和式(4-15)，得

$$\tau/\tau_0=r/r_0 \tag{4-16}$$

式(4-16)表明圆管均匀流中，切应力与半径成正比，在断面上按直线规律分布，轴线上为零，在管壁上达最大值，如图 4.5 所示。

4.3.2 圆管层流的速度分布、沿程损失

圆管中的层流运动(也称哈根-泊肃叶流动)，可以看成无数无限薄的圆筒层，一层套一层地滑动，各流层间互不掺混。各流层间的切应力可由牛顿内摩擦定律式 $\tau=\mu \mathrm{d}u/\mathrm{d}r$ 求出。由于速度 u 随 r 的增大而减小，所以等式右边乘以负号，以保证 τ 为正，即 $\tau=-\mu \mathrm{d}u/\mathrm{d}r$，联立均匀流动方程式(4-15)，整理得 $\mathrm{d}u=\frac{-\gamma J}{2\mu}r\mathrm{d}r$。在均匀流中，$J$ 值不随 r 而变，代入边界条件：$r=r_0$ 时，$u=0$，积分得：

$$u=\frac{\gamma J}{4\mu}(r_0^2-r^2) \tag{4-17}$$

可见，断面流速分布是以管中心线为轴的旋转抛物面，如图 4.6 所示。

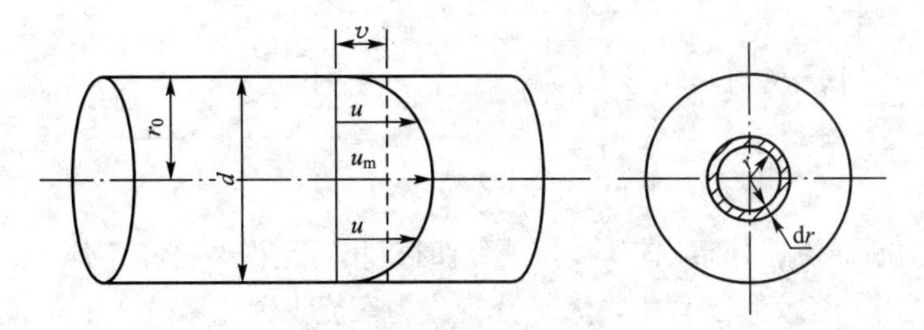

图 4.6 圆管中层流的流速分布

$r=0$ 时，即在管轴上，达最大流速：

$$u_{\max}=\frac{\gamma J}{4\mu}r_0^2=\frac{\gamma J}{16\mu}d^2 \tag{4-18}$$

根据平均流速的定义

$$v=\frac{Q}{A}=\frac{\int_A u\mathrm{d}A}{A}=\frac{\int_0^{r_0} u\cdot 2\pi r\mathrm{d}r}{A}$$

得平均流速为：

$$v=\frac{\gamma J}{8\mu}r_0^2=\frac{\gamma J}{32\mu}d^2 \tag{4-19}$$

比较式(4-18)和式(4-19)，得：

$$v=\frac{1}{2}u_{\max} \tag{4-20}$$

即平均流速等于最大流速的一半。

根据式(4-19)得：

$$h_f=J\cdot l=\frac{32\mu vl}{\gamma d^2} \tag{4-21}$$

式(4-19)从理论上证明了层流沿程损失和平均流速一次方成正比。德国工程师哈根在 1839 年发表了他关于在细铜管中的实验结果；法国科学家泊肃叶在 1840 年也发表了他用毛细管中水的流动实验来研究血液在人体血管中的流动规律的成果，这两项研究成果都

证明了式(4-21)的正确性，也与雷诺实验 h_f- v 在层流时的结果一致。

将式(4-21)写成计算沿程损失的一般形式，即式(4-2)，则

$$h_f=\lambda \cdot \frac{l}{d} \cdot \frac{v^2}{2g}=\frac{32\mu vl}{\gamma d^2}=\frac{64}{Re} \cdot \frac{l}{d} \cdot \frac{v^2}{2g}$$

由此式，可得圆管层流的沿程阻力系数的计算式为：

$$\lambda=\frac{64}{Re} \tag{4-22}$$

它表明圆管层流的沿程阻力系数仅与雷诺数有关，且成反比，而和管壁粗糙度无关。

由于从理论上导出了层流时流速分布的解析式，因此，根据定义式，很容易得出圆管层流运动的动能修正系数 α 和动量修正系数 α_0。

$$\alpha=\frac{\int_A u^3 \mathrm{d}A}{v^3 A}=\frac{\int_0^{r_0}\left[\frac{\gamma J}{4\mu}(r_0{}^2-r^2)\right]^3 2\pi r\mathrm{d}r}{[\gamma J d^2/32\mu]^3 \pi r_0{}^2}=\frac{16\int_0^{r_0}(r_0{}^2-r^2)^3 r\mathrm{d}r}{r^8}=2$$

$$\alpha_0=\frac{\int_A u^2 dA}{v^2 A}=\frac{\int_0^{r_0}\left[\frac{\gamma J}{4\mu}(r_0{}^2-r^2)\right]^2}{\left[\frac{\gamma J}{32\mu}d^2\right]^2 \pi r_0{}^2}=\frac{8\int_0^{r_0}(r_0{}^2-r^2)rdr}{r^6}=\frac{4}{3}$$

紊流掺混使断面流速分布比较均匀。层流时，相对地说，分布不均匀，两个系数值较大，不能近似为1。在实际工程中，大部分管流为紊流，因此系数 α 和 α_0 均近似取值为1。

工程问题中管内层流运动主要存在于某些小管径、小流量的户内管路或粘性较大的机械润滑系统和输油管路中。层流运动规律也是流体粘度量测和研究紊流运动的基础。

【例4.2】 密度 $\rho=850\text{kg/m}^3$，粘性系数 $\mu=1.53\times10^{-2}\text{ kg/m}\cdot\text{s}$ 的油，在管径 $d=100\text{mm}$ 的管道内流动，流量等于0.5L/s。(1) 试判别流态；(2) 试求管轴心及 $r=20\text{mm}$ 处的速度，沿程损失系数 λ，管壁及 $r=20\text{mm}$ 处切应力，单位管长的能量损失。

【解】 (1)

$$v=\frac{Q}{A}=\frac{4\times5\times10^{-4}}{\pi\times0.1^2}=0.0637(\text{m/s})$$

$$Re=\frac{\mathrm{d}v\rho}{\mu}=\frac{0.1\times0.0637\times850}{1.53\times10^{-2}}=354$$

由于 $Re<2000$，故流动属于层流。

(2) 单位管长的能量损失：

$$v=\frac{\gamma J}{8\mu}r_0^2=0.0637,\quad J=\frac{0.0637\times8\times1.53\times10^{-2}}{9.8\times850\times0.05^2}=0.000\,37(\text{m/m})$$

$r=20\text{mm}$ 处的速度为：

$$u=\frac{\gamma J}{4\mu}(r_0^2-r^2)=\frac{9.8\times850\times0.000\,37}{4\times1.53\times10^{-2}}(0.05^2-0.02^2)=0.106(\text{m/s})$$

管壁处切应力为：$\tau_0=\gamma\frac{r_0}{2}J=\frac{9.8\times850\times0.05\times0.000\,37}{2}=0.077(\text{N/m}^2)$

$r=20\text{mm}$ 处切应力为：$\tau=\tau_0\frac{r}{r_0}=\frac{0.077\times0.02}{0.05}=0.031(\text{N/m}^2)$

沿程损失系数为： $\lambda=\frac{64}{Re}=\frac{64}{354}=0.18$

4.4 圆管中的紊流运动

4.4.1 紊流运动的特征

紊流流动中流体质点相互掺混，做无定向、无规则的运动，这种不规则性主要体现在紊流的脉动现象。所谓脉动现象，就是诸如速度、压强等空间点上的物理量随时间的变化做无规则的即随机的变动。在做相同条件下的重复试验时，所得的瞬时值不相同，但多次重复实验的结果的算术平均值趋于一致，具有规律性。例如速度的这种随机脉动为10^2～10^5次/s，振幅小于平均速度的百分之十。图4.7就是某紊流流动在某一空间固定点上测得的速度随时间的分布。

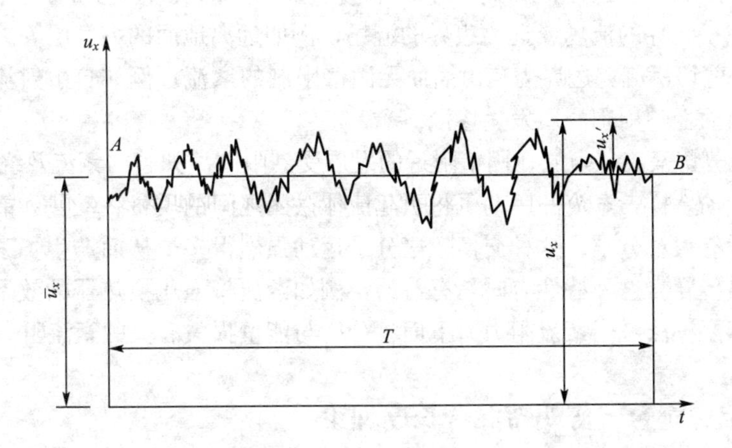

图4.7　紊流的脉动

由于脉动的随机性，自然地，统计平均方法就是处理紊流流动的基本手段。统计平均方法有时间平均法、体积平均法和概率平均法，本书介绍比较容易测量和常用的时均法(即时间平均法)。通过对速度分量u_x的时间平均给出时均法的定义，以同样地获得其他物理量的时均值。设u_x为瞬时值，带"—"表示其平均值，则时均值$\bar{u}_x$定义为：

$$\bar{u}_x(x,y,z,t)=\frac{1}{T}\int_{t-T/2}^{t+T/2}u_x(x,y,z,\xi)\mathrm{d}\xi \tag{4-23}$$

式中，ξ——时间积分变量；

T——平均周期，是一个常数，它的取法是应比紊流的脉动周期大得多，而比流动的不恒定性的特征时间又小得多，随具体的流动而定。

例如风洞实验中有时取T等于1s，而海洋波T大于20min。

瞬时值与平均值之差即为脉动值，用"$'$"表示。于是，脉动速度为：

$$u_x'=u_x-\bar{u}_x$$

或写成：

$$u_x=\bar{u}_x+u_x' \tag{4-24}$$

同样地，瞬时压强、平均压强和脉动压强之间的关系为：$p=\bar{p}+p'$，如果紊流流动中

各物理量的时均值不随时间而变，仅仅是空间点的函数，即称时均流动是恒定流动，例如，此时

$$\overline{u}_x=\overline{u}_x(x,\ y,\ z)\quad \overline{p}=\overline{p}(x,\ y,\ z)$$

紊流的瞬时运动总是非恒定的，而平均运动可能是非恒定的，也可能是恒定的。工程上关注的总是时均流动，一般仪器和仪表测量的也是时均值。对紊流运动参数采用时均化后，前面所述的连续性方程、伯努利方程及动量方程等仍将适用。

紊流脉动的强弱程度是用紊流度 ε 来表示的。紊流度的定义是：

$$\varepsilon=\frac{1}{\overline{u}}\sqrt{\frac{1}{3}(\overline{u'^2_x}+\overline{u'^2_y}+\overline{u'^2_z})} \tag{4-25}$$

式中 $\overline{u}=(\overline{u_x^2}+\overline{u_y^2}+\overline{u_z^2})^{1/2}$，即等于速度分量脉动值的均方根与平均运动速度大小的比值。在管流、射流和物体绕流等紊流流动中，初始来流的紊流度的强弱将影响流动的发展。

紊流可分为以下3种。

(1) 均匀各向同性紊流：在流场中，不同点及同一点在不同方向上的紊流特性都相同。主要存在于无界的流场或远离边界的流场，例如远离地面的大气层等。

(2) 自由剪切紊流：边界为自由面而无固壁限制的紊流。例如自由射流，绕流中的尾流等，在自由面上与周围介质发生掺混。

(3) 有壁剪切紊流：紊流在固壁附近的发展受到限制。如管内紊流及绕流边界层等。

跟分子运动一样，紊流的脉动也将引起流体微团之间的质量、动量和能量的交换。由于流体微团含有大量分子，这种交换较之分子运动强烈得多，从而产生了紊流扩散、紊流阻力和紊流热传导。这种特性有时是有益的，例如紊流将强化换热器的效果；但在考虑阻力问题时，却要设法减弱紊流阻力。下面将分析与能量损失有关的紊流阻力的特点。

4.4.2 紊流切应力、普朗特混合长度理论

在紊流中，一方面因时均流速不同，各流层间的相对运动仍然存在粘性切应力，粘性切应力可由牛顿内摩擦定律求出。另一方面，由于紊流质点存在脉动，相邻流层之间有质量的交换。低速流层的质点由于横向运动进入高速流层后，对高速流层起阻滞作用；反之，高速流层的质点在进入低速流层后，对低速流层却起推动作用。也就是由质量交换形成了动量交换，从而在流层分界面上产生了紊流附加切应力$\overline{\tau_2}$。

$$\overline{\tau_2}=-\rho\overline{u'_x u'_y} \tag{4-26}$$

现用动量方程来说明式(4-26)。如图4.8所示，在空间点 A 处，具有 x 和 y 方向的脉动流速 u'_x 及 u'_y。在 Δt 时段内，通过 ΔA_a 的脉动质量为：

$$\Delta m=\rho\Delta A_a u'_y\Delta t$$

这部分流体质量，在脉动分速 u'_x 的作用下，在流动方向的动量增量为：

$$\Delta m\cdot u'_x=\rho\Delta A_a u'_x u'_y\Delta t$$

此动量等于紊流附加切力 ΔT 的冲量，即：

$$\Delta T\Delta t=\rho\Delta A_a u'_x u'_y\Delta t$$

因此，附加切应力为：

$$\tau_2=\frac{\Delta T}{\Delta A_a}=\rho u_x' u_y' \tag{4-27}$$

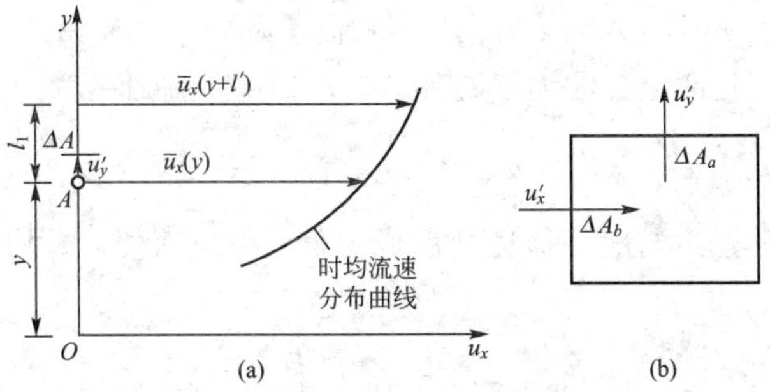

图 4.8 紊流的动量交换

现取时均值 $\rho\overline{u_x'u_y'}$，$\overline{\tau_2}=\rho\overline{u_x'u_y'}$就是单位时间内通过单位面积的脉动微团进行动量交换的平均值。取基元体[图 4.8(b)]，以分析纵向脉动速度 u_x'与横向脉动速度 u_y'的关系。根据连续性原理，若 Δt 时段内，A 点处微小空间有 $\rho u_y'\Delta A_a\Delta t$ 质量自 ΔA_a面流出，则必有 $\rho u_x'\Delta A_b\Delta t$ 的质量自 ΔA_b面流入，即：

$$\rho u_y'\Delta A_a\Delta t+\rho u_x'\Delta A_b\Delta t=0$$

则

$$u_y'=-\frac{\Delta A_b}{\Delta A_a}u_x' \tag{4-28}$$

由式(4－28)可见，纵向脉动流速 u_x'与横向脉动流速 u_y'成比例，而 ΔA_a与 ΔA_b总为正值。因此 u_x'与 u_y'符号相反。为使附加切应力$\overline{\tau_2}$以正值出现，在式(4－27)中加一负号，得式(4－26)。

式（4－26）就是用脉动流速表示的紊流附加切应力基本表达式。它表明附加切应力与粘性切应力不同，它与流体粘性无直接关系，只与流体密度和脉动强弱有关，是由微团惯性引起，$\overline{\tau_2}$又称为惯性切应力，是雷诺于 1895 年首先提出，$\overline{\tau_2}$也可称为雷诺应力。

在紊流流态下，紊流切应力为粘性切应力与附加切应力之和，即：

$$\tau=\mu\frac{\mathrm{d}u_x}{\mathrm{d}y}+(-\rho\overline{u_x'u_y'}) \tag{4-29}$$

两部分切应力的大小随流动情况而有所不同。在雷诺数较小，脉动较弱时，前项占主要地位。随着雷诺数增加，脉动程度加剧，后项逐渐加大。到雷诺数很大，紊动已充分发展的紊流中，前项与后项相比甚小，前项可以忽略不计。

以上说明了紊流时切应力的组成，并扼要介绍了紊流附加切应力产生的力学原因。然而脉动速度瞬息万变，由于对紊流机理还未彻底了解，式(4－26)不便于直接运用。目前主要采用半经验的方法，即一方面对紊流进行一定的机理分析，另一方面还得依靠一些具体的实验结果来建立附加切应力和时均流速的关系。紊流的半经验理论是工程中主要采用的方法。虽然各家理论出发点不同，但得到的紊流切应力与时均流速的关系式却基本一致。1925 年德国学者普朗特(L. Prandtle)提出的混合长度理论，就是经典的半经验理论。

普朗特设想流体质点的紊流运动与气体分子运动类似。气体分子走完一个平均自动路程才与其他分子碰撞，同时发生动量交换。普朗特认为流体质点从某流速的流层因脉动进入另一流速的流层时，也要运行一段与时均流速垂直的距离 l'后才和周围质点发生动量交换。在运行 l'距离之内，微团保持其本来的流动特征不变。普朗特称此 l'为混合长度。如空间点 A 处[图 4.8(a)]质点 A 沿 x 方向的时均流速为$\overline{u_x}(y)$，距 A 点 l'处质点 x 方向的时均流速为$\overline{u_x}(y+l')$，这两个空间点上质点沿 x 方向的时均流速差为：

$$\Delta\overline{u_x}=\overline{u_x}(y+l')-\overline{u_x}(y)=\overline{u_x}(y)+l'\overline{\frac{du_x}{dy}}-\overline{u_x}(y)=l'\frac{du_x}{dy}$$

普朗特假设脉动速度与时均流速梯度成比例，为了简便，时均值不再标以时均符号，即：

$$u_x{}'=\pm C_1 l'\frac{du_x}{dy}$$

从式(4-28)可知 $u_x{}'$与 $u_y{}'$具有相同数量级，但符号相反，即：

$$u_y{}'=\mp C_2 l'\frac{du_x}{dy}$$

于是：

$$\tau_2=-\rho u_x{}'u_y{}'=\rho C_1 C_2(l')^2\left(\frac{du_x}{dy}\right)^2$$

略去下标 x，并令 $l^2=C_1C_2(l')^2$，得到紊流附加切应力的表达式为：

$$\tau_2=\rho l^2\left(\frac{du}{dy}\right)^2 \tag{4-30}$$

混合长度 l 是未知的，要根据具体问题作出新的假定并结合实验结果才能确定。普朗特关于混合长度的假设有其局限性，但在一些紊流流动中应用普朗特半经验理论所获得的结果与实践能较好符合，所以至今仍然是工程上应用最广的紊流理论。

4.4.3 圆管紊流流速分布

紊流过流断面上各点的流速分布，是研究紊流以便解决有关工程问题的主要内容之一，也是推导紊流的阻力系数计算公式的理论基础。在紊流流核中，粘性切应力可忽略不计。则流层间的切应力由式(4-30)决定：

$$\tau=\rho l^2\left(\frac{du}{dy}\right)^2$$

而均匀流过流断面上切应力呈直线分布，即：

$$\tau=\tau_0\frac{r}{r_0}=\tau_0\left(1-\frac{y}{r_0}\right)$$

至于混合长度 l，可采用卡门实验提出的公式：

$$l=ky\sqrt{1-\frac{y}{r_0}} \qquad y\ll r_0 \qquad l=ky$$

式中，k——卡门通用常数。于是有：

$$\tau_0\left(1-\frac{y}{r_0}\right)=\rho k^2y^2\left(1-\frac{y}{r_0}\right)\left(\frac{du}{dy}\right)^2$$

整理得：

$$du=\sqrt{\frac{\tau_0}{\rho}}\cdot\frac{dy}{ky}$$

即：

$$u=\sqrt{\frac{\tau_0}{\rho}}\cdot\frac{1}{k}\cdot\ln y+C \tag{4-31}$$

从理论上证明断面上流速分布是对数型的。

式中，y ——离圆管壁的距离；

k ——卡门通用常数，由实验确定；

C ——积分常数。

层流和紊流时圆管内流速分布规律的差异是由于紊流时流体质点相互掺混使流速分布趋于平均化造成的。层流时的切应力是由于分子运动的动量交换引起的粘性切应力；而紊流切应力除了粘性切应力外，还包括流体微团脉动引起的动量交换所产生的惯性切应力。由于脉动交换远大于分子交换，因此在紊流充分发展的流域内，惯性切应力远大于粘性切应力，也就是说，紊流切应力主要是惯性切应力。

4.5 管路中的沿程阻力

沿程阻力是造成沿程损失的原因，沿程损失可由 $h_f=\lambda l/d\cdot(v^2/2g)$来计算，并对层流和紊流均适用，从该式看出，计算沿程损失关键在于确定沿程阻力系数 λ。

4.5.1 沿程阻力系数及其影响因素的分析

由于紊流的复杂性，λ 的确定不可能像层流那样严格地从理论上推导出来。其研究途径通常有两个：一是直接根据紊流沿程损失的实测资料，综合成阻力系数 λ 的纯经验公式；二是用理论和试验相结合的方法，以紊流的半经验理论为基础，整理成半经验公式。

为了通过试验研究沿程阻力系数 λ，首先要分析 λ 的影响因素。层流的阻力是粘性阻力，理论分析已表明，在层流中，$\lambda=64/Re$，即 λ 仅与 Re 有关，与管壁粗糙度无关。而紊流的阻力由粘性阻力和惯性阻力两部分组成。壁面的粗糙在一定条件下成为产生惯性阻力的主要外因。每个粗糙点都将成为不断地产生并向管中输送漩涡引起紊动的源泉。因此粗糙的影响在紊流中是一个十分重要的因素。这样，紊流的能量损失一方面取决于反映流动内部矛盾的粘性力和惯性力的对比关系，另一方面又决定于流动的边壁几何条件。前者可用 Re 来表示，后者则包括管长、过流断面的形状、大小及壁面的粗糙等。对圆管来说，过流断面的形状固定了，而管长 l 和管径 d 已包括在式 $h_f=\lambda l/d\cdot(v^2/2g)$中。因此边壁的几何条件中只剩下壁面粗糙需要通过 λ 来反映。这就是说，沿程阻力系数 λ，主要取决于 Re 和壁面粗糙这两个因素。

4.5.2 尼古拉兹实验

尼古拉兹于 1933 年发表的尼古拉兹实验对管中的沿程阻力做了全面研究。

壁面粗糙中影响沿程损失的具体因素仍有不少。例如，对于工业管道，就包括粗糙的突起高度、粗糙的形状和粗糙的疏密和排列等因素。尼古拉兹在实验中使用了一种简化的粗糙模型。他把大小基本相同、形状近似球体的砂粒用漆汁均匀而稠密地粘附于管壁上。这种尼古拉兹使用的人工均匀粗糙叫做尼古拉兹粗糙。对于这种特定的粗糙形式，就可以用糙粒的突起高度 K(即相当于砂粒直径)来表示边壁的粗糙程度，K 称为绝对粗糙度。但粗糙对沿程损失的影响不完全取决于粗糙的突起绝对高度 K，而是决定于它的相对高度，即 K 与管径 d 或半径 r_0 之比。K/d 或 K/r_0，称为相对粗糙度。其倒数 d/K 或 r_0/K 则称为相对光滑度。这样，影响 λ 的因素就是雷诺数和相对粗糙度，即 $\lambda=f(Re, K/d)$。

为了探索沿程阻力系数 λ 的变化规律，尼古拉兹用多种管径和多种粒径的砂粒，得到 $K/d=1/30\sim1/1014$ 的6种不同的相对粗糙度，对每种管路皆从最低的雷诺数开始，一直实验进行到 $Re=10^6$。在类似图4.1的装置中，量测不同流量时的断面平均流速 v 和沿程水头损失 h_f。根据：

$$Re=\frac{vd}{\nu} \qquad \lambda=\frac{d}{l}\cdot\frac{2g}{v^2}\cdot h_{\mathrm{f}}$$

即可算出 Re 和 λ。把试验结果点绘在对数坐标纸上，就得到图4.9。

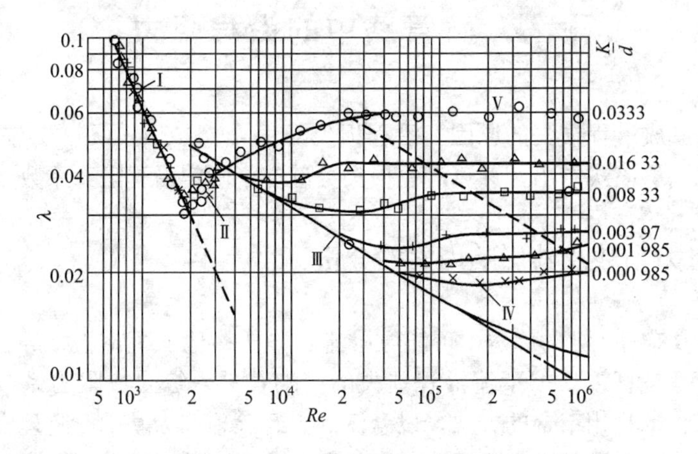

图4.9 尼古拉兹实验曲线

根据 λ 变化的特征，图中曲线可分为5个阻力区。

(1) 第Ⅰ区为层流区。当 $Re<2000$ 时，所有的试验点，不论其相对粗糙度如何，都集中在一根直线上。这表明 λ 仅随 Re 变化，而与相对粗糙度无关，所以它的方程就是 $\lambda=64/Re$。因此，尼古拉兹实验证明了由理论分析得到的层流沿程损失计算公式是正确的。

(2) 第Ⅱ区为临界区。$Re=2000\sim4000$ 范围是由层流向紊流的过渡区。随 Re 的增大而增大，而与相对粗糙度无关。

(3) 第Ⅲ区为紊流光滑区。在 $Re>4000$ 后，不同相对粗糙的实验点，起初都集中在曲线Ⅲ上。随着 Re 的加大，相对粗糙度较大的管道，其实验点在较低的 Re 时就偏离曲线Ⅲ。而相对粗糙度较小的管道，其试验点要在较大的 Re 时才偏离光滑区。在曲线Ⅲ范围内，λ 只与 Re 有关而与 K/d 无关。

(4) 第Ⅳ区为紊流过渡区。在这个区域内，实验点已偏离光滑区曲线。不同相对粗糙度的试验点各自分散成一条条波状的曲线。λ 既与 Re 有关，又与 K/d 有关。

(5) 第Ⅴ区为紊流粗糙区。在这个区域里，不同相对粗糙的试验点，分别落在一些与横坐标平行的直线上。λ 只与 K/d 有关，而与 Re 无关。当 λ 与 Re 无关时，由式(4-2)可见，沿程损失与流速的平方成正比，因此第Ⅴ区又称为阻力平方区。

以上实验表明 $\lambda=f(Re, K/d)$。但是为什么紊流又分为三个阻力区，各区的 λ 变化规律是如此不同呢？用粘性底层的存在可以来解释。

在光滑区，糙粒的突起高度 K 比粘性底层的厚度 δ 小得多，粗糙完全被掩盖在粘性底层以内[图 4.10(a)]，它对紊流核心的流动几乎没有影响。粗糙引起的扰动作用完全被粘性底层内流体粘性的稳定作用所抑制。管壁粗糙对流动阻力和能量损失不产生影响。

在过渡区，粘性底层变薄，粗糙开始影响到紊流核心区的流动[图 4.10(b)]，加大了核心区的紊流强度。因此增加了阻力和能量损失。这时，λ 不仅与 Re 有关，而且与 K/d 有关。

在粗糙区，粘性底层更薄，粗糙突起高度几乎全部暴露在紊流核心中，$K \gg \delta$[图 4.10(c)]。粗糙的扰动作用已经成为紊流核心中惯性阻力的主要原因。Re 对紊流强度的影响和粗糙对其的影响相比已微不足道了。K/d 成了影响 λ 的唯一因素。

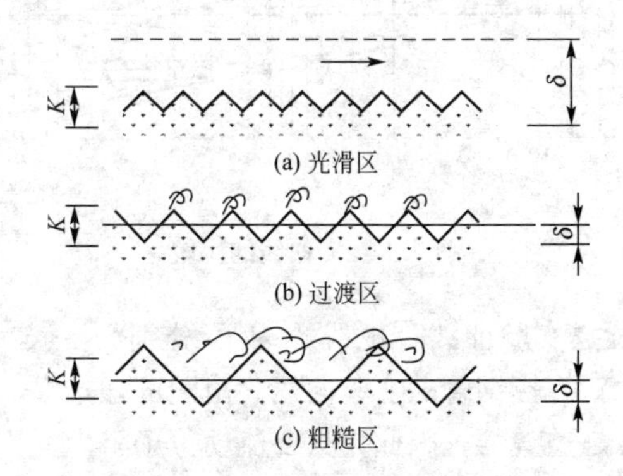

图 4.10　粘性底层与管壁粗糙的作用

由此光滑区和粗糙区不完全决定于管壁粗糙的突起高度 K，还取决于和 Re 有关的粘性底层的厚度 δ。

综上所述，沿程损失系数 λ 的变化可归纳如下。

(1) 层流区：$\lambda=f_1(Re)$。

(2) 临界过渡区：$\lambda=f_2(Re)$。

(3) 紊流光滑区：$\lambda=f_3(Re)$。

(4) 紊流过渡区：$\lambda=f_4(Re, K/d)$。

(5) 紊流粗糙区(阻力平方区)：$\lambda=f_5(K/d)$。

尼古拉兹实验比较完整地反映了沿程损失系数 λ 的变化规律，揭露了影响 λ 变化的主要因素，它对 λ 和断面流速分布的测定，推导紊流的半经验公式提供了可靠的依据。

4.5.3　沿程阻力系数 λ 的计算公式

1. 人工粗糙管的 λ 值的半经验公式

人工粗糙管的紊流沿程阻力系数 λ 的半经验公式可根据断面流速分布的对数公

式(4－31)并结合尼古拉兹实验曲线，得到紊流光滑区的λ公式为：

$$\frac{1}{\sqrt{\lambda}}=2\lg(Re\sqrt{\lambda})-0.8 \text{ 或写成} \frac{1}{\sqrt{\lambda}}=2\cdot\lg\frac{Re\sqrt{\lambda}}{2.51} \tag{4-32}$$

类似地，可导得紊流粗糙区的λ公式，即：

$$\lambda=\frac{1}{\left[2\lg\left(3.7\frac{d}{k}\right)\right]^2} \tag{4-33}$$

2. 工业管道的λ值的计算公式

尼古拉兹实验是对人工均匀粗糙管进行的，而工业管道的实际粗糙与均匀粗糙有很大不同，因此，在将尼古拉兹实验结果用于工业管道时，首先要分析这种差异和寻求解决问题的方法，如图4.11所示为尼古拉兹人工粗糙管和工业管道λ曲线的比较。

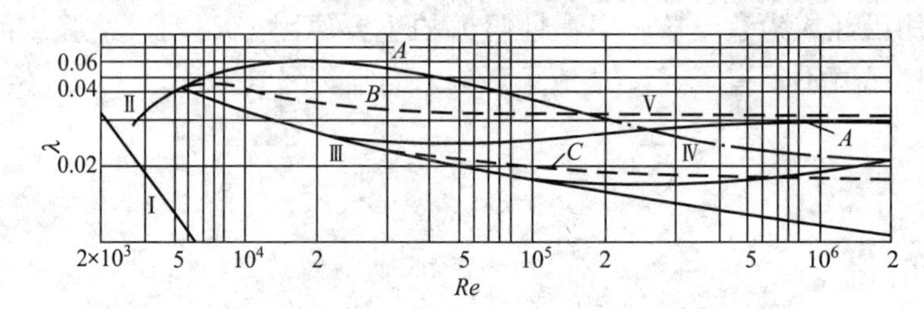

图4.11 λ曲线的比较

图中实线A为尼古拉兹实验曲线，虚线B和C分别为2英寸（1英寸＝2.54厘米，下同）镀锌钢管和5英寸新焊接钢管的实验曲线。由图可知，在紊流光滑区，工业管道的实验曲线和尼古拉兹曲线是重叠的。因此，只要流动位于阻力光滑区，工业管道λ的计算就可采用尼古拉兹光滑管的公式(4－32)。在紊流粗糙区，工业管道和尼古拉兹的实验曲线都是与横坐标轴平行的，这说明尼古拉兹粗糙管公式有可能应用于工业管道，问题在于如何确定工业管道的K值。在工程流体力学中，把尼古拉兹的“人工粗糙”作为度量粗糙的基本标准。把工业管道的不均匀粗糙折合成“尼古拉兹粗糙”而引入“当量糙粒高度”的概念。所谓当量糙粒高度，就是指和工业管道粗糙区λ值相等的同直径尼古拉兹粗糙管的糙粒高度。因此，工业管道的“当量糙粒高度”反映了糙粒各种因素对沿程损失的综合影响。部分常用工业管道的当量粗糙高度见表4－1。引入当量糙粒高度后，式(4－33)就可用于工业管道。

表4－1 工业管道当量糙粒高度

管材种类	K/mm
新聚氯乙烯管、玻璃管、黄铜管	0～0.02
光滑混凝土管、新焊接钢管	0.015～0.06
新铸铁管、离心混凝土管	0.15～0.5
旧铸铁管	1～1.5
轻度锈蚀管	0.25
清洁的镀锌铁管	0.25
钢管	0.046

对于紊流过渡区，工业管道实验曲线和尼古拉兹曲线存在较大的差异。这表现在工业管道实验曲线的过渡区在较小的 Re 下就偏离光滑曲线，且随着 Re 的增加平滑下降，而尼古拉兹曲线则存在着上升部分。

造成这种差异的原因在于两种管道粗糙均匀性的不同。在工业管道中，粗糙是不均匀的。当粘性底层比当量糙粒高度还大很多时，粗糙中的最大糙粒就将提前对紊流核心内的紊动产生影响，使 λ 开始与 K/d 有关，实验曲线也就较早地离开了光滑区。具体提前多少则取决于不均匀粗糙中最大糙粒的尺寸。随着 Re 的增大，粘性底层越来越薄，对核心区内的流动能产生影响的糙粒越来越多，因而粗糙的作用是逐渐增加的。而尼古拉兹粗糙是均匀的，其作用几乎是同时产生的。当粘性底层的厚度开始小于糙粒高度之后，全部糙粒开始直接暴露在紊流核心内，促使产生强烈的漩涡。同时，暴露在紊流核心内的糙粒部分随 Re 的增长而不断加大。因而沿程损失急剧上升。这就是尼古拉兹实验中过渡曲线产生上升的原因。

尼古拉兹的过渡区的实验资料对工业管道是完全不适用的。柯列勃洛克根据大量的工业管道实验资料，整理出工业管道过渡区曲线，并提出该曲线的方程，即为柯列勃洛克公式(以下简称柯氏公式)：

$$\frac{1}{\sqrt{\lambda}}=-2\lg\left(\frac{K}{3.7d}+\frac{2.51}{Re\sqrt{\lambda}}\right) \tag{4-34}$$

式中，K——工业管道的当量糙粒高度，可由表 4-1 查得。

实际上柯氏公式是由尼古拉兹光滑区公式和粗糙区公式的机械结合。该公式的基本特征是当 Re 值很小时，公式右边括号内的第二项很大，相对来说，第一项很小，这样，柯氏公式就接近尼古拉兹光滑区公式(4-32)；当 Re 值很大时，公式右边括号内第二项很小，公式接近尼古拉兹粗糙公式(4-33)。因此，柯氏公式不仅适用于工业管道的紊流过渡区，而且可以适用于整个紊流的 3 个阻力区，故又称为紊流沿程阻力系数 λ 的综合计算公式。柯氏公式的形式复杂，求解比较困难，但目前电子计算技术日益发达，这个问题是可以解决的。尽管柯氏公式是一个经验公式，但它是在合并两个半经验公式的基础上得出的，与实验结果符合良好，因此这个公式在国内外得到了极为广泛的应用。

为了简化计算，莫迪(Moody)以柯氏公式为基础上，绘制了工业管道 λ 的计算曲线，即莫迪图(工业管道实验曲线，如图 4.12 所示)。在图上可根据 Re 及 K/d 直接查出 λ。

此外，还有许多直接由实验资料整理成的纯经验公式。这里介绍几个应用最广的公式。

光滑区的布拉修斯公式：

$$\lambda=\frac{0.3164}{Re^{0.25}} \tag{4-35}$$

此式是布拉修斯于 1913 年在综合光滑区实验资料的基础上提出的。

粗糙区希弗林松公式：

$$\lambda=0.11\left(\frac{K}{d}\right)^{0.25} \tag{4-36}$$

适用于紊流三区的莫迪公式和阿里特苏里公式：

$$\lambda=0.0055\left[1+\left(20\,000\frac{K}{d}+\frac{10^{6}}{Re}\right)^{\frac{1}{3}}\right] \tag{4-37}$$

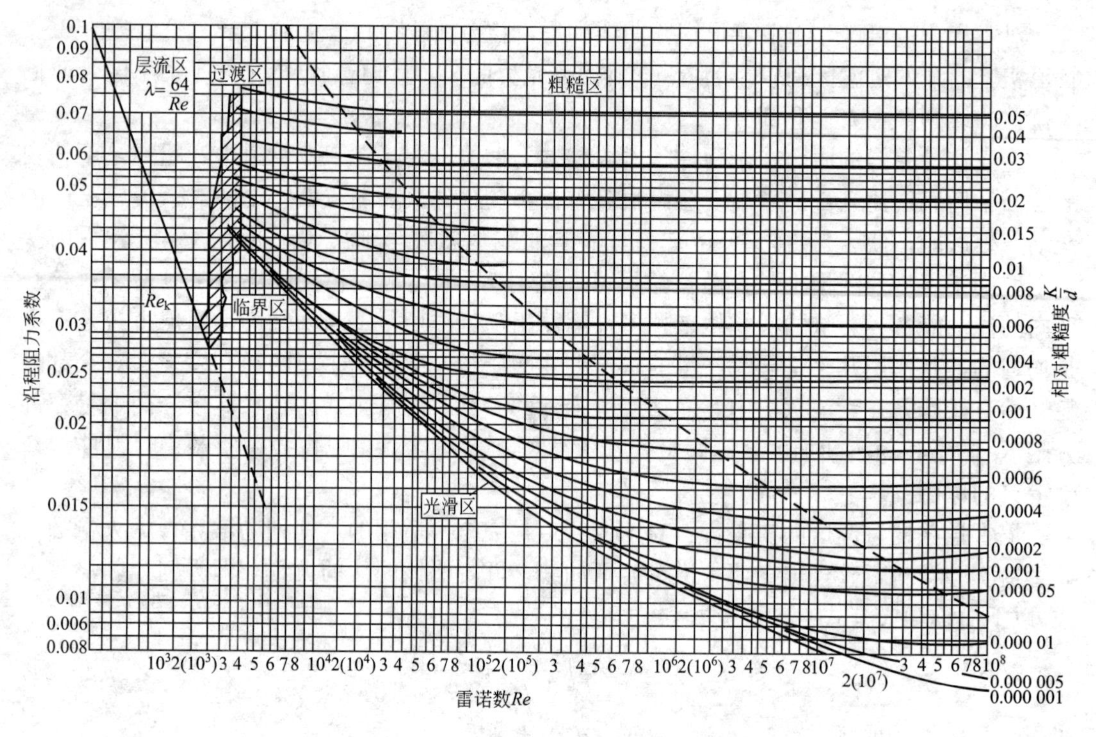

图 4.12 莫迪图

$$\lambda=0.11\left(\frac{K}{d}+\frac{68}{Re}\right)^{0.25} \tag{4-38}$$

为了计算方便将5个阻力区的界限范围及其计算公式汇总于表4-2。

表4-2 5个阻力区的范围与λ计算公式

阻力区	范围	λ的理论或半经验公式	λ的经验公式
层流区	$Re<2000$	$\lambda=\frac{64}{Re}$	$\lambda=\frac{64}{Re}$
临界区	$2000<Re<4000$	————	$\lambda=0.0025\,Re^{\frac{1}{3}}$
紊流光滑区	$4000<Re<22.2\left(\frac{d}{K}\right)^{\frac{8}{7}}$	$\frac{1}{\sqrt{\lambda}}=2\lg(Re\sqrt{\lambda})-0.8$	$\lambda=\frac{0.3164}{Re^{0.25}}$
过渡区	$22.2\left(\frac{d}{K}\right)^{\frac{8}{7}}<Re<597\left(\frac{d}{K}\right)^{\frac{9}{8}}$	$\frac{1}{\sqrt{\lambda}}=-2\lg\left(\frac{K}{3.7d}+\frac{2.51}{Re\sqrt{\lambda}}\right)$	$\lambda=0.11\left(\frac{K}{d}+\frac{68}{Re}\right)^{0.25}$
粗糙紊流区	$Re>597\left(\frac{d}{K}\right)^{\frac{9}{8}}$	$\lambda=\frac{1}{\left[2\lg\left(3.7\frac{d}{K}\right)\right]^2}$	$\lambda=0.11\left(\frac{K}{d}\right)^{0.25}$

【例 4.3】 在管径 $d=300$mm，相对粗糙度 $K/d=0.002$ 的工业管道内，运动粘滞系数 $\upsilon=1\times10^{-6}\text{m}^2/\text{s}$，$\rho=999.23\text{kg/m}^3$ 的水以 3m/s 的速度运动。试求：管长 $l=300$m 的管道内的沿程水头损失 h_f。

【解】 $Re=\dfrac{vd}{\upsilon}=\dfrac{3\times0.3}{10^{-6}}=9\times10^5$

由图 4.12 查得，$\lambda=0.0238$，处于粗糙区。

也可用(4-33)式计算：

$$\frac{1}{\sqrt{\lambda}}=2\lg\frac{3.7d}{K}=2\lg\frac{3.7}{0.02},\lambda=0.0235$$

可见查图和利用公式计算是很接近的，沿程水头损失 h_f 为：

$$h_f=\lambda\frac{l}{d}\cdot\frac{v^2}{2g}=0.0235\times\frac{300}{0.3}\times\frac{3^2}{2g}=10.8(\text{m})$$

【例 4.4】 如管道的长度不允许，允许的水头损失 h_f 不变，若使管径增大一倍，不计局部损失，流量增大 n 倍，试分别讨论下列 3 种情况。

(1) 管中流动为层流：$\lambda=\dfrac{64}{Re}$。

(2) 管中流动为紊流光滑区：$\lambda=\dfrac{0.3164}{Re^{0.25}}$。

(3) 管中流动为紊流粗糙区：$\lambda=0.11\left(\dfrac{K}{d}\right)^{0.25}$。

【解】 (1) 流动为层流。

$$h_f=\lambda\frac{l}{d}\cdot\frac{v^2}{2g}=\frac{64}{Re}\cdot\frac{l}{d}\cdot\frac{v^2}{2g}=\frac{128\upsilon l}{\pi g}\cdot\frac{Q}{d^4}$$

令 $C_1=\dfrac{128\upsilon l}{\pi g}$ 则 $h_f=C_1\dfrac{Q}{d^4}$ 可见层流中若 h_f 不变，则流量 Q 与管径的四次方成正比。即：

$$\frac{Q_2}{Q_1}=\left(\frac{d_2}{d_1}\right)^4$$

当 $d_2=2d_1$，$Q_2/Q_1=16$，$Q_2=16Q_1$。

层流时管径增大一倍，流量为原来的 16 倍。

(2) 流动为紊流光滑区。

$$h_f=\lambda\frac{l}{d}\cdot\frac{v^2}{2g}=\frac{0.3164}{\left(\dfrac{vd}{\upsilon}\right)^{0.25}}\cdot\frac{l}{d}\cdot\frac{v^2}{2g}=\frac{0.3164\upsilon^{0.25}l}{2g\left(\dfrac{\pi}{4}\right)^{1.75}}\cdot\frac{Q^{1.75}}{d^{4.75}}$$

$$\left(\frac{Q_2}{Q_1}\right)^{1.75}=\left(\frac{d_2}{d_1}\right)^{4.75},\ Q_2=2^{\frac{4.75}{1.75}}\cdot Q_1,\ Q_2=6.56Q_1$$

(3) 流动为紊流粗糙区。

$$h_f=\lambda\frac{l}{d}\cdot\frac{v^2}{2g}=0.11\left(\frac{K}{d}\right)^{0.25}\cdot\frac{l}{d}\cdot\frac{1}{2g}\cdot\frac{Q}{\left(\dfrac{\pi}{4}\right)^2d^4}=0.11\frac{K^{0.25}l}{2g\left(\dfrac{\pi}{4}\right)^2}\cdot\frac{Q^2}{d^{5.25}}$$

$$\left(\frac{Q_2}{Q_1}\right)^2=\left(\frac{d_2}{d_1}\right)^{5.25},\ Q_2=2^{\frac{5.25}{2}}\cdot Q_1,\ Q_2=6.17Q_1$$

4.6 管路中的局部阻力

流体在流经各种局部障碍(如阀门、弯头、三通等)时，由于边壁或流量的改变，均匀流在这一局部地区遭到破坏，引起了流速的大小、方向或分布的变化，由此产生的能量损失，称为局部损失，这种在管路局部产生损失的原因统称为局部阻力。局部损失的种类繁多，体形各异，其边壁的变化大多比较复杂，加之紊流本身的复杂性，多数局部阻碍的损失计算，还不能从理论上解决，必须借助于由实验得来的经验公式或系数。虽然如此，对局部阻力和局部损失的规律进行一些定性的分析还是必要的。它虽然解决不了局部损失的计算问题，但是对解释和估计不同局部阻碍的损失大小，研究改善管道工作条件和减少局部损失的措施，以及提出正确、合理的设计方案等方面，都能给以定性的指导。

4.6.1 局部水头损失发生的原因

和沿程损失相似，局部损失一般也用流速水头的倍数来表示，它的计算公式为：

$$h_{\mathrm{m}}=\xi\frac{v^2}{2g} \tag{4-39}$$

ξ称为局部阻力系数。由上式可以看出，求h_{m}的问题就转变为求ξ的问题了。

实验研究表明，局部损失和沿程损失一样，不同的流态遵循不同的规律，但在实际工程中很少有局部障碍处是层流运动的情况，因此只讨论紊流状态下的局部水头损失。

局部阻碍的种类虽多，如分析其流动的特征，主要的也不过是过流断面的扩大或收缩，流动方向的改变，流量的合入与分出等几种基本形式，以及这几种基本形式的不同组合。例如，经过闸阀门或孔板的流动，实质上就是突缩和突扩的组合。为了探索紊流局部损失的成因，我们选取几种典型的流动(图4.13)，分析局部阻碍附近的流动情况。

从边壁的变化缓急来看，局部阻碍又分为突变和渐变两类：图4.13中的(a)、(c)、(e)、(g)是突变的，而(b)、(d)、(f)、(h)是渐变的。当流体以紊流通过突变的局部阻碍时，由于惯性力处于支配地位，流动不能像边壁那样突然转折，于是在边壁突变的地方，出现主流与边壁脱离的现象。主流与边壁之间形成漩涡区，漩涡区内的流体并不是固定不变的。形成的大尺度漩涡，会不断地被主流带走，补充进去的流体，又会出现新的漩涡，如此周而复始。

边壁虽然无突然变化，但沿流动方向出现减速增压现象的地方，也会产生漩涡区。图4.13(b)所示的渐扩管中，流速沿程减小，压强不断增加。在这样的减速增压区，流体质点受到与流动方向相反的压差作用，靠近管壁的流体质点，流速本来就小，在这一反向压差的作用下，速度逐渐减小到零，随后出现了与主流方向相反的流动。就在流速等于零的地方，主流开始与壁面脱离，在出现反向流动的地方形成了漩涡区。如图4.13(h)所示的分流三通直通管上的漩涡区，也是这种减速增压过程造成的。对于渐变流的局部阻碍，在一定的Re范围内，漩涡区的位置及大小与Re有关。例如在渐扩管中，随着Re的增长，漩涡区的范围愈大，位置愈靠前。但在突变的局部阻碍中，漩涡区的位置不会变，Re对

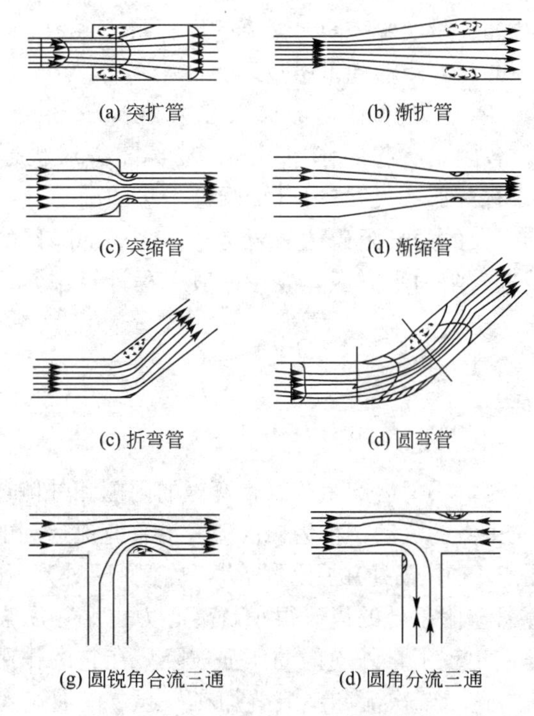

图 4.13 几种典型的局部障碍

漩涡区大小的影响也没有那样显著。

在减压增速区，流体质点受到与流动方向一致的正压差作用，它只能加速，不能减速。因此，渐缩管内不会出现漩涡区。不过，如收缩角不是很小，紧接渐缩管之后，有一个不大的漩涡区，如图 4.13(d)所示。

流体经过弯管时[图 4.13(e)、(f)]，虽然过流断面沿程不变，但弯管内流体质点受到离心力作用，在弯管前半段，外侧压强沿程增大，内侧压强沿程减小；而流速是外侧减小，内侧增大。因此，弯管前半段沿外壁是减速增压的，也能出现漩涡区；在弯管的后半段，由于惯性作用，在 Re 较大和弯管的转角较大而曲率半径较小的情况下，漩涡区又在内侧出现。弯管内侧的漩涡，无论是大小还是强度，一般都比外侧的大。因此，它是加大弯管能量损失的重要因素。

把各种局部阻碍的能量损失和局部阻碍附近的流动情况对照比较，可以看出，无论是改变流速的大小，还是改变它的方向，较大的局部损失总是和漩涡区的存在相联系。漩涡区愈大，能量损失也愈大。如边壁变化仅使流体质点变形和流速分布改组，不出现漩涡区，其局部损失一般都比较小。

漩涡区内不断产生漩涡，其能量来自主流，因而不断消耗主流的能量；在漩涡区及其附近，过流断面上的流速梯度加大，如图 4.13(a)所示，也使主流能量损失有所增加。在漩涡被不断带走并扩散的过程中，加剧了下游一定范围内的紊流脉动，从而加大了这段管长的能量损失。

事实上，在局部阻碍范围损失的能量，只占局部损失中的一部分。另一部分是在局部阻碍下游一定长度的管段上损耗掉的，这段长度称为局部阻碍的影响长度。受局部阻碍干扰的流动，经过了影响长度之后，流速分布和紊流脉动才能达到均匀流动的正常状态。

对各种局部阻碍进行的大量实验表明，紊流的局部阻力系数ξ一般说来决定于局部阻碍的几何形状、固体壁面的相对粗糙和雷诺数。即：

$$\xi = f\ (\text{局部阻碍形状，相对粗糙，}Re)$$

但在不同的情况下，各因素所起的作用不同。局部障碍形状是一个起主导作用的因素。相对粗糙的影响，只有对那些尺寸较长(如圆锥角小的渐扩管或渐缩管，曲率半径大的弯管)，而且相对粗糙较大的局部阻碍才需要考虑。受局部障碍的强烈干扰，流动在较小的雷诺数($Re\approx10^4$)就进入阻力平方区，故在一般工程计算中，认为ξ只决定于局部阻碍形状。

4.6.2 弯管的局部损失

当实际流体流经弯管时，不但会产生分离，弯管的内侧和外侧还可能会出现两个漩涡区，还会产生与主流方向正交的流动，称为二次流。沿着弯道运动的流体质点具有离心惯性力，它使弯管外侧(图4.14中E处)的压强增大，内侧(H处)的压强减小。而弯管左右两侧(F、G处)，由于靠管壁附近处的流速很小，离心力也小，压强的变化不大。于是沿图中的EFH和EGH方向出现了自外向内的压强坡降。在它的作用下，弯管内产生了一对如图4.14所示的涡流。这个二次流和主流叠加在一起，使通过弯管的流体质点做螺旋运动，这更加大了弯管的水头损失。

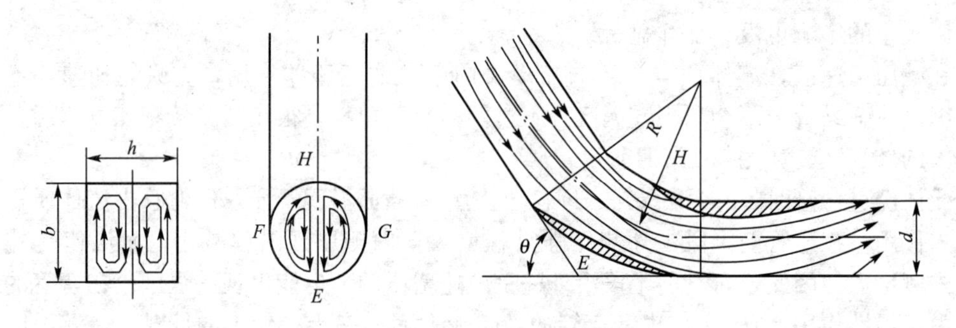

图4.14 弯管中的二次流

在弯管内形成的二次流，消失较慢，因而加大了弯管后面的影响长度。弯管的影响长度最大可超过50倍管径。弯管的几何形状决定于转角θ和曲率半径与管径之比R/d(或R/b)，对矩形断面的弯管还用高宽比h/b。

由于局部障碍的形式繁多，流动现象极其复杂，除少数几种情况可以用理论结合实验计算外，其余都由实验测定。

4.6.3 三通的局部损失

三通也是最常见的一种管道配件。工程上常用的三通有两类：支流对称于总流轴线的Y形三通；在直管段上接出支管的T形三通(图4.15)。每个三通又都可以在分流或合流的情况下工作。

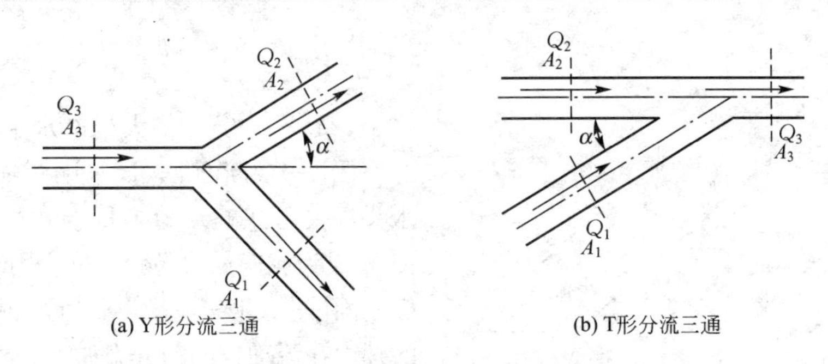

图 4.15　三通的两种主要类型

三通的形状是由总流与支流间的夹角 α 和 A_1/A_3、A_2/A_3 这几个几何参数确定的。但三通的特征是它的流量前后有变化。因此，三通的阻力系数不仅决定于它的几何参数，还与流量比 Q_1/Q_3 或 Q_2/Q_3 有关。

三通有两个支管，所以有两个局部阻力系数。三通前后有不同的流速，计算时必须选用和支管相应的阻力系数，以及和该系数相应的流速水头。

各种三通的局部阻力系数可在有关的专业手册中查得，这里仅给出 $A_1=A_2=A_3$ 和 $\alpha=45°$、$90°$的 T 形三通的 ξ 值(图 4.16)，相应的是总管的流速水头 $v_3{}^2/2g$。

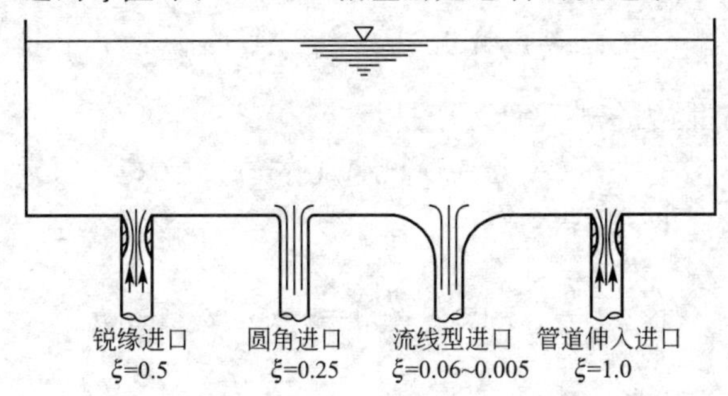

图 4.16　45°和 90°的 T 形三通的 ξ 值

合流三通的局部阻力系数常出现负值，这意味着经过三通后的流体的单位能量不仅没有减少，反而增加了。这是因为当两股流速不同的流股汇合后，它们在混合过程中，必然会有动量的交换。高速流股将它的一部分动能传递给了低速流股，使低速流股中的单位能量有所增加。如低速流股获得的这部分能量超过了它在流经三通所损失的能量，低速流股的损失系数会为负值。至于两股流动的总能量，则只可能减少，不可能增加，所以三通两个支管的阻力系数绝不可能同时为负值。

4.6.4　圆管突然扩大的局部水头损失

图 4.17 表示管道由管径 d_1 到管径 d_2 的局部突然扩大，此种情况的局部水头损失可由理论分析结合实验求得。

在雷诺数很大的紊流流态中，由于断面突然扩大，在断面Ⅰ—Ⅰ及断面Ⅱ—Ⅱ之间流体将与边壁分离度形成成漩涡。但在断面Ⅰ—Ⅰ及断面Ⅱ—Ⅱ处属于渐变流，可对两断面列伯努利方程：

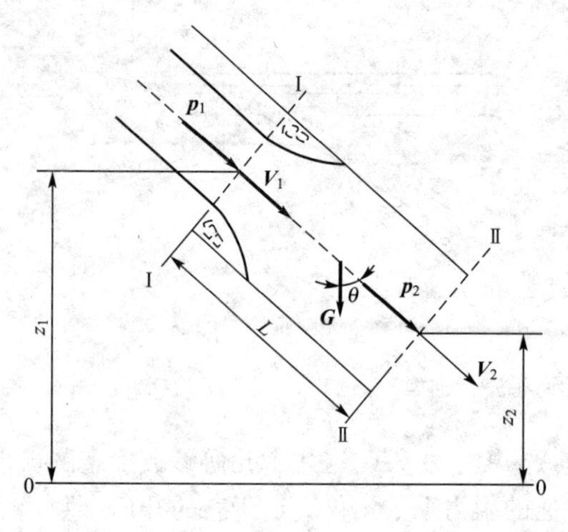

图 4.17　突然扩大

$$h_m=\left(z_1+\frac{p_1}{\gamma}+\frac{\alpha_1 v_1^2}{2g}\right)-\left(z_2+\frac{p_2}{\gamma}+\frac{\alpha_2 v_2^2}{2g}\right)$$

式中，h_m——突然扩大局部水头损失。

因Ⅰ—Ⅰ及断面Ⅱ—Ⅱ之间距离较短，其沿程水头损失可忽略。为了从上式中消去压强 p，使 h_m成为流速 v 的函数，可应用动量方程。取控制面Ⅰ—Ⅰ、Ⅱ—Ⅱ，在控制面范围内流体所受的外力在流动方向的分力如下。

(1) 作用在过流断面Ⅰ—Ⅰ上的总压力 p_1A_1。

(2) 作用在过流断面Ⅱ—Ⅱ上的总压力 p_2A_2。

(3) Ⅰ—Ⅰ面上环形面积管壁的作用力 P，等于漩涡区的流体作用在环形面积上的压力，实验表明在包含环形面积的Ⅰ—Ⅰ断面上的压强基本符合静压强分布规律，故可采用 $P=p_1(A_2-A_1)$。

(4) 在断面Ⅰ—Ⅰ至断面Ⅱ—Ⅱ间流体质量在运动方向的分力为：

$$G\cos\theta=\gamma A_2 L\frac{z_1-z_2}{L}=\gamma A_2(z_1-z_2)$$

(5) 边壁上的摩擦阻力忽略不计。于是：

$$p_1A_1-p_2A_2+p_1(A_2-A_1)+\gamma A_2(z_1-z_2)=\rho Q(\alpha_{02}v_2-\alpha_{01}v_1)$$

将 $Q=v_2A_2$ 代入，化简后得：

$$\left(z_1+\frac{p_1}{\gamma}\right)-\left(z_2+\frac{p_2}{\gamma}\right)=\frac{v_2}{g}(\alpha_{02}v_2-\alpha_{01}v_1)$$

将上式代入能量方程式，得：

$$h_m=\frac{v_2}{g}(a_{02}v_2-a_{01}v_1)+\frac{\alpha_1 v_1^2-\alpha_2 v_2^2}{2g}$$

对于紊流，可取 $\alpha_{01}=\alpha_{02}=1$，$\alpha_1=\alpha_2=1$。由此可得：

$$h_m=\frac{(v_1-v_2)^2}{2g} \tag{4-40}$$

上式表明，突然扩大的水头损失等于以平均流速差计算的流速水头。再利用连续性方程 $v_2A_2=v_1A_1$，可得：

$$h_m=\left(\frac{A_2}{A_1}-1\right)^2\frac{v_2^2}{2g}=\xi_2\frac{v_2^2}{2g}$$

$$h_m=\left(1-\frac{A_1}{A_2}\right)^2\frac{v_1^2}{2g}=\xi_1\frac{v_1^2}{2g}$$

式中，$\xi_1=[1-(A_1/A_2)]^2$，$\xi_2=[(A_2/A_1)-1]^2$，称为突然扩大的局部阻力系数。计算时必须注意使选用的局阻系数与流速水头相对应。

当液体从管道流入断面很大的容器中或气体流入大气时，$A_1/A_2\approx 0$，则 $\xi_1=1$。这是突然扩大的特殊情况，称为出口阻力系数。

【例 4.5】 一段直径 $d=100\text{mm}$ 的管路长 10m。其中有两个 90°的弯管($d/R=1.0$)，$\xi=0.294$。管段的沿程阻力长系数 $\lambda=0.037$。如拆除这两个弯管而管段长度不变，作用于管段两端的总水头也维持不变，问管段中的流量能增加百分之几？

【解】 在拆除弯管之前，在一定流量下的水头损失为(式中 v_1 为该流量下的圆管断面流速)：

$$h_l=\lambda\frac{l}{d}\cdot\frac{v_1^2}{2g}+2\xi\frac{v_1^2}{2g}=\left(0.037\times\frac{10}{0.1}+2\times0.294\right)\frac{v_1^2}{2g}=4.29\frac{v_1^2}{2g}$$

拆除弯管后的沿程水头损失为：

$$h_f=0.037\times\frac{10}{0.1}\times\frac{v_2^2}{2g}=3.7\frac{v_2^2}{2g}$$

若两端的总水头差不变，则得：

$$3.7\frac{v_2^2}{2g}=4.29\frac{v_1^2}{2g}$$

因而：

$$\frac{v_2}{v_1}=\sqrt{\frac{4.29}{3.7}}=1.077$$

流量 $Q=Av$，A 不变，所以 $Q_2=1.077Q_1$，即流量增加 7.7%。

4.7 边界层的基本概念及绕流阻力

19 世纪科学家们对理想流体的欧拉方程的研究已经达到了完善的地步。若从形式逻辑上分析，理想流体的运动粘度 $v=0$，即运动的雷诺数为无穷大。那么对于雷诺数很大的实际流体，当粘滞作用小到一定程度可予以忽略，流动接近理想流体运动，则欧拉方程似乎可解决雷诺数很大时的实际流体的运动问题。但实际上许多雷诺数很大的实际流体的流动情况却与理想流体有显著的差别。图 4.18(a)是二元理想均匀流绕圆柱体的流动情况，但所观察到的实际流体，当雷诺数很大时，流动却如图 4.18(b)所示，显然两者存在着相当大的差别。为何会有这个差别呢，直到 1904 年普朗特提出边界层理论后，才对这个问题给予了解释。

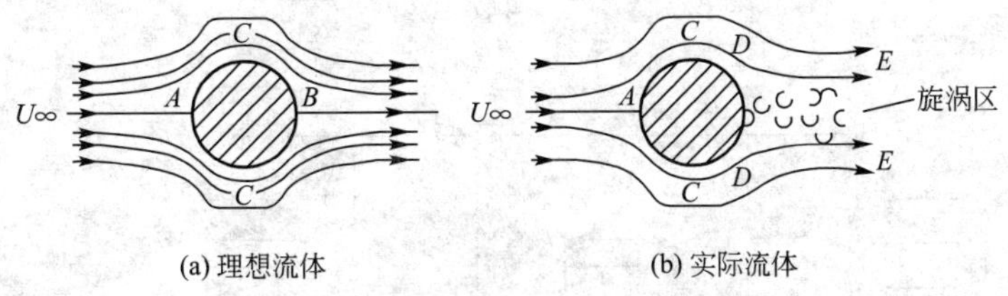

图 4.18　均匀流绕圆柱体的流动

4.7.1　边界层的基本概念

物体在雷诺数很大的流体内以较高的速度相对运动时，沿物体表面的法线方向，得到如图 4.19 所示的速度分布曲线。B 点把速度分布线分成截然不同的 AB 和 BC 两部分，在

AB段上，流体运动从物体表面上的零迅速增加到U_∞，速度的增加在很小的距离内完成，具有较大的速度梯度。在BC段上，速度$U_{(x)}$接近于U_∞，近似为一常数。

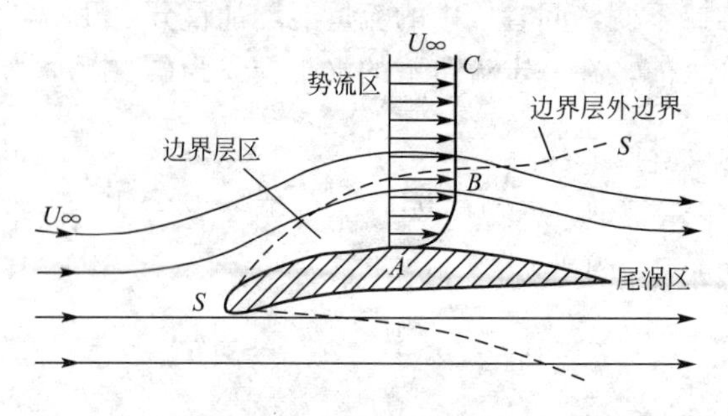

图 4.19 边界层的概念

沿物体长度，把各断面所有的B点连接起来，得到S—S曲线，S—S曲线将整个流场划分为性质完全不同的两个流区。从物体边壁到S—S的流区存在着很大的流速梯度，粘滞性的作用不能忽略。边壁附近的这个流区叫边界层。在边界层内，即使粘性很小的流体，也将有较大的切应力值，使粘性力与附加切应力具有同样的数量级，因此，流体在边界层内做剧烈的有旋运动。S—S以外的流区，流体近似以相同的速度运动，流动不受固体边壁的粘滞影响，即使对于粘度较大的流体，粘性力也较小，可以忽略不计，流体的附加切应力起主导作用。将该区的流体看作理想流体的无旋运动，用势流理论和理想流体的能量方程确定该区中的流速和压强分布。

通常称S—S为边界层的外边界，S—S到固体边壁的垂直距离δ称为边界层厚度。流体与固体边壁最先接触的点称为前驻点，在前驻点处$\delta=0$，沿着流动方向，边界层逐渐加厚。δ是流程x的函数，可写为$\delta(x)$。实际上边界层没有明显的外边界，一般规定边界层外边界处的速度为外部势流速度的99%。

边界层内存在层流和紊流两种流动状态，如图4.20所示，在边界层的前部，由于厚度δ较小，因此流速梯度$\mathrm{d}u_x/\mathrm{d}y$很大，粘滞应力$\tau=\mathrm{d}u_x/\mathrm{d}y$的作用也很大，此时边界层内的流动属于层流，这种边界层称为层流边界层。边界层内的雷诺数可表示为：

$$Re_x=\frac{U_\infty x}{v} \quad 或 \quad Re_\delta=\frac{U_\infty \delta}{v}$$

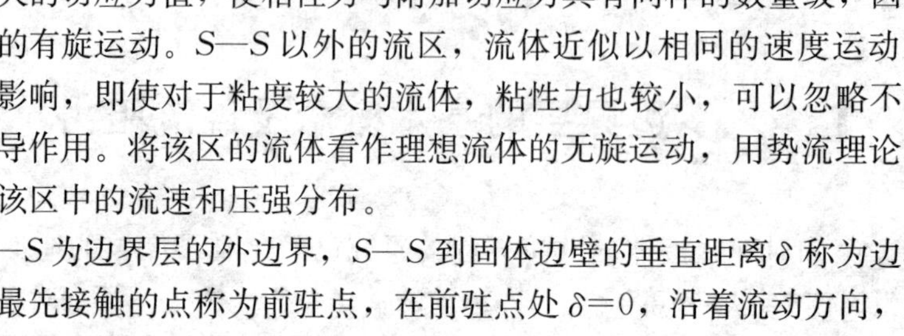

图 4.20 边界层的分类

由于边界层厚度δ是坐标x的函数，所以这两种雷诺数之间存在一定的关系。x越大，δ越大，Re_δ、Re_x均变大。当雷诺数达到一定数值时，经过一个过渡区，流态转变为紊流，从而成为紊流边界层。在紊流边界层里，在最靠近平板的地方，$\mathrm{d}u_x/\mathrm{d}y$ 仍很大，粘滞切应力仍然起主要作用，使得流动形态仍为层流，所以在紊流边界层内有一个粘性底层。边界层内流态由层流转变为紊流的雷诺数叫临界雷诺数 $Re_{x'}$，$Re_{x'}$ 的大小与壁面的性质及来流中的扰动有关，一般需要根据实验来确定。

4.7.2 边界层的分离

在边界层内，由于固体边界的阻滞作用，流体质点的流速均较势流流速 U_∞ 减小，这些减速了的流体质点并不总是只在边界层中流动。在某些情况下(如边界层的厚度顺流突然急剧增大，流速减小，压强增大)，在压差的作用下，边界层内发生与来流方向相反的流动，边界层内的流体被迫向边界层外流动。这种现象称为边界层从固体边界上的“分离”。边界层的分离常伴随着漩涡的产生和能量损失，并增加了流动阻力。

图 4.20 是均匀直流与平行平板的边界层流动，因为在边界层外边界上沿平板方向速度相同，整个流场和边界层内的压强保持不变。即沿固体边界的压力梯度 $\mathrm{d}p/\mathrm{d}x=0$，这样的边界层不会发生分离。但当流体流过非平行平板或非流线型物体时，会发生边界层的分离。下面以图 4.21 的圆柱绕流为例来说明边界层的分离现象与绕流物体形体阻力形成的原因。

当理想流体流经圆柱体时，由 D 到 E 点的过程中，流速增加，压强降低。在 E 点，流速最大、压强最低。而由 E 点到 F 点的过程中，流速减小、压强升高。因为没有能量损失，滞流点 F 的压强与滞流点 D 的压强相等，DE 段与 EF 段的压强分布具有对称性(图 4.21)，流体对圆柱体的作用力为零。在实际流体中，圆柱表面存在边界层。在 DE 段，流动加速减压，存在顺压梯度，$\partial p/\partial x<0$，边界层厚度 δ 沿程增加缓慢，δ 较小。由于边界层内的流体质点在 DE 段已经消耗了部分能量，不可能像理想流体那样全部动能恰好用于克服由 E 点到 F 点的压强升高。实际上，在由 E 点向 F 点运动的过程中，边界层内的流体质点既要受到壁面的摩阻，又同时受到逆压梯度 $\partial p/\partial x>0$ 的减速作用，其剩余的动能不足以使其抵达 F 点，因此，边界层内靠近壁面的流体质点的流速会在 E 点下游不远的地方几乎变为零。在这一点动能为零，压强又低于下游，故流体由下游压强高处流向压强低处，发生了回流。边界层内的流体质点自上游不断流来，而且都有共同的经历，这样，在这一点处堆积的流体质点就越来越多，加之下游发生回流，这些流体质点就被挤向主流，从而使边界层脱离固体边界表面，这种现象就叫边界层分离。边界层开始与固体边界分离的点叫分离点，如图 4.21 中的 S 点。在分离点前接近固体壁面的微团沿边界外法线方向速度梯度为正，$(\partial u/\partial y)_{y=0}>0$。在分离点 S 的下游，

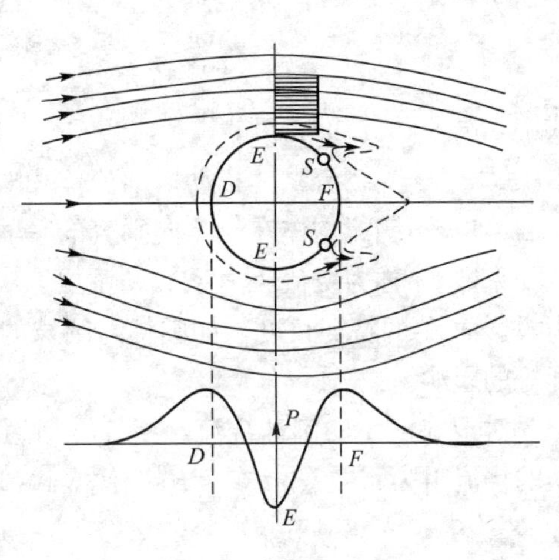

图 4.21 边界层的分离

在边界附近产生回流，因此在边界附近的流速为负值，$(\partial u/\partial y)_{y=0}=0$。在分离点 S 处，$(\partial u/\partial y)_{y=0}=0$，边界处流速梯度等于零的点即分离点。由于回流，边界层的厚度显著增加了。边界层分离后，回流形成漩涡，绕流物体尾部流动图形就大为改变。在圆柱表面上的压强分布不再是如图 4.21 所示的对称分布，而是圆柱下游面的压强显著降低并在分离点后形成负压区。这样，圆柱上、下游面的压强差形成了作用于圆柱的“压差阻力”（又称为形状阻力）。

4.7.3 物体的绕流阻力

物体在流场中所受到的流动方向上的流体作用力称为绕流阻力，在垂直流动方向的作用力称为升力。流线形物体的绕流阻力只有摩擦阻力，钝形物体的绕流阻力包括摩擦阻力和压差阻力两部分。钝形物体的压差阻力往往远大于摩擦阻力，压差阻力的大小取决于壁面边界层分离点的位置，分离点位置一般与物体形状有关。尾流区越小或分离点越靠近下游，压差阻力越小。在工程应用中，需要减小压差阻力时，可以将绕流物体设计成流线形或接近流线形，使壁面边界层不产生分离或分离点尽量靠近下游，如将飞机机翼设计成尾部细长的流线形；需要增大压差阻力时，使绕流物体呈钝形，如现代飞机降落后在跑道上打开机翼上部的减速板来增加阻力。

牛顿于 1726 年提出的绕流阻力 D 的计算公式为：

$$D=C_D A\frac{\rho U_\infty^{\ 2}}{2} \tag{4-41}$$

式中，ρ——流体的密度；

U_∞——受绕流物体扰动以前流体相对于绕流物体的流速；

A——绕流物体在与流向垂直的平面上的投影面积。

系数 C_D 称为绕流阻力系数，主要取决于绕流物体的形状与流动雷诺数 $Re=U_\infty d/v$(d 为投影面 A 的特征长度，如圆柱与圆球的直径)，也受物体表面的粗糙度、来流的紊动强度等的影响。

对于 $Re<1$ 的圆球绕流，斯托克斯通过对 N－S 方程的简化与理论求解，得到层流流动的绕流阻力系数 $C_D=24/Re$，代入式(4－41)得到

$$D=3\pi\rho v d U_\infty=3\pi\mu d U_\infty \tag{4-42}$$

这就是著名的斯托克斯公式。对于小雷诺数($Re<1$)的圆柱体绕流，兰姆公式(H. Lamb)

$$C_D=\frac{8\pi}{Re(2-\ln Re)} \tag{4-43}$$

在一般情况下，需要由实验来确定 C_D 的大小。

图 4.22 和图 4.23 分别表示出柱体与三维形状物体的绕流阻力系数 C_D 值随 Re 的变化曲线。可以根据绕流物体的形状对阻力规律作出区分。

(1) 细长流线型物体，以平板为典型例子，绕流阻力主要由摩擦阻力来决定，阻力系数与雷诺数有关。

(2) 有钝形曲面或曲率很大的曲面物体，以圆球或圆柱为典型例子。绕流阻力既与摩擦阻力有关，又与形状阻力有关。但在低雷诺数时，主要为摩擦阻力，阻力系数与雷诺数

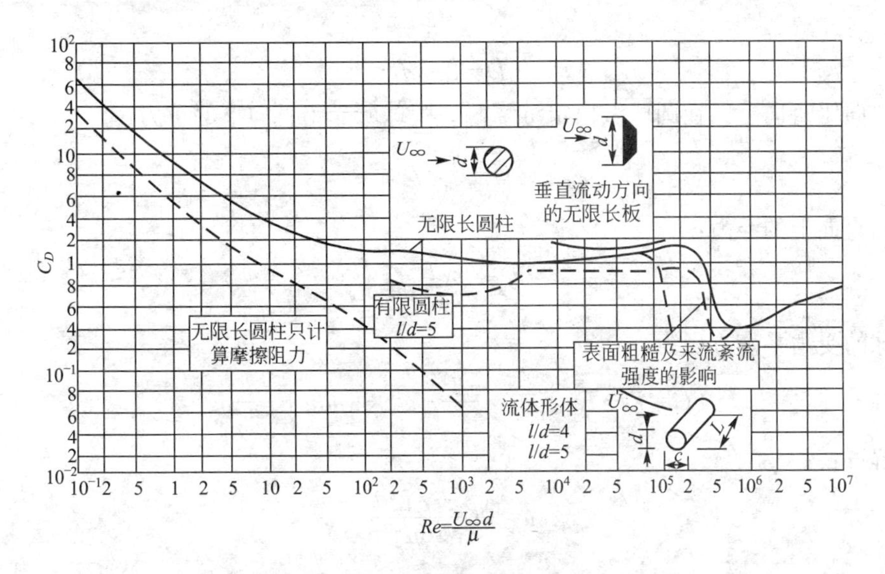

图 4.22 柱体绕流阻力系数

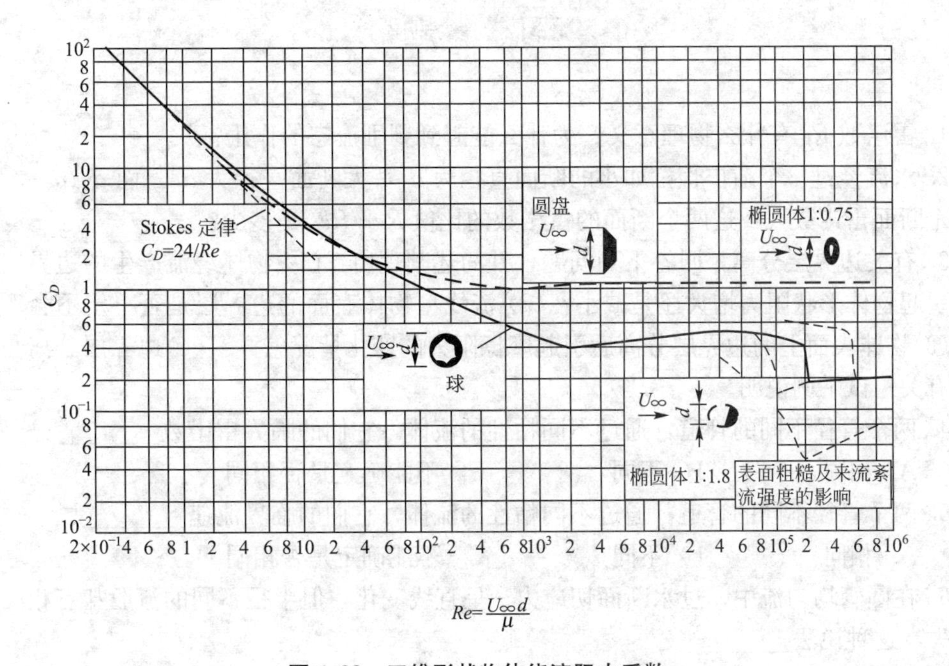

图 4.23 三维形状物体绕流阻力系数

有关；在高雷诺数时，主要为形状阻力，阻力系数与边界层分离点的位置有关。分离点位置不变，阻力系数不变。分离点向前移，漩涡区加大，阻力系数也增加，反之亦然。

(3) 有尖锐边缘的物体，以迎流方向的圆盘为典型例子，边界层分离点位置固定，漩涡区大小不变，阻力系数不变。

【例 4.6】 当圆球直径 d 较小时，其在重力作用下在静水中沉降产生的绕流为层流流态。设圆球的密度为 ρ_s，求沉降速度。

【解】 圆球在静水中以速度 u 沉降时，水体相对于圆球的运动与静止圆球在流速 u 的流场中产生的绕流相同。由于绕流为层流流态，因此可以由斯托克斯公式(4－42)计算绕流阻力：

$$D=3\pi\mu du$$

其方向铅直向上。在圆球做恒定沉降时，圆球所受铅直向下的重力：

$$G=\frac{\pi d^3}{6}\rho_s g$$

和铅直向上的浮力：

$$F=\frac{\pi d^3}{6}\rho g$$

圆球的受力平衡方程为：

$$G=D+F,\quad 或\quad \frac{\pi d^3}{6}\rho_s g=3\pi\mu \mathrm{d}u+\frac{\pi d^3}{6}\rho g$$

求解得：

$$u=\frac{(\rho_s-\rho)gd^3}{18\mu}$$

习　　题

1. 雷诺数 Re 有什么物理意义？为什么能起到判别流态的作用？

2. 水流经过一个渐扩管，如小的断面直径为 d_1，大断面直径为 d_2，而 $d_2/d_1=2$，试问哪个断面雷诺数大？这两个断面的雷诺数的比值 Re_1/Re_2 是多少？

3. 有关边界层分离，回答下列问题，并简述其理由：(1) 物体绕流产生的边界层分离后，引起物体形状阻力增大还是减小？(2) 流线型物体表面的边界层是否一定不会形成分离？(3)物体表面上的边界层分离后引起摩擦阻力的变化情况怎样？(4)边界层分离与哪些因素有关？试举例说明。

4. 两个管径不同的管道，通过不同粘性的流体，它们的临界雷诺数________。

A. 相同　　B. 不同　　C. 不能确定是否相同

5. 两个管径不同的管道，通过不同粘性的流体，它们的临界流速________。

A. 相同　　B. 不同　　C. 不能确定是否相同

6. 在圆管均匀流中，过水断面切应力 τ 呈直线变化，但半径不同的流股却有相同的水头损失，这种说法________。

A. 两者有矛盾　B. 两者不矛盾　C. 两者是否矛盾尚取决于其他条件

7. 有3个管道，其断面形状分别为圆形、方形和矩形，圆形半径为 d，方形边长为 a，矩形长×宽为 $2b\times b$，它们的断面面积均为 A，水力坡度 J 也相等。则：

(1) 三者边壁上的平均切应力之比约为________。

A. 28∶25∶24　B. 53∶40∶49　C. 78∶63∶56　D. 1∶1∶1

(2) 当沿程阻力系数 λ 相等时，三者的流量之比约为________。

A. 28∶25∶24　B. 53∶50∶49　C. 78∶63∶56　D. 1∶1∶1

8. 欲一次测到半径为 R 的圆管层流中断面平均流速为 V，应当将测速仪器探头放置在距管轴线________处。

A. $1/2R$　　B. $2/3R$　　C. $0.866R$　　D. $0.707R$

9. 某给水干管长 $l=1000\text{m}$，内径 $d=300\text{mm}$，管壁当量粗糙度 $K_s=1.2\text{mm}$，水温 $T=10℃$。当水头损失 $h_f=7.05\text{m}$ 时所通过的流量约为________。

A. 10L/s　　B. 20L/s　　C. 40L/s　　D. 80L/s

10. 有关层流与紊流中的切应力，下列所述正确的是________。

A. 层流的切应力取决于流体团在流层间跃移的状态

B. 紊流切应力的时均值只与时均流速梯度有关

C. 无论是层流还是紊流的切应力，均与流速分布有关

D. A、B、C 三者均不合理

11. 用直径 $d=100\text{mm}$ 的管道，输送量为 10kg/s，输磅水，如水温为 5℃，试确定管内水的流态。如用这根管道输送同样质量流量的石油，已知石油密度 $\rho=850\text{kg/m}^3$，运动粘滞系数 $v=1.14\text{cm}^2/\text{s}$，试确定石油的流态。

12. 如图 4.24 所示，油的流量 $Q=77\text{cm}^3/\text{s}$，流过直径 $d=6\text{mm}$ 的细管，在 $l=2\text{m}$ 长的管段两端水银压差计读数 $h=30\text{cm}$，油的密度 $\rho=900\text{kg/m}^3$，求油的 μ 和 v 值。

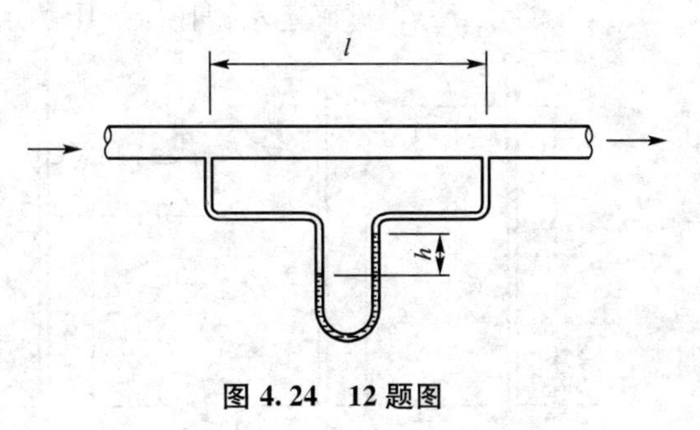

图 4.24　12 题图

13. 利用圆管层流 $\lambda=64/Re$，水力光滑区 $\lambda=0.3164/(Re^{0.25})$ 和粗糙区 $\lambda=0.11\cdot(K/d)^{0.25}$ 这三个公式，论证在层流中 h_1 与 v 成正比，光滑区 h_1 与 $v^{1.75}$ 成正比，粗糙区 h_1 与 v^2 成正比。

14. 某风管直径 $d=500\text{mm}$，流速 $v=20\text{m/s}$，沿程阻力系数 $\lambda=0.017$，空气温度 $t=20℃$，求风管的绝对粗糙度 K 值。

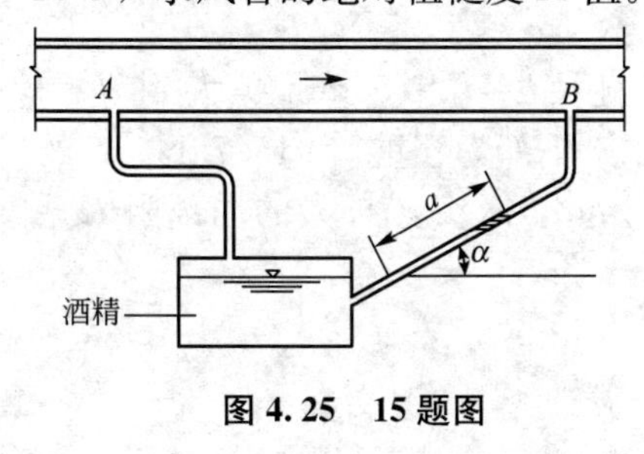

图 4.25　15 题图

15. 如图 4.25 所示，矩形风道的断面尺寸为 1200mm×600mm，风道内空气温度为 45℃，流量为 $4200\text{m}^3/\text{h}$，风道壁面材料的的当量粗糙度 $K_s=0.1\text{mm}$，今用酒精微压计量测风道水平段 AB 两点的压差，微压计读值 $a=7.5\text{mm}$，已知 $\alpha=30°$，$l_{AB}=12\text{m}$，酒精的密度 $\rho=860\text{kg/m}^3$，试求风道的沿程阻力系数 λ。

16. 如管道的长度不变，通过的流量不变，欲使沿程水头损失减少一半，直径需增大百分之几？试分别讨论下列 3 种情况。

(1) 管内流动为层流 $\lambda=64/Re$。

(2) 管内流动为光滑区 $\lambda=0.3164/(Re^{0.25})$。

(3) 管内流动为粗糙区 $\lambda=0.11\cdot(K/d)^{0.25}$。

17. 有一管路，流动的雷诺数 $Re=10^6$，通水多年后，由于管路锈蚀，发现在水头损失相同的条件下，流量减少了一半。试估算此旧管的管壁相对粗糙度 K/d。假设为新管时流动处于光滑区 [$\lambda=0.3164/(Re^{0.25})$]，锈蚀以后处于粗糙区 [$\lambda=0.11\cdot(K/d)^{0.25}$]。

18. 如图 4.26 所示，为测定 90°弯头的局部阻力系数 ξ，可采用如图所示的装置。已

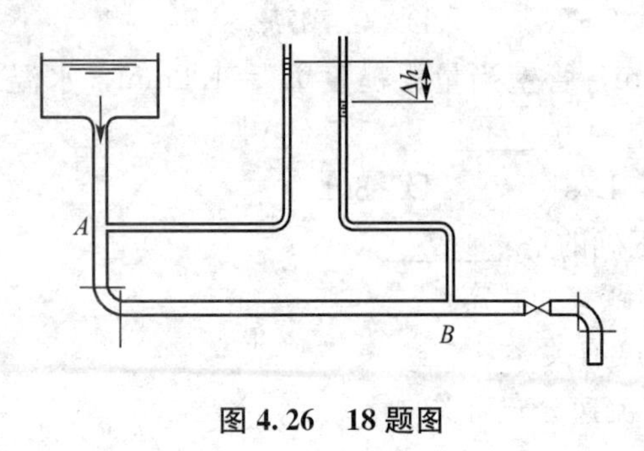

图4.26　18题图

知AB段管长$l=10\mathrm{m}$，管径$d=50\mathrm{mm}$，$\lambda=0.03$。实测数据为：(1) AB两断面测压管水头差$\Delta h=0.629\mathrm{m}$；(2) 经两分钟流入量水箱的水量为$0.329\mathrm{m}^3$，求弯头的局部阻力系数ξ。

19. 如图4.27所示，测定一阀门的局部阻力系数，在阀门的上下游装设了3个测压管，其间距$L_1=1\mathrm{m}$，$L_2=2\mathrm{m}$，若直径$d=50\mathrm{mm}$，实测$H_1=150\mathrm{cm}$，$H_2=125\mathrm{cm}$，$H_3=40\mathrm{cm}$，流速$v=3\mathrm{m/s}$，求阀门的ξ值。

20. 如图4.28所示，流速由v_1变到v_2的突然扩大管，如分为两次扩大，中间流速v取何值时局部损失最小？此时水头损失为多少？并与一次扩大时进行比较。

21. 如图4.29所示，一直立的突然扩大水管，已知$d_1=150\mathrm{mm}$，$d_2=300\mathrm{mn}$，$h=1.5\mathrm{m}$，$v_2=3\mathrm{m/s}$，试确定水银比压计中的水银液面哪一侧较高？差值为多少？

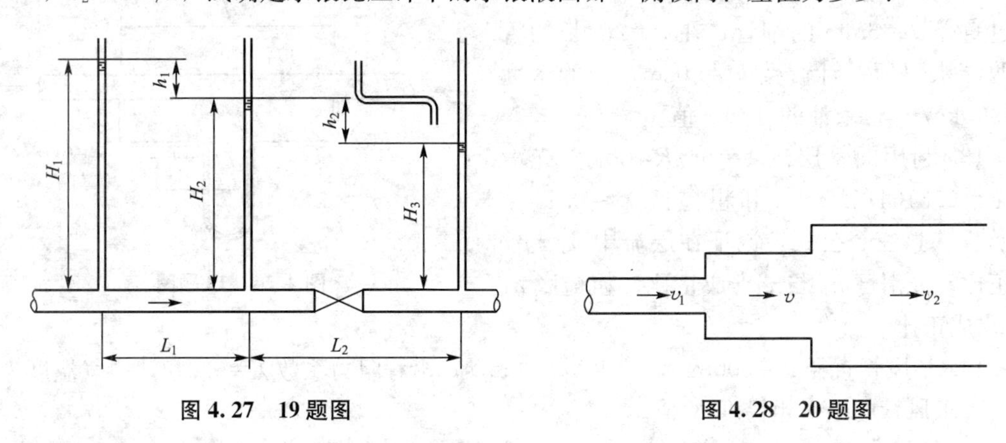

图4.27　19题图　　　　图4.28　20题图

22. 如图4.30所示，一水平放置的突然扩大管，直径由$d_1=50\mathrm{mm}$扩大到$d_2=100\mathrm{mm}$，在扩大前后断面接出的双液比压计中，上部为水，下部为容重$\gamma=15.7\mathrm{kN/m}^3$的四氯化碳，当流量$Q=16\mathrm{m}^3/\mathrm{h}$时的比压计读数$\Delta h=173\mathrm{mm}$，求突然扩大的局部阻力系数，并与理论计算值进行比较。

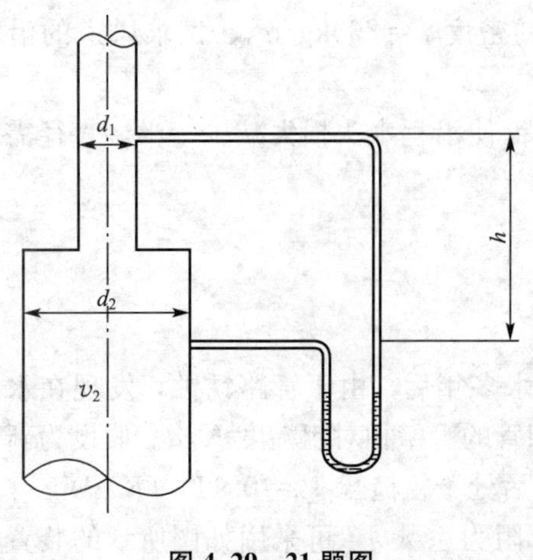

图4.29　21题图

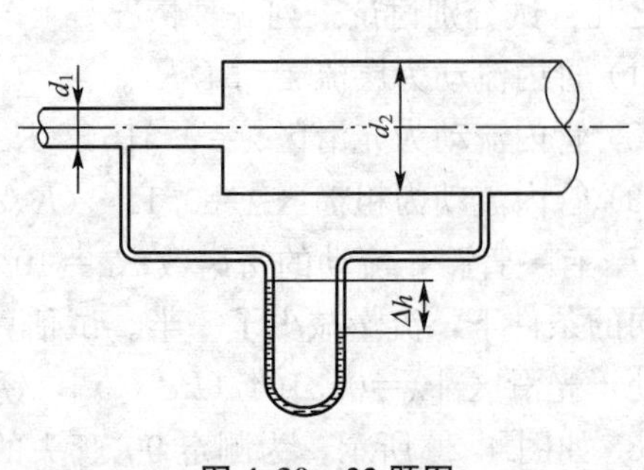

图4.30　22题图

23. 如图 4.31 所示，水箱侧壁接出一根由两段不同管径所组成的管道。已知 $d_1=150\text{mm}$，$d_2=75\text{mm}$，$l=50\text{m}$，管道的当量糙度 $K=0.6\text{mm}$，水温为 20℃。若管道的出口流速 $v_2=2\text{m/s}$，求：(1) 水位 H；(2) 绘出总水头线和测压管水头线。

24. 如图 4.32 所示，在断面既要由 d_1 扩大到 d_2，方向又要右转 90°的流动中，图(a)为先扩后弯，图(b)为先弯后扩。已知：$d_1=50\text{mm}$，$(d_2/d_1)^2=2.28$，$v_1=4\text{m/s}$，渐扩管对应于流速 v_1 的阻力系数 $\xi_d=0.1$，弯管阻力系数(两者相同)$\xi_b=0.25$，先弯后扩的干扰修正系数 $C_{bd}=2.30$，先扩后弯的干扰修正系数 $C_{db}=1.42$。求两种情况的总局部水头损失。

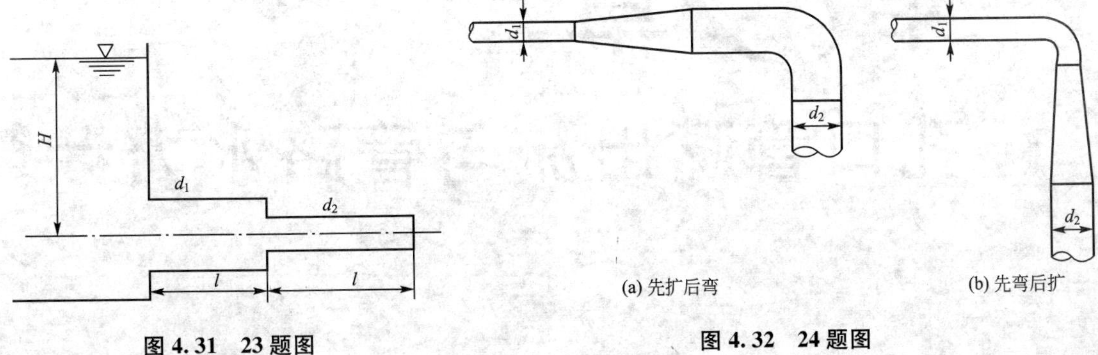

图 4.31 23 题图

图 4.32 24 题图

第5章 孔口管嘴出流与管路水力计算

教学目标

熟练掌握孔口、管嘴出流特征和规律。
理解什么是长管、短管、简单管路。
熟练掌握管路串联、并联的水力特征。
熟练掌握树状管网的水力计算方法。
理解环状管网的水力计算方法。

教学要求

知识要点	能力要求	相关知识
孔口、管嘴出流	掌握孔口、管嘴出流的速度和流量大小计算	伯努利能量方程
简单管路	掌握长管、短管的概念	沿程损失和局部损失的计算
管路串并联	掌握管路串并联水力特征	串并联电路电压和电流的计算
树状和环状管网	理解树状、环状管网水力计算方法	节点流量平衡、闭合回路能量损失代数和为零

引言

孔口出流、管嘴出流是水利工程中常见的流动现象。例如，大坝的泄水孔、电站引水隧洞的进水口、闸孔出流及某些流量量测设备中的流动均与孔口出流有关。建筑施工用的水枪及消防水枪等则属于管嘴出流。在供水、供气或通风系统中，常常需要将数段管道布置成树状管网或环状管网，将水、气等流体输送到处于不同位置的用户。

5.1 孔口出流

孔口出流是指流体从容器的孔口中流出。当孔口内为锐缘状，或者容器壁的厚度较小而不影响孔口出流时，则称这种孔口为薄壁孔口。本节将讨论常见的薄壁孔口出流。根据孔口尺寸的大小，将孔口分成小孔口和大孔口。作用于孔口断面上各点的水头近似相等的孔口称为小孔口。设作用于断面上的水头为 H，孔口直径为 d，则当 $H \geqslant 10d$ 时，孔口属于小孔口；当 $H < 10d$ 时，孔口属于大孔口。

5.1.1 小孔口出流

1. 自由出流

流体经孔口流入大气的出流称为自由出流。薄壁孔口的自由出流如图 5.1 所示。孔口出流经过容器壁的锐缘后，变成具有自由面周界的流股。当孔口内的容器边缘不具有锐缘状时，出流状态将会与边缘形状有关。

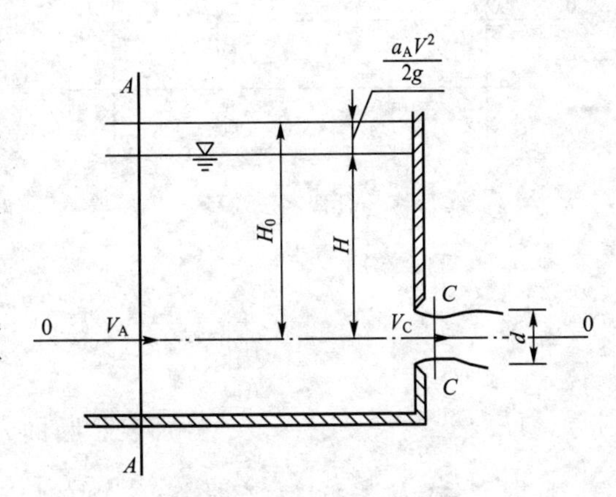

图 5.1 薄壁孔口自由出流

由于质点的惯性作用，当水流绕过孔口边缘时，流线不能成直角地突然改变方向，只能以圆滑曲线逐渐弯曲，流出孔口后会继续弯曲并向中心收敛，直至离孔口约 $0.5d$ 的 $C—C$ 处。流股在断面 $C—C$ 处的断面面积最小，该断面称为收缩断面。

下面讨论作用水头 H 恒定的孔口出流的规律。探讨图 5.1 中断面 $A—A$ 与 $C—C$ 之间的流动。从收缩断面的形心处引基准线 0—0，并设断面 $A—A$ 的总水头为 $H_0=H+\frac{\alpha_A V_A^2}{2g}$，断面 $C—C$ 的压强为 p_C、平均流速为 V_C，两断面之间的能量损失为 h_m。则可写出两断面间的伯努利方程为：

$$H_0=\frac{p_C}{g\rho}+\frac{\alpha_C V_C^2}{2g}+h_m$$

由于沿程能量损失很小，则可认为两断面间的能量损失 $h_m=h_j=\zeta\frac{V_C^2}{2g}$，其中 h_j 为两断面间的局部损失；ζ为孔口的局部损失系数。因为孔口尺寸较小，所以一般认为断面$C—C$的平均压强等于大气压强，即$p_C=0$，因此将上式变形为：

$$H_0=(\alpha_C+\zeta)\frac{V_C^2}{2g}$$

即

$$V_C=\frac{1}{\sqrt{\alpha_C+\zeta}}\sqrt{2gH_0}=\varphi\sqrt{2gH_0} \tag{5-1}$$

其中，$\varphi=\frac{1}{\sqrt{\alpha_C+\zeta}}\approx\frac{1}{\sqrt{1+\zeta}}$称为流速系数。

设收缩断面面积为A_C，孔口面积为A，则称两者之比$\varepsilon=(A_C/A)$为收缩系数。由此，可据式(5-1)得到孔口出流的流量：

$$Q=V_CA_C=\varepsilon A\varphi\sqrt{2gH_0}=\mu A\sqrt{2gH_0} \tag{5-2}$$

其中，μ——流量系数，$\mu=\varepsilon\varphi$。

2. 淹没出流

当从孔口流出的水股被另一部分流体所淹没时，称为孔口淹没出流，如图5.2所示。在此情况下，出流水股经收缩断面$C—C$后会迅速扩散。局部损失包括两部分：收缩产生的局部损失与扩散产生的局部损失。前者与孔口自由出流相同，后者可按突然扩大来计算。

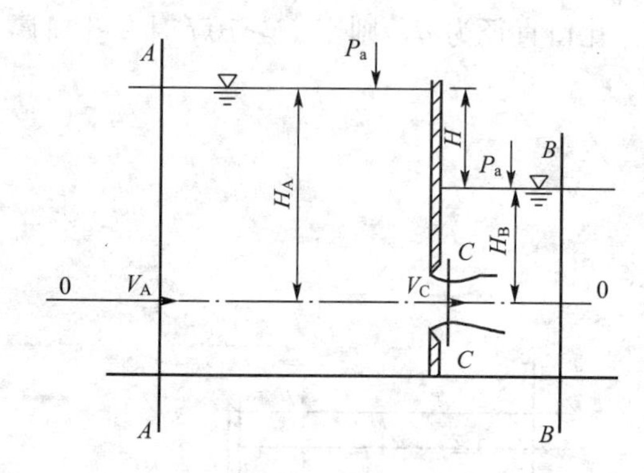

图5.2 孔口淹没出流

下面推导淹没出流的基本公式。以0—0为基准面，则断面$A—A$与$B—B$之间的伯努利方程为：

$$H_A+\frac{p_a}{g\rho}+\frac{\alpha_AV_A^2}{2g}=H_B+\frac{p_a}{g\rho}+\frac{\alpha_BV_B^2}{2g}+\zeta\frac{V_C^2}{2g}+\zeta_E\frac{V_C^2}{2g} \tag{5-3}$$

其中，$H_A+\frac{\alpha_AV_A^2}{2g}$、$H_B+\frac{\alpha_BV_B^2}{2g}$分别表示断面$A—A$、$B—B$的总水头，$\zeta=0.06$为流股收缩局部损失系数，$\zeta_E\approx1$为流股突然扩大的局部损失系数。若定义作用水头：

$$H_0=\left[H_A+\frac{\alpha_AV_A^2}{2g}\right]-\left[H_B+\frac{\alpha_BV_B^2}{2g}\right] \tag{5-4}$$

则可得到淹没出流的基本公式：

$$V_C=\frac{1}{\sqrt{1+\zeta}}\sqrt{2gH_0}=\varphi\sqrt{2gH_0} \tag{5-5}$$

$$Q=V_CA_C=\varepsilon A\varphi\sqrt{2gH_0}=\mu A\sqrt{2gH_0} \tag{5-6}$$

通常情况下，因孔口两侧容器较大，有$V_A\approx0$、$V_B\approx0$。因此可用上、下游液面高差来代替H_0，即$H_0\approx H_A-H_B$。此外，由于淹没出流的流速和流量均与孔口在自由面下的深度无关，因而，上面两式也适合用于大孔口的计算。

5.1.2 大孔口出流

大孔口自由出流时收缩断面上压强分布不均匀。与大气压强不同，收缩系数 ε 受容器形状的影响，因此，在实际中一般通过实验来确定大孔口出流的流速与流量。

5.2 管嘴出流

当在容器的孔口处接上断面与孔口形状相同、长度 $l=(3\sim4)d$(其中 d 为管道直径)的短管时，此时的出流称为管嘴出流，此短管称为管嘴。

5.2.1 管嘴出流流量公式

圆柱形管嘴如图 5.3 所示。水流入管嘴如同孔口一样，流股也发生收缩，存在着收缩断面 C—C；而后流股逐渐扩张，直至出口断面完全充满管嘴断面流出。在收缩断面 C—C 前后流股与管壁分离，中间形成漩涡区，产生负压，产生了管嘴的真空现象。真空区的存在，对容器内产生抽吸作用，从而提高了管嘴的过流能力，这是管嘴出流不同于孔口出流的基本特点。

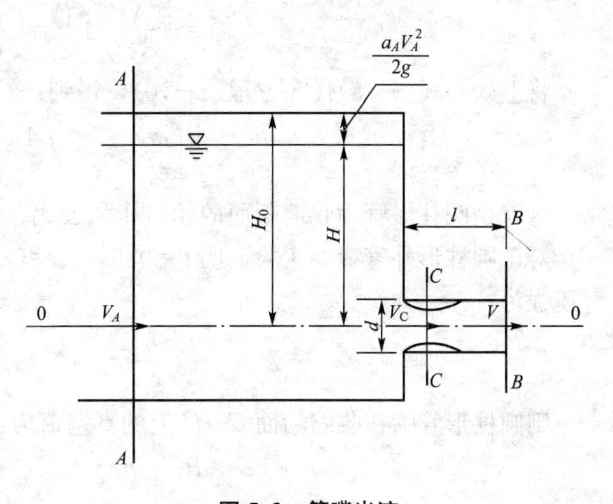

图 5.3 管嘴出流

设行近流速为 V_A，作用水头为 H，断面 B—B 的平均流速为 V_B，水头损失为 h_m，以 0—0 为基准面，则伯努利方程为：

$$H+\frac{\alpha_A V_A^2}{2g}=\frac{\alpha V_B^2}{2g}+h_m \quad (5-7)$$

由于管嘴较短，因而，沿程损失可忽略不计。在 h_m 中应计入断面 A—A 与 C—C 间水流收缩产生的局部损失和断面 C—C 与 B—B 间水流扩大所产生的局部损失，相当于一般锐缘管道进口的局部损失，可表示为 $h_m=\zeta\frac{V_B^2}{2g}$。将 h_m 代入式(5-7)可得到：

$$H_0=(\alpha+\zeta)\frac{V_B^2}{2g}$$

其中，$H_0=H+\frac{\alpha_A V_A^2}{2g}$，则可解得：

$$V_B=\frac{1}{\sqrt{\alpha+\zeta}}\sqrt{2gH_0}=\varphi\sqrt{2gH_0} \quad (5-8)$$

$$Q=A\varphi\sqrt{2gH_0}=\mu A\sqrt{2gH_0} \quad (5-9)$$

式中，φ——流速系数，$\varphi=\frac{1}{\sqrt{\alpha+\zeta}}=0.82$；

μ——流量系数，$\mu=0.82$；

ζ——锐缘管道进口的局部损失系数，$\zeta=0.5$；

α——圆柱形管嘴流速系数，$\alpha=1$。

5.2.2 圆柱形管嘴内的真空度

设断面 $C—C$ 的流速、平均压强分别为 V_C、p_C，以 0—0 为基准面，断面 $C—C$ 与 $B—B$ 间的伯努利方程为：

$$\frac{p_C}{g\rho}+\frac{\alpha_C V_C^2}{2g}=\frac{\alpha V_B^2}{2g}+h_m \tag{5-10}$$

其中，两断面间的局部损失 $h_m=\zeta_E\frac{V_B^2}{2g}$，对于突扩圆管流动，可查常用流道的局部损失系数表得：

$$\zeta_E=\left[\frac{A}{A_C}-1\right]^2=\left[\frac{1}{\varepsilon}-1\right]^2$$

将上式与式(5-8)代入方程(5-10)，得到：

$$\frac{p_C}{g\rho}=-\left[\frac{\alpha_C}{\varepsilon^2}-\alpha_C-\left(\frac{1}{\varepsilon}-1\right)^2\right]\varphi^2 H_0 \tag{5-11}$$

这就是圆柱形管嘴收缩断面的相对压强公式。

对于圆柱形外管嘴，实验证明 $\varepsilon=0.64$，$\varphi=0.82$。取 $\alpha=1.0$，可得到断面 $C—C$ 的相对压强为：

$$\frac{p_C}{g\rho}=-0.75H_0$$

则圆柱形管嘴在收缩断面 $C—C$ 上的真空值为：

$$\frac{P_V}{g\rho}=\frac{p_a-p_C}{g\rho}=0.75H_0$$

可见，H_0 越大，则收缩断面上的真空值越大。就具体数值而言，收缩断面的真空度是作用水头的 75%，这说明管嘴的作用是相当于将孔口自由出流的作用水头增大了 75%，因而，管嘴出流的流量能够比相应的孔口大很多。

5.2.3 其他类型管嘴出流

对于其他类型的管嘴出流，其流速、流量的计算公式与圆柱形外管嘴公式形式相同。但流速系数及流量系数各不相同，下面是几种常用的管嘴。

1. 流线形管嘴

如图 5.4(a)所示，流速系数 $\varphi=\mu=0.97$，适用于水头损失小、流量大、出口断面上速度分布均匀的情况。

2. 扩大圆锥形管嘴

如图 5.4(b)所示，当 $\theta=5°\sim7°$时，$\mu=\varphi=0.42\sim0.50$，适合于将部分动能恢复为压能的情况，如引射器的扩压管。

3. 收缩圆锥形管嘴

如图 5.4(c)所示，出流与收缩角度有关。$\theta=30°24'$，$\varphi=0.963$，$\mu=0.943$ 为最大值，适合于加大喷射速度的场合，如消防水枪。

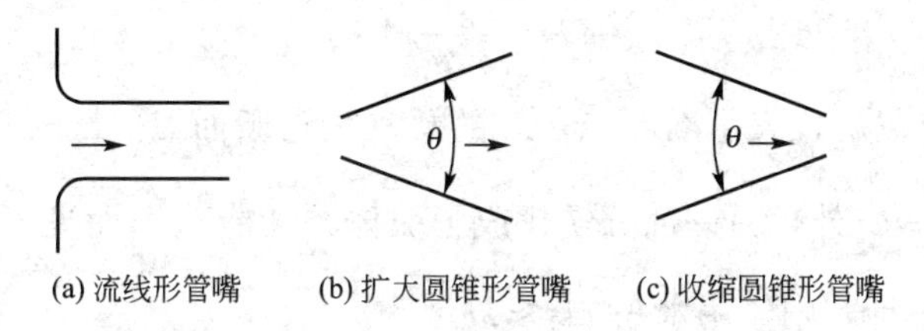

图 5.4 各种常用管嘴

5.3 简单管路

流体充满全管在一定压差下流动的管道称为有压管道。其压力可以低于大气压(如泵的吸入管线)，也可以高于大气压(如泵的排出管线)。在处理管道问题时，常常根据沿程损失和局部损失的比例将管路分为短管和长管。以沿程损失为主、局部损失和流速水头可以忽略的管道称为长管；局部损失和流速水头均不能忽略的管道称为短管。当局部损失和流速水头之和大于总水头的5%时，一般作为短管来考虑。按照管路的布置情况，可将管道分为简单管路和复杂管路两类。简单管路指管径不变、没有分叉的管路；复杂管路指由两根或两根以上的简单管道组合而成的管道系统。

5.3.1 短管计算

1. 自由出流

流体经管路流入大气，称为自由出流(图 5.5)。设断面 A—A 的总水头为 $H_A=z_A+\frac{p_A}{g\rho}+\frac{\alpha_A V_A^2}{2g}$，断面 B—B 的流速 $V_B=V$，测管水头 $H_B=z_B+\frac{p_B}{g\rho}=0$，$H$ 为上游液面与短管出口中心线的高差，h_w为所有的沿程损失与局部损失之和，z_A为 A 点的位置水头，z_B为 B 点的位置水头。以过断面 B—B 中心点的 0—0 为基准面，则断面 A—A 与

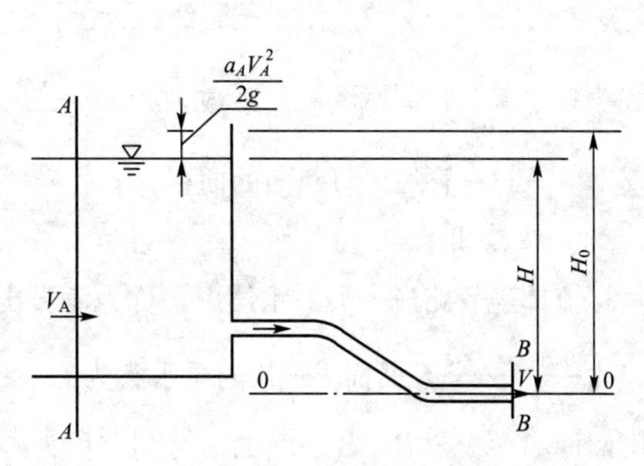

图 5.5 短管自由出流

B—B 之间的伯努利方程为：

$$H_A = H_B + \frac{\alpha_B V^2}{2g} + h_w$$

令作用水头：

$$H_0 = H_A - H_B = \left(z_A + \frac{p_A}{g\rho} + \frac{\alpha_A V_A^2}{2g}\right) - \left(z_B + \frac{p_B}{g\rho}\right)$$

则得到：

$$H_0 = \frac{\alpha_B V^2}{2g} + h_w \tag{5-12}$$

可见，作用水头 H_0 代表了断面 A—A 的总水头与断面 B—B 的测管水头之差，它除了用于克服能量损失 h_w外，另一部分转化成了流体的动能$\frac{\alpha_B V^2}{2g}$而流入大气。行近流速 V_A 一般较小，可忽略不计，则作用水头 $H_0 \approx H$。

设第 i 段管道的长度为l_i、直径为 d_i、流速为 V_i、沿程损失系数为 λ_i，序号为 m 的局部阻力处的局部损失系数为 ζ_m，计算该处的局部损失时所采用的流速为 V_m，则有：

$$h_w = \sum h_j + \sum h_i = \sum_m \zeta_m \frac{V_m^2}{2g} + \sum_i \lambda_i \frac{l_i}{d_i} \frac{V_i^2}{2g} = \zeta_c \frac{V^2}{2g} \tag{5-13}$$

其中，V 为短管出口断面的平均流速，将系数

$$\zeta_c = \sum_m \zeta_m \frac{V_m^2}{V^2} + \sum_i \lambda_i \frac{l_i}{d_i} \left(\frac{V_i}{V}\right)^2 \tag{5-14}$$

称为管道系统阻力系数。

对于简单管道，由于管径沿程不变，则上式可简化为(取 $V_i = V_m = V$)：

$$\zeta_c = \sum_m \zeta_m + \sum_i \lambda_i \frac{l_i}{d_i} \tag{5-15}$$

将式(5-13)代入式(5-12)，并取 $\alpha_2 \approx 1.0$，则可得到短管出口的流速：

$$V = \frac{1}{\sqrt{1+\zeta_c}} \sqrt{2gH_0} \tag{5-16}$$

流量为：

$$Q = VA = \frac{A}{\sqrt{1+\zeta_c}} \sqrt{2gH_0} = \mu_c A \sqrt{2gH_0}$$

式中，μ_c——管道系统流量系数，$\mu_c = \frac{A}{\sqrt{1+\zeta_c}}$；

A——管道出口断面的面积。

2. 淹没出流

流体经管路流入另一水体中，称为淹没出流(图 5.6)。设断面 A—A 的总水头为$H_A = z_A + \frac{p_A}{g\rho} + \frac{\alpha_A V_A^2}{2g}$，断面 B—B 的总水头为 $H_B = z_B + \frac{p_B}{g\rho} + \frac{\alpha_B V_B^2}{2g}$，以下游自由表面为基准面，则断面 A—A 与 B—B 之间的伯努利方程为：

$$H_A = H_B + h_m \quad 或 \quad H_0 = h_m$$

式中，$H_0 = H_A - H_B$ 表示作用水头。由上式可见，作用水头 H_0 完全用于克服能量损失

h_m。根据式(5-13)，$h_m=\zeta_c\frac{V^2}{2g}$，因此淹没出流时，短管出口断面的流速为：

$$V=\frac{1}{\sqrt{\zeta_c}}\sqrt{2gH_0}=\mu_c A\sqrt{2gH_0} \tag{5-17}$$

式中，ζ_c的计算与自由出流的计算相同，$\mu_c=\frac{1}{\sqrt{\zeta_c}}$，不同的是 ζ_c中应包括短管出口扩大的局部损失。若忽略上、下游过流断面的流速水头，上、下游液面上的压强等于大气压强，则 $H_0\approx H$，其中 H 为上、下游液面的高差。

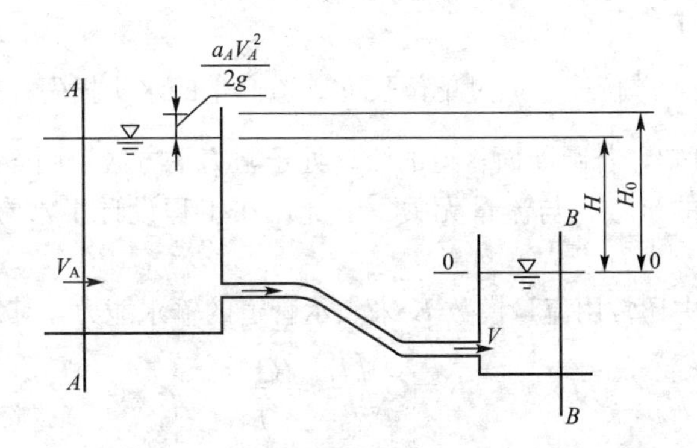

图 5.6 短管淹没出流

5.3.2 长管计算

对于管径不变的长管简单管道，设断面 A—A 和 B—B 之间的测管水头差为：

$$H=\left(z_A+\frac{p_A}{g\rho}\right)-\left(z_B+\frac{p_B}{g\rho}\right) \tag{5-18}$$

由于长管的局部损失和流速水头可以忽略不计，则两断面之间的水头损失 $h_w=h_f$，两断面之间的能量方程为：

$$z_A+\frac{p_A}{g\rho}+\frac{\alpha V_A^2}{2g}=z_B+\frac{p_B}{g\rho}+\frac{\alpha_B V_B^2}{2g}+h_w \tag{5-19}$$

可简化为：

$$H=h_f \tag{5-20}$$

即长管的作用水头 H 只用于克服沿程损失 h_f。

设管道流量为 Q，直径为 d，则断面平均流速 $V=\frac{Q}{A}=\frac{4Q}{\pi d^2}$。沿程水头损失：

$$h_f=\lambda\frac{l}{d}\cdot\frac{V^2}{2g}=\frac{8\lambda}{g\pi^2 d^5}lQ^2$$

即：

$$H=h_f=\frac{8\lambda}{g\pi^2 d^5}lQ^2 \tag{5-21}$$

为了计算方便，定义比阻：

$$S=\frac{8\lambda}{g\pi^2 d^5}=\frac{1}{C^2A^2R}=\frac{n^2}{A^2R^{4/3}} \tag{5-22}$$

式中，C——谢才系数；

n——曼宁粗糙系数（简称粗糙系数）；

A——断面面积；

R——断面水力半径。

式(5-22)可改写成

$$H=h_f=SlQ^2 \tag{5-23}$$

此式即为长管的流量计算式。

比阻 $S=\frac{h_f}{lQ^2}$，表示单位流量通过单位长度管道产生的水头损失。流动阻力越大，S 值越大。由式(5-23)可知，若圆断面管道的流动处于阻力平方区，则 $S=S(d, n)$ 只是管径 d 和曼宁粗糙系数 n 的函数，与流量无关。因此，在工程设计中常常编制比阻 $S(d, n)$ 表，便于查用。

此外，工程设计中还常用流量模数 K 来表示管道的输水能力，其定义为：

$$K=Q\sqrt{\frac{l}{h_f}}=\frac{Q}{\sqrt{J}} \tag{5-24}$$

即流量模数 K 是单位能量坡度时管道的流量，反映了管道过流能力的大小。过流能力越大，K 值越大。联立式(5-24)与式(5-23)得：

$$\frac{Q^2 l}{K^2}=SlQ^2 \tag{5-25}$$

求得：

$$K=\frac{1}{\sqrt{S}}=\sqrt{\frac{g}{8\lambda}}\pi d^{5/2}=CA\sqrt{R}=\frac{AR^{2/3}}{n} \tag{5-26}$$

5.4 管路的串联和并联

5.4.1 串联管道

由不同直径的几段管道顺次连接而成的管道称为串联管道(图5.7)。

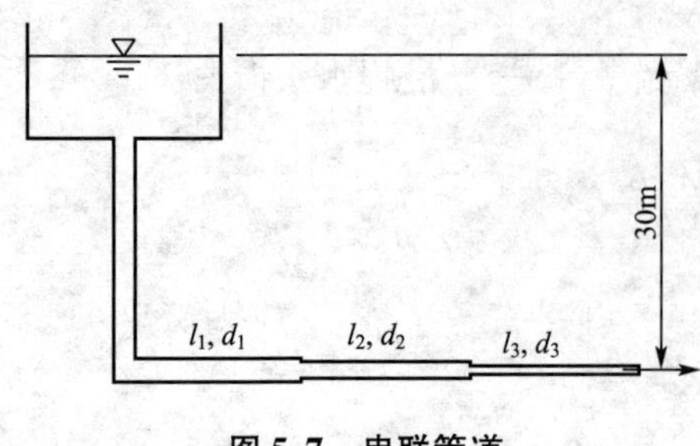

图5.7 串联管道

串联的水力特性如下。

(1) 各结点处流量出入平衡，即流出结点的总流量等于流入结点的总流量，它反映了连续性原理。可表示为：

$$\sum Q_i=0 \tag{5-27}$$

(2) 全线总的水头损失为各分段水头损失的总和。即：

$$H=\sum h_{fi}=h_{f1}+h_{f2}+\cdots+h_{fn} \tag{5-28}$$

【例 5.1】 如图 5.7 所示为由 3 段简单管道组成的串联管道。管道为铸铁管，粗糙系数 $n=0.0125$，$d_1=250\text{mm}$，$l_1=400\text{m}$，$d_2=200\text{mm}$，$l_2=300\text{m}$，$d_3=150\text{mm}$，$l_3=500\text{m}$，总水头 $H=30\text{m}$。求通过管道的流量 Q 及各管段的水头损失。

【解】 依据式(5-26)$K=\dfrac{AR^{2/3}}{n}$，由 $d_1=250\text{mm}$ 计算的 $K_1=618.5\text{L/s}$；$d_2=200\text{mm}$ 时，$K_2=341.0\text{L/s}$；$d_3=150\text{mm}$ 时，$K_3=158.4\text{L/s}$。

计算各段的水头损失并累加，得：

$$\begin{aligned}H&=\frac{Q^2}{K_1^2}l_1+\frac{Q^2}{K_2^2}l_2+\frac{Q^2}{K_3^2}l_3\\&=\frac{Q^2}{618.5^2}\times400+\frac{Q^2}{341.0^2}\times300+\frac{Q^2}{158.4^2}\times500\\&=0.0236Q^2\end{aligned}$$

通过管道的流量为：

$$Q=\sqrt{\frac{H}{0.0236}}=\sqrt{\frac{30}{0.0236}}=35.65(\text{L/s})$$

各管段的水头损失分别为：

$$h_{f1}=\frac{Q^2}{K_1^2}l_1=\frac{35.65^2\times400}{618.5^2}=1.33(\text{m})$$

$$h_{f2}=\frac{Q^2}{K_2^2}l_2=\frac{35.65^2\times300}{341.0^2}=3.28(\text{m})$$

$$h_{f3}=\frac{Q^2}{K_3^2}l_3=\frac{35.65^2\times500}{158.4^2}=25.33(\text{m})$$

5.4.2 并联管道

两结点间由两条或两条以上的管道连接而成的组合管道称为并联管道(图 5.8)。

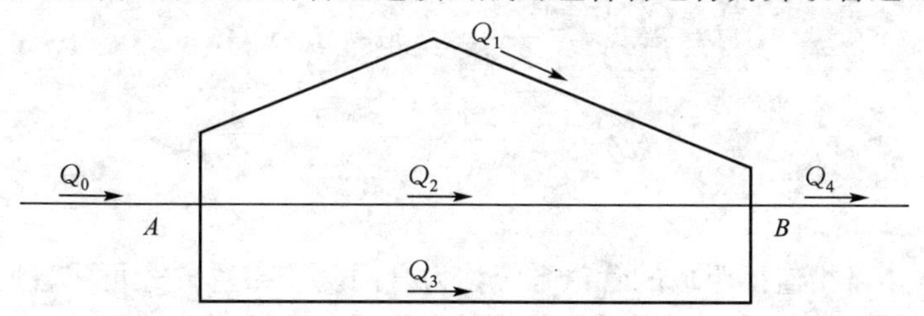

图 5.8　并联管道

并联的水力特性如下。

(1) 流出各并联管的流量之和等于进入各并联管的总流量。即：

$$Q=\sum Q_i \tag{5-29}$$

(2) 不同并联管段从某一结点沿不同方向到另一结点单位质量流体的能量损失(水头损失)都相同。即：

$$h_f=h_{f1}=h_{f2}=\cdots=h_{fn}=\text{常数} \tag{5-30}$$

【例5.2】 在如图5.8所示的并联管路中，$l_1=500\text{m}$，$l_2=400\text{m}$，$l_3=1000\text{m}$，$d_1=150\text{mm}$，$d_2=150\text{mm}$，$d_3=200\text{mm}$，总流量$Q=100\text{m}^3/\text{s}$，$n=0.125$。求每一管段通过的流量Q_1、Q_2、Q_3及A、B两点间的水头损失。

【解】 根据并联管道两结点之间水头差相等的关系，有：

$$\frac{Q_1^2}{K_1^2}l_1=\frac{Q_2^2}{K_2^2}l_2=\frac{Q_3^2}{K_3^2}l_3$$

则有：

$$Q_2=\frac{K_2}{K_1}Q_1\sqrt{\frac{l_1}{l_2}}$$

$$Q_3=\frac{K_3}{K_1}Q_1\sqrt{\frac{l_1}{l_3}}$$

依据式(5-26)$K=\dfrac{AR^{2/3}}{n}$，根据管径和粗糙系数，计算得：$K_1=K_2=158.4\text{L/s}$，$K_3=341.0\text{L/s}$。代入以上两式得：

$$Q_2=\frac{158.4}{158.4}Q_1\sqrt{\frac{500}{400}}=1.12Q_1$$

$$Q_3=\frac{341.0}{158.4}Q_1\sqrt{\frac{500}{1000}}=1.52Q_1$$

根据结点流量连续性原理，有：

$$Q=Q_1+Q_2+Q_3=Q_1+1.12Q_1+1.52Q_1=3.64Q_1$$

计算得：

$$Q_1=\frac{Q}{3.64}=\frac{100}{3.64}=27.5(\text{L/s})$$

$$Q_2=1.12Q_1=30.8(\text{L/s})$$

$$Q_3=1.52Q_1=41.8(\text{L/s})$$

A、B两点间的水头损失为：

$$H=\frac{Q_1^2}{K_1^2}l_1=\frac{27.5^2}{158.4^2}\times500=15.07(\text{m})$$

5.4.3 管网

由若干管道环路相连接组成的管道系统称为管网。按布置方式可将管网分为树状管网和环状管网两大类。其中，环状管网的局部管段损坏时，能够利用其他管线向用户供流，但管线长、投资高；树状管网管线短、投资省，但其可靠性较差。

管网的水力计算必须满足以下两个条件。

(1) 流出结点的流量应等于流入结点的流量。若取流出的流量为正，流入的流量为负，则任一结点处流量的代数和为零，即：

$$\sum Q_i=0 \tag{5-31}$$

(2) 任一环路中，由某一结点沿不同方向到另一个结点的能量损失应相等，即任一环路能量损失的代数和为零，则：

$$\sum h_f=0 \tag{5-32}$$

各管道的沿程损失按达西-魏斯巴赫公式计算，并可用体积流量表示为：

$$h_f=\left(\frac{8\lambda l}{\pi^2 g d^5}\right)Q^2=SlQ^2 \tag{5-33}$$

局部损失可换算成等值长度后回到该管道长度上去。对于长管，局部损失可以忽略不计。

管网的水力计算步骤如下。

(1) 根据连续性原理$\sum Q_i=0$，预先确定各管道流体的流向和流量。

(2) 计算各管道的能量损失，并检查环路中的能量损失是否满足$\sum h_f=0$。

(3) 若不满足式$\sum h_f=0$，则按满足$\sum h_f=0$的要求引入修正流量ΔQ。

修正流量的计算公式为：

$$\Delta Q=-\frac{\sum h_{fi}}{2\sum S_i l_i Q_i}=-\frac{\sum h_{fi}}{2\sum\frac{S_i l_i Q_i^2}{Q_i}}=-\frac{\sum h_{fi}}{2\sum\frac{h_{fi}}{Q_i}} \tag{5-34}$$

(4) 将修正后的流量作为新的流量，按上述步骤重复进行计算，直至修正流量很小，满足精度要求为止。

【例 5.3】 如图 5.9 所示为水平铺设的环状管网，已知两个用水点的流量分别是 $Q_4=0.032\text{m}^3/\text{s}$，$Q_5=0.054\text{m}^3/\text{s}$。各管段均为铸铁管，粗糙系数 $n=0.013$，长度及直径见表 5-1。求各管段通过的流量(水头损失闭合差小于 0.5m 即可)。

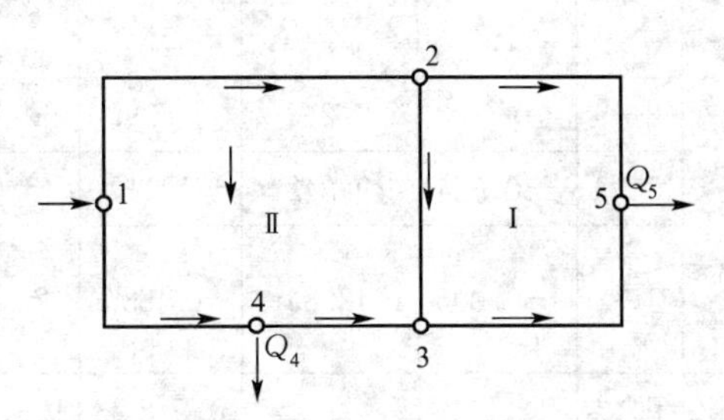

图 5.9 水平铺设的环状管网

表 5-1 管网基本情况表

环号	管段	长度/m	直径/mm
Ⅰ	2—5	220	200
	5—3	210	200
	3—2	90	150
Ⅱ	1—2	270	200
	2—3	90	150
	3—4	80	200
	4—1	260	250

【解】 (1) 初拟流向，分配流量：设定各管段流向如图 5.9 所示。根据结点平衡条件$\sum Q_i=0$，第一次分配流量，分配值列入表 5-2 中。

(2) 计算各管段水头损失。

按分配流量，根据式 5-22，$S=\frac{8\lambda}{g\pi^2 d^5}=\frac{1}{C^2A^2R}=\frac{n^2}{A^2R^{4/3}}$

$$S=10.29\frac{n^2}{d^{5.33}}$$

依式(5-23)，$H=h_f=SlQ^2$，计算各管段的水头损失，见表5-2。

(3) 计算环路闭合差。若闭合差大于规定值，需要计算校正流量 ΔQ；若闭合差小于规定值，则计算结束。

(4) 调整分配流量。将 ΔQ 与各管段分配流量相加，得二次分配，然后重复步骤(2)、(3)。本题按二次分配流量计算，Ⅰ环已满足闭合差要求，Ⅱ环未满足闭合差要求，需进行第三次分配流量，直至闭合差小于规定值。

(5) 注意：在两环路的共同管段上，相邻环路的 ΔQ 符号需反号再加上去。参看表5-2的3—2、2—3管段的校正流量。

表5-2　管网流量分配计算表

环号	管段	第一次分配流量 /(m^3/s)	$S_i/(s^2/m^6)$	水头损失 h_i/m	h_i/Q_i	修正流量 $\Delta Q=-\frac{\sum h_{fi}}{2\sum\frac{h_{fi}}{Q_i}}$	第二次分配流量 /(m^3/s)	水头损失/m
Ⅰ	2—5	0.03	9.242	1.8299	60.996	−0.004 419	0.025 58	1.33
	5—3	−0.024	9.242	−1.1179	45.579		−0.028 42	−1.5675
	3—2	−0.006	42.83	−0.138 77	23.12		−0.0060−0.004 419 +0.0075=−0.002 919	−0.032 84
	闭合差			0.573 23	129.695			−0.27
Ⅱ	1—2	0.036	9.242	3.2339	89.83	−0.0075	0.0285	2.0268
	2—3	0.006	42.83	0.1387	23.116		0.006+0.004 419 −0.0075=0.002 919	0.032 84
	3—4	−0.018	9.242	−0.2395	13.305		−0.0255	−0.4807
	4—1	−0.05	2.814	−1.899	37.98		−0.0575	−2.4189
	闭合差			1.2341	164.23			−0.84

习　　题

1. 用实验方法测得从直径 $d=10mm$ 的圆孔出流时，流出10L容积的水所需时间为32.8s，作用水头为2m，收缩断面直径 $d_c=8mm$。试确定收缩系数、流速系数、流量系数和局部阻力系数的大小。

2. 在 $d_1=20mm$ 的圆柱形外管嘴上，加接一个直径 $d_2=30mm$，长80mm的短管嘴，使流体充满管口泄出。试比较加接第二管嘴前后流量的变化。

3. 用新铸铁管输送25℃的水，流量 $Q=300L/s$，在 $l=1000m$ 长的管道上沿程损失为

$h_f=2m$(水柱)，试求相应的管道直径。

4. 假设在3题的管道中安装一阀门，当调整阀门使得流量减小到原流量的1/2时，问阀门的局部损失系数ξ等于多少？按该管道换算的等值长度l_e等于多少？

5. 水泵自吸水井抽水，吸水井与蓄水池用自流管相接，其水位均不变，如图5.10所示。水泵安装高度z_s为4.5；自流管长$l=20m$，直径$d=150mm$；水泵吸水管长$l_1=12m$，直径$d_1=150mm$；自流管与吸水管的沿程阻力系数λ为0.03；自流管滤网的局部水头损失系数$\xi=2.0$；水泵底阀的局部水头损失系数$\xi=9.0$；90°弯头的局部水头损失系数$\xi=0.3$；若水泵进口真空值不超过6m水柱，求水泵的最大流量是多少？在这种流量下，水池与水井的水位差z为多少？

6. 如图5.11所示，用水泵提水灌溉，水池水面高程为179.5m，河面水位为155.0m；吸水管为长4m，直径200mm的钢管，设有带底阀的莲蓬头及45°弯头一个；压力水管为长50m，直径150mm的钢管，设有逆止阀($\xi=1.7$)、闸阀($\xi=0.1$)、45°的弯头各一个。机组效率为80%；已知流量为50 000cm^3/s，问要求水泵有多大扬程？

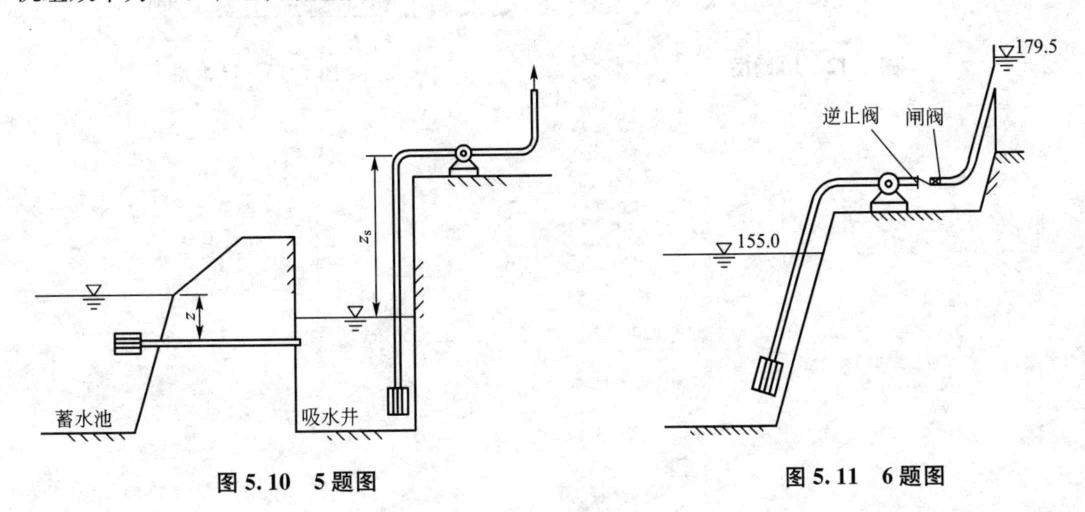

图5.10　5题图

图5.11　6题图

7. 水泵压水管为铸铁管，向B、C、D点供水。D点的服务水头为4m（即D点的压强水头p_D/γ为4m水柱）；A、B、C、D点在同一高程上。今已知为q_B为10 000cm^3/s，q_C为5000cm^3/s，q_D为10 000cm^3/s；管径$d_1=200mm$，管长$l_1=500m$；管径$d_2=150mm$，管长$l_2=450m$；管径$d_3=100mm$，管长$l_3=300m$，求水泵出口处的压强水头是多少？

8. 二容器用两段新的低碳钢管连接起来，已知$d_1=200mm$，$l_1=30m$；$d_2=300mm$，$l_2=60m$，管1为锐边入口，管2上的阀门的损失系数$\xi=3.5$。当流量$q=0.2m^3/s$时，求必需的总水头H。

9. 在总流量为$q=25L/s$的输水管中，接入二并联管道，已知$d_1=100mm$，$l_1=500m$，$\varepsilon_1=0.2mm$；$d_2=150mm$，$l_2=900m$，$\varepsilon_2=0.5mm$。试求沿此并联管道的流量分配以及在并联管道入口和出口间的水头损失。

10. 如图5.12所示的管网，已知管长$BC=AC=150m$，$BD=CE=250m$，$AD=AE=DF=EF=300m$，管径均为0.4m，F点的计示压强为50kPa，取沿程损失系数$\lambda=$

0.03。忽略局部损失，试确定各管的流量和 A、B、C 点的压强。

11. 一城镇供水管网如图 5.13 所示，试确定管网中各管道的流量。管道采用铸铁管，主要供水点和用水点的流量分别是 $Q_1=0.1\text{m}^3/\text{s}$，$Q_2=0.3\text{m}^3/\text{s}$，$Q_3=0.25\text{m}^3/\text{s}$，$Q_4=0.03\text{m}^3/\text{s}$，$Q_5=0.12\text{m}^3/\text{s}$，水温为 10℃，管径及管长如图 5.13 所示。

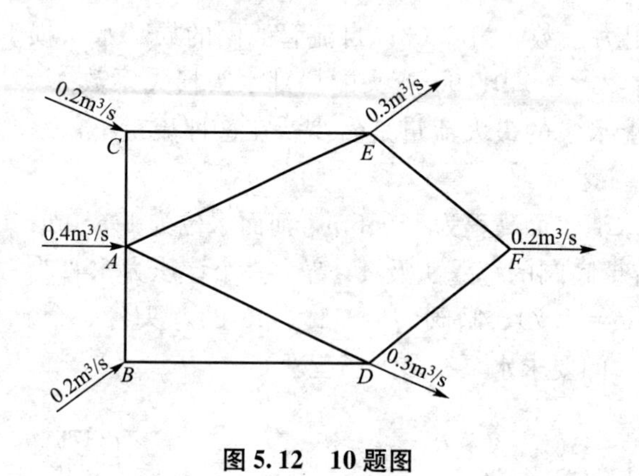

图 5.12　10 题图

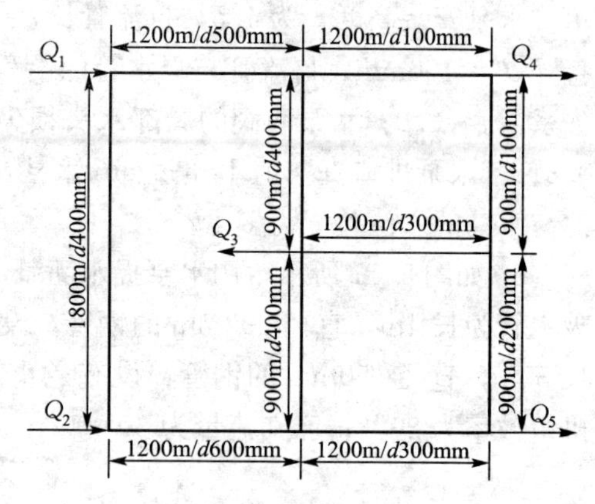

图 5.13　11 题图

第6章 明渠恒定均匀流

教学目标

掌握明渠均匀流形成的条件及其特性。

熟练掌握明渠均匀流的计算公式。

掌握水力最佳断面的概念。

熟练掌握简单断面明渠均匀流的水力计算。

熟练掌握无压圆管均匀流的水力计算。

掌握粗糙系数变化及复式断面明渠均匀流的水力计算。

教学要求

知识要点	能力要求	相关知识
明渠均匀流的特性及其计算公式	掌握明渠均匀流形成的条件及其特性，掌握明渠水流、无压流、棱柱形渠道、边坡系数、正常水深、湿周、水力半径、顺坡、平坡、逆坡、粗糙系数、水力最佳断面的概念，熟练掌握明渠均匀流的计算公式，理解渠道最大不冲允许流速、最小不淤允许流速的概念	一阶导数、二阶导数
简单断面明渠均匀流的水力计算	掌握简单断面的概念，熟练掌握简单断面明渠均匀流验算渠道的输水能力、确定渠道底坡、确定渠道的断面尺寸的水力计算方法	一阶导数
无压圆管均匀流的水力计算	掌握无压管道的概念，理解无压圆管均匀流水力的最佳充满度，熟练掌握无压圆管均匀流的水力计算方法	一阶导数
粗糙系数变化及复式断面明渠均匀流的水力计算	掌握非均质渠道、等效粗糙系数、复式断面明渠的概念，掌握粗糙系数变化的明渠均匀流的水力计算方法，掌握复式断面明渠均匀流的水力计算方法	一阶导数、加权平均的方法、叠加法

引言

本章研究明渠恒定均匀流的水力计算方法。明渠恒定均匀流是渠道设计的基础，也是学习明渠非均匀流的基础，主要内容包括明渠均匀流的力学特性及形成条件、均匀流的计算公式、水力最佳断面和允许流速、简单断面明渠的水力计算、无压圆管均匀流的水力计算和复式断面明渠的水力计算等。明渠恒定均匀流理论在水利水电、土木、道路桥梁、水土保持、水文水资源和给排水等工程中有着广泛的应用，它是渠道、渡槽、涵洞、市政工程中排水管道等许多工程水力设计的基础。

6.1 明渠均匀流的特性及其计算公式

6.1.1 明渠的类型

明渠是一种人工修建或自然形成的渠槽或河槽，当槽中液流具有与大气相通的自由表面时，该渠槽或河槽称为明渠，槽中液流称为明渠水流。明渠水流水面上各点压强都等于大气压强，相对压强为零，所以又称为无压流。输水渠道、渡槽、无压隧洞、无压涵洞、市政工程中排水管道及天然河道中的水流都属于明渠水流。

运动要素不随时间变化的明渠水流，称为明渠恒定流，否则称为明渠非恒定流。明渠恒定流中，若流线均为平行直线，水深、断面平均流速及流速分布均沿程不变，则称为明渠恒定均匀流；若流线不是平行直线，则称为明渠恒定非均匀流。本章仅讨论明渠恒定均匀流。

明渠的断面形状、尺寸、底坡等对明渠水流运动有很大影响。在流体力学中，根据这些因素的不同情况把明渠分成以下类型。

1. 棱柱形渠道和非棱柱形渠道

横断面形状、尺寸均沿程不变的长直渠道，称为棱柱形渠道；棱柱形渠道过水断面的面积 A 只随水深变化，即 $A=f(h)$。横断面形状或尺寸沿程改变的渠道称为非棱柱形渠道；非棱柱形渠道过水断面的面积 A 随水深和流程变化，即 $A=f(h, s)$。

通常，断面规则的长直人工渠道、渡槽、无压隧洞、无压涵洞和市政工程中等直径的排水管段等是棱柱形渠道。而连接两条断面形状和尺寸不同的渠道过渡段，则是非棱柱形渠道。

人工明渠的横断面，通常做成对称的几何形状，常见的有梯形、矩形、半圆形、圆形等。天然河道的横断面，则常呈不规则的形状，如图6.1所示。

在土质地基上修建的明渠，其横断面往往做成梯形断面，两侧的倾斜程度用边坡系数 $m(m=\cot\alpha)$ 表示，m 的大小应根据土的种类由边坡稳定要求和防冲刷的护面措施来定(表6-1)。

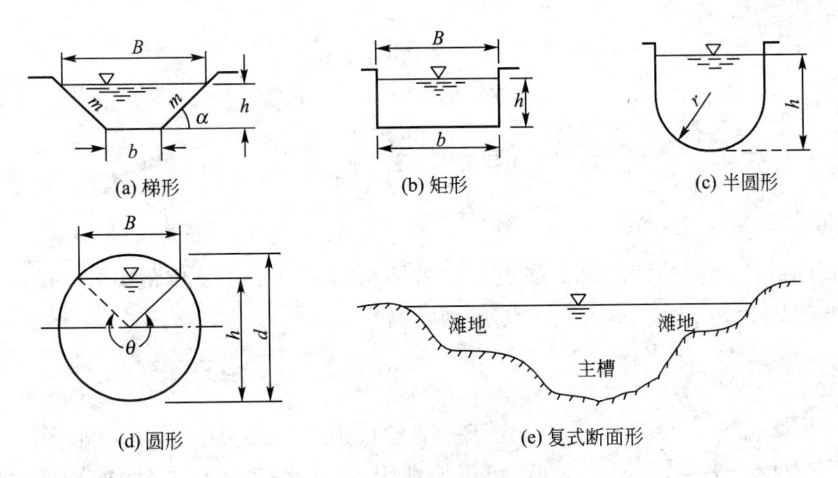

图 6.1 明渠的横断面形状

表 6-1 梯形渠道的边坡系数

土壤种类	边坡系数 m
粉砂	3.0～3.5
疏松的和中等密实的细砂、中砂和粗砂	2.0～2.5
密实的细砂、中砂和粗砂	1.5～2.0
沙壤土	1.5～2.0
粘壤土、黄土或粘土	1.25～1.5
卵石和砌石	1.25～1.5
半岩性的抗水土壤	0.5～1.0
风化的岩石	0.25～0.5
未风化的岩石	0～0.25

岩基上开凿或两侧用条石砌筑而成的渠道、混凝土渠或木渠横断面往往做成矩形断面；无压隧洞横断面往往做成圆形断面。

根据过水断面形状和尺寸可以计算出各种明渠的水力要素，如工程上应用最多的梯形断面的水力要素关系如下。

过水断面面积：

$$A=\left(\frac{B+b}{2}\right)h=\left(\frac{b+2mh+b}{2}\right)=(b+mh)h \tag{6-1}$$

令 $\beta=\dfrac{b}{h}$ 为断面宽深比，则：

$$A=(\beta+m)h^2 \tag{6-2}$$

湿周：

$$\chi=b+2h\sqrt{1+m^2} \tag{6-3}$$

或

$$\chi=(\beta+2\sqrt{1+m^2})h \tag{6-4}$$

水力半径：

$$R=\frac{A}{\chi}=\frac{(b+mh)h}{b+2h\sqrt{1+m^2}} \tag{6-5}$$

或

$$R=\frac{(\beta+m)h}{\beta+2\sqrt{1+m^2}} \tag{6-6}$$

2. 顺坡、平坡和逆坡渠道

明渠底面纵向倾斜的程度称为底坡，底坡用符号 i 表示。设相距渠长 s 的两横断面的渠底高程度分别为 z_1 和 z_2(图 6.2)，则底坡定义为：

$$i=\sin\theta=\frac{z_1-z_2}{s} \tag{6-7}$$

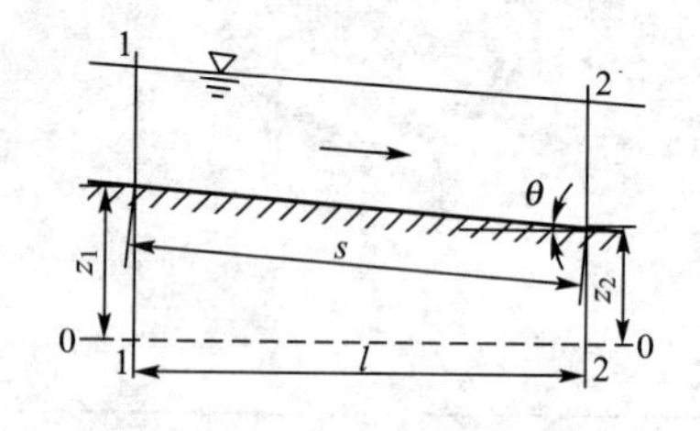

图 6.2　计算底坡的示意图

由于一般的渠道底坡都很小(渠底与水平线的夹角 $\theta\leqslant 6°$)，可近似地用 $\tan\theta$ 代替 $\sin\theta$，用两横断面之间的水平距离 l 代替流程长度 s，用铅垂水深代替垂直于底坡的水深，则底坡定义变为

$$i=\tan\theta=\frac{z_1-z_2}{l}=\frac{\Delta z}{l} \tag{6-8}$$

渠底沿程降低的明渠称为顺坡明渠，$i>0$；渠底水平的明渠称为平坡明渠，$i=0$；渠底沿程升高的明渠称为逆坡明渠，$i<0$，如图 6.3 所示。

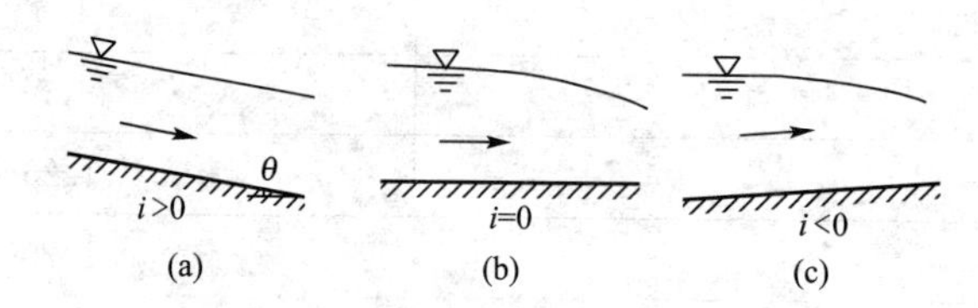

图 6.3　不同类型的明渠

6.1.2　明渠均匀流形成的条件及其特性

1. 明渠均匀流形成的条件

(1) 渠道为长直棱柱体顺坡明渠。这是因为明渠均匀流断面平均流速及流速分布均沿程不变，沿流程方向合外力为零，只有顺坡明渠重力沿流程方向的分力才能与阻力相反而抵消，产生均匀流。平坡重力沿流程方向的分力为零、逆坡渠道中重力沿流程方向的分力与阻力方向相同不可能产生均匀流。

(2) 水流为恒定流，流量沿程不变，无支流的汇入与分出。否则，流速 v 和水深 h 会变化。

(3) 渠道表面粗糙系数沿程不变。这是因为粗糙系数 n 决定了阻力的大小，若粗糙系数 n 发生变化，势必会造成阻力变化，流速随之变化，在流量不变的情况下，过水断面必改变，流线不再平行，变成非均匀流。

(4) 渠道中无闸门、坝体或跌水等建筑物对水流的干扰。因为建筑物对水流的阻力会使流速变化，在流量不变的情况下，过水断面必改变，流线不再平行，变成非均匀流。

2. 明渠均匀流的特性

(1) 流线均为相互平行的直线，水深、过水断面的形状及尺寸沿程不变。

(2) 过水断面上的流速分布、断面平均流速沿程不变，因此，水流的动能修正系数、流速水头沿程不变。

(3) 水面线与渠底平行，故水面线与底坡线平行。由于明渠均匀流的水面线即为测压管水头线，流速水头沿程不变，故测压管水头线与总水头线平行。因此水面线、总水头线及底坡线三者相互平行，即 $J=J_{p}=i$，如图 6.4 所示。

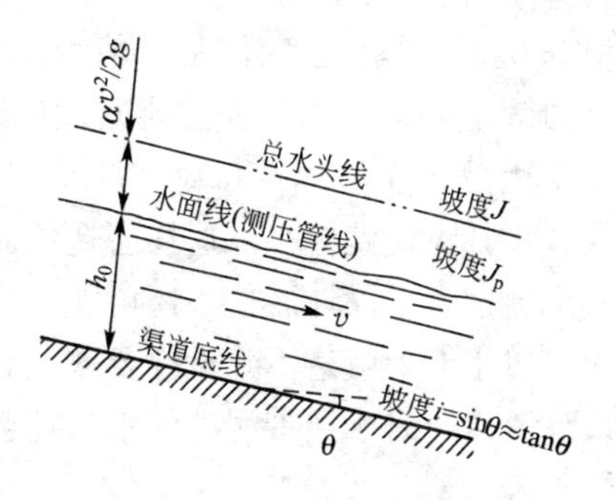

图 6.4 明渠均匀流水面线、总水头线及底坡线

6.1.3 明渠均匀流的计算公式

工程上广泛采用法国工程师谢才于 1769 年提出的谢才公式来计算明渠均匀流断面平均流速。

$$v=C\sqrt{RJ} \tag{6-9}$$

式中，C——谢才系数，单位为 $m^{\frac{1}{2}}/s$。

由于明渠均匀流 $J=i$，所以谢才公式可写成如下形式：

$$v=C\sqrt{Ri} \tag{6-10}$$

明渠均匀流基本上都处于阻力平方区，谢才系数 C 常用爱尔兰工程师曼宁(Robert Manning)于 1889 年提出的曼宁公式来确定，也可用苏联水力学家巴甫洛夫斯基于 1925 年提出的巴甫洛夫斯基公式来确定。

曼宁公式

$$C=\frac{1}{n}R^{\frac{1}{6}} \tag{6-11}$$

式中，n——渠道粗糙系数；

R——水力半径。

巴甫洛夫斯基公式

$$C=\frac{1}{n}R^{y} \tag{6-12}$$

$$y=2.5\sqrt{n}-0.75\sqrt{R}(\sqrt{n}-0.10)-0.13 \tag{6-13}$$

上式适用范围为 $0.1\text{m}\leqslant R\leqslant 3\text{m}$ 及 $0.011<n<0.04$。

由水流连续性方程和谢才公式，可得明渠均匀流流量计算公式

$$Q=AV=AC\sqrt{Ri}=K\sqrt{i} \tag{6-14}$$

式中，K——流量模数，$K=AC\sqrt{R}$，单位为 m^3/s。在底坡一定的情况下，流量与流量模数成正比。

粗糙系数 n 的大小综合反映了河、渠壁面对水流阻力的大小，它不仅与渠道壁面材料有关，而且与水位高低(即流量大小)、施工质量及渠道修成以后的运行管理情况等因素有关。分析表明 n 对 C 的影响比 R 对 C 的影响大得多。如苏北的淮沭河在规划时选用的 n

值为0.02，竣工后实测的n值为0.0225，两者之差为0.0025，结果比原设计的河道过水能力减小11%，为了保证能通过设计流量，又重新加高堤岸。因而，根据实际情况正确地确定粗糙系数n，对明渠水力计算十分重要。在设计中，如n值选得偏大，即设计阻力偏大，设计流速就偏小，这样会造成断面尺寸偏大而增加征地面积和渠道造价，而且，由于实际流速大于设计流速，还可能会引起渠道冲刷。反之，如n选得偏小，所得断面尺寸偏小，过水能力就达不到设计要求，容易发生水流漫溢渠槽造成事故，而且因实际流速小于设计流速，对于挟带泥沙的水流还会造成渠道淤积。通常所采用的各种人工渠道的粗糙系数见表6-2。

天然河道的粗糙系数n与河床泥沙、砾石等颗粒的大小和光滑程度、河道断面的不规则、河身的弯曲、滩地上的植物种类及数量，以及河床被水流冲刷的程度等众多因素有关。在工程实际中，可根据河道实测水文资料，由流量或流速、断面积等来求出谢才系数，再按曼宁公式计算出n值。初步选择时也可以参照表6-2。

表6-2 各种不同粗糙面的粗糙系数n值

槽壁种类	n
极精细刨光且拼合良好的木板，涂覆珐琅或釉质的表面	0.009
纯水泥抹面，刨光的木板	0.010
新的陶土、安装和接合良好清洁的铸铁管和钢管，水泥(含1/3细沙)抹面	0.011
在正常情况下内无显著积垢的给水管，极洁净的排水管，极好的混凝土面，未刨光但拼合良好的木板	0.012
在正常情况下的排水管，略微污染的给水管，琢石砌体，极好的砖砌体未刨光且非完全精密拼合的木板	0.013
污染的给水管和排水管，一般砖砌体，一般情况下渠道的混凝土面	0.014
有洁净修饰且石块安置平整的表面，极污垢的排水管，粗糙的砖砌体，未琢磨的石砌体	0.015
普通块石砌体，其状态满意的破旧石砌体，较粗糙的混凝土，光滑的开凿得极好的崖岸	0.017
覆有坚厚淤泥层的渠槽，用致密黄土和致密卵石做成而为整片淤泥薄层所覆盖的良好渠槽	0.018
很粗糙的块石砌体；用大块石的干砌体；卵石铺筑面。纯由岩山中开筑的渠槽。由黄土、致密卵石和致密泥土做成而为淤泥薄层所覆盖的渠槽(正常情况)	0.020
尖角的大块乱石铺筑；表面经过普通处理的岩石渠槽；致密粘土渠槽。由黄土、卵石和泥土做成而非为整片的(有些地方断裂的)淤泥薄层所覆盖的渠槽，中等以上的养护的大型渠槽	0.0225
中等养护的大型土渠；良好的养护的小型土渠。在有利条件下的小河和溪涧(自由流动无淤塞和显著水草等)	0.025
中等条件以下的大渠道，中等条件的小渠槽	0.0275
条件较坏的渠道和小河(例如有些地方有水草和乱石或显著的茂草，有局部的坍坡等)	0.030
条件很坏的渠道和小河，断面不规则，严重地受到石块和水草的阻塞等	0.035
条件特别坏的渠道和小河(沿河有崩崖的巨石、绵密的树根、深潭、坍岸等)	0.040

6.1.4 水力最佳断面

明渠的设计一般是以地形、地质和渠槽的表面材料为依据。从设计的角度考虑，希望在一定的流量下，能得到最小的过水面积，或者说是过水断面一定时通过的流量最大，符合这种条件的断面，其工程量最小，称为水力最佳断面。

将曼宁公式代入式(6-14)得：

$$Q=AC\sqrt{Ri}=\frac{Ai^{1/2}}{n}\cdot R^{2/3}=\frac{A^{5/3}i^{1/2}}{n}\cdot\frac{1}{\chi^{2/3}} \tag{6-15}$$

由式(6-15)可知，在渠道的边壁粗糙系数 n、底坡 i 和过水断面面积 A 一定时，湿周 χ 越小(或水力半径 R 越大)，流量 Q 越大；或者在 n、i 和流量 Q 一定时，湿周 χ 越小(或水力半径 R 越大)，过水断面面积 A 越小。

由几何学可知，在面积相等的所有过水断面中，以圆形断面的湿周为最小，水力半径最大，过流量最大。由于半圆形断面与圆形断面的水力半径相同，所以在各种形状过水断面中，以半圆形断面为水力最佳断面。但半圆形断面施工困难，对于无衬砌的土质渠道，边坡常不满足稳定的要求，易坍滑。所以只有在钢筋混凝土渡槽、涵洞等建筑物才采用类似于半圆形的断面。

对于梯形断面，根据水力最佳断面的条件，n、i 和 A 一定时，湿周 χ 最小，即 $\frac{dA}{dh}=0$，$\frac{d\chi}{dh}=0$ 且 $\frac{d^2\chi}{dh^2}>0$。

于是：

$$\frac{dA}{dh}=\frac{d}{dh}[(b+mh)h]=(b+mh)+h\left(\frac{db}{dh}+m\right)=0 \tag{6-16}$$

$$\frac{d\chi}{dh}=\frac{d}{dh}(b+2h\sqrt{1+m^2})=\frac{db}{dh}+2\sqrt{1+m^2}=0 \tag{6-17}$$

联解式(6-16)及式(6-17)得：

$$\beta_m=\frac{b}{h}=2(\sqrt{1+m^2}-m)=f(m) \tag{6-18}$$

式中，β_m——水力最佳断面的宽深比，β_m 只与边坡系数 m 有关。

因为：

$$R=\frac{(b+mh)h}{b+2h\sqrt{1+m^2}}=\frac{(\beta+m)h}{\beta+2\sqrt{1+m^2}} \tag{6-19}$$

用 β_m 代替了式(6-19)中的 β，得

$$R_m=\frac{[2(\sqrt{1+m^2}-m)+m]h_m}{2(\sqrt{1+m^2}-m)+2\sqrt{1+m^2}}=\frac{2\sqrt{1+m^2}-m}{2(2\sqrt{1+m^2}-m)}\times h_m=\frac{h_m}{2} \tag{6-20}$$

即梯形水力最佳断面的水力半径等于水深的一半。

对于矩形断面，$m=0$，$\beta_m=\frac{b}{h}=2$ 或 $b=2h$

实际上，按水力最佳断面设计的明渠是窄深式的，这种断面明渠不便施工和养护，这就

意味着增加工程造价，所以水力最佳断面并不是最经济的断面。在实际工程中，对于梯形渠道，通常以水力最佳断面为参考，在满足其他要求的前提下，调整底宽与水深之比，做成接近水力最佳断面的断面。对于钢筋混凝土渡槽、涵洞等，可采用水力最佳断面来设计。

6.1.5 渠道允许流速

多数渠道边壁是土壤，有些边壁则用建筑材料进行衬护，如果渠中水流速度过快，将会使渠道槽壁遭受冲刷，甚至破坏。如果渠中水流速度过小，渠道中泥沙会沉淀并淤积下来，从而改变渠道边壁状况和断面大小，影响渠道的正常输水。为此，要求渠中流速：

$$v_{max} > v > v_{min} \tag{6-21}$$

式中，v_{max}——渠道最大不冲允许流速，单位为m/s。各种土质及岩石渠道和人工护面渠道最大不冲允许流速可参阅表6-3和表6-4；

v_{min}——渠道最小不淤允许流速，单位为m/s。一般渠道中最小不淤允许流速为0.5m/s，对于污水管，最小不淤允许流速为0.7～0.8m/s。

表6-3 土质渠道的最大不冲允许流速 v_{max} 值(m/s)

	土质	粒径(mm)	R=1m的渠道最大不冲允许流速	说明
均质粘性土	轻壤土		0.6～0.8	(1) 均质粘性土质渠道中各种土质的干容重为12.74～16.66kN/m³。
	中壤土		0.65～0.85	(2) 对于 $R\neq1.0$m的渠道，最大不冲允许流速 v_{max} 等于表中 R=1m的渠道最大不冲允许流速数值乘以 R^{α}。
	重壤土		0.7～1.0	对于砂、砾石、卵石、疏松的壤土和粘土：$\alpha=\frac{1}{3}\sim\frac{1}{4}$
	粘　土		0.75～0.95	对于密实的壤土和粘土：$\alpha=\frac{1}{4}\sim\frac{1}{5}$
均质无粘性土	极细砂	0.05～0.1	0.35～0.45	
	细砂、中砂	0.25～0.5	0.45～0.6	
	粗　砂	0.5～2.0	0.60～0.75	
	细砾石	2.0～5.0	0.75～0.90	
	中砾石	5.0～10.0	0.90～1.10	
	粗砾石	10.0～20.0	1.10～1.30	
	小卵石	20.0～40.0	1.30～1.80	
	中卵石	40.0～60.0	1.80～2.20	

表6-4 坚硬岩石和人工护面渠道的最大不冲允许流速 v_{max} 值(m/s)

岩石或护面种类	渠道流量/(m³/s)		
	<1.0	1～10.0	>10.0
软质水成岩(泥灰岩、页岩、软砾岩)	2.5	3.0	3.5
中等硬质水成岩(致密砾岩、多孔石灰岩、层状石灰岩、白云石灰岩、灰质砂岩)	3.5	4.25	5.0
硬质水成岩(白云砂岩、砂质石灰岩)	5.0	6.0	7.0
结晶岩、火成岩	8.0	9.0	10.0
单层块石铺砌	2.5	3.5	4.0
双层块石铺砌	3.5	4.5	5.0
混凝土护面(水流中不含砂和卵石)	6.0	8.0	10.0

6.2 简单断面明渠均匀流的水力计算

过水断面为简单几何图形(如梯形、矩形、圆弧形和抛物线形等)且粗糙系数 n 值沿湿周不变的明渠称为简单断面明渠。简单断面明渠均匀流的水力计算主要有以下 3 类基本问题。

6.2.1 验算渠道的输水能力

已知渠道断面形状、尺寸、粗糙系数 n 及底坡 i，求渠道的输水能力 Q。这一类问题大多属于对已建成渠道进行过水能力的校核，有时还可用于根据洪水位来近似估算洪峰流量。

6.2.2 确定渠道底坡

设计新渠道时要求确定渠道的底坡。一般已知渠道断面形状、尺寸、粗糙系数 n、流量 Q 或流速 v，求所需的渠道底坡 i。这类计算在工程上有应用价值，如排水管或下水道为避免沉积淤塞，要求有一定的“自清”速度，就必须要求有一定的坡度；对通航的渠道，就要求由坡度来控制一定的流速等。

6.2.3 确定渠道的断面尺寸

已知渠道设计流量 Q、底坡 i、粗糙系数 n 及边坡系数 m，要求渠道断面尺寸 b 和 h。这是设计新渠道断面的问题。一般工程中有以下 3 种类型。

1. 底宽 b 已定，求相应的水深 h

计算时，常用试算-图解法，即先假定若干个不同的 h 值，由公式求出相应的 A、x、R、C 和 Q 值，并根据这些 h 和 Q 值，绘出 $Q=f(h)$ 曲线，如图 6.5 所示，再由给定的 Q 从图中找出对应于这个 Q 值的 h 值，即为所求。

2. 水深 h 已定，求相应的底宽 b

仿照已知底宽求水深 h 的解法，先作出 $Q=f(b)$ 曲线，如图 6.6 所示，同样找出对应于 Q 的 b 值，即为所求。

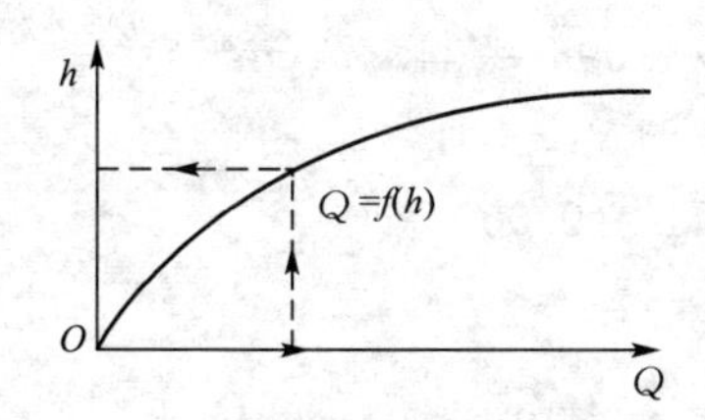

图 6.5 渠水深 h 与 Q 关系曲线

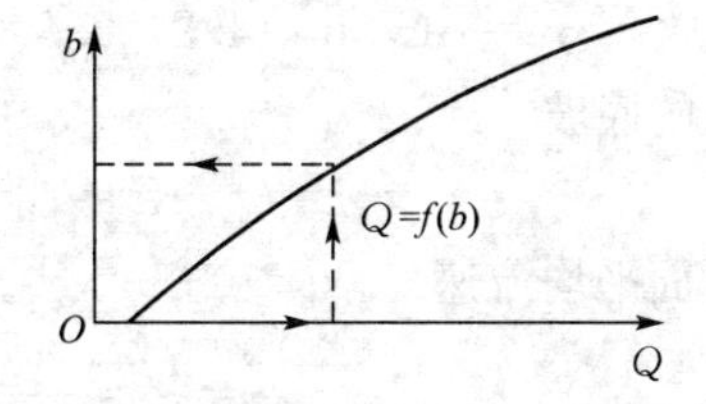

图 6.6 渠底宽 b 与 Q 关系曲线

3. 按梯形水力最佳断面条件，设计断面尺寸 b 和 h

先按渠道土壤种类和护面情况由表 6-1 确定边坡系数 m，计算梯形水力最佳断面宽深比$\beta=\beta_m=2(\sqrt{1+m^2}-m)$，再由谢才公式、曼宁公式求出水深$h$与$\beta$的关系，并把$\beta=\beta_m=2(\sqrt{1+m^2}-m)$代入即可得水深$h$和底宽$b$。

4. 已知流量Q、流速v、底坡i、粗糙系数n和边坡系数m，要求设计渠道断面b和h

【例6.1】 某渠道断面为梯形，底宽$b=3$m，边坡系数$m=2.5$，粗糙系数$n=0.028$，底坡$i=0.002$，当水深$h=0.8$m时，试求该渠道的输水流量Q。

【解】 计算水深$h=0.8$m时相应的水力要素：

过水断面面积：

$$A=(b+mh)h=(3+2.5\times0.8)\times0.8=4(\text{m}^2)$$

湿周：

$$\chi=b+2h\sqrt{1+m^2}=3+2\times0.8\sqrt{1+2.5^2}=7.308(\text{m})$$

水力半径：

$$R=\frac{A}{\chi}=\frac{4}{7.308}=0.547(\text{m})$$

谢才系数按曼宁公式计算：

$$C=\frac{1}{n}R^{1/6}=\frac{1}{0.028}\times0.547^{1/6}=32.298(\text{m}^{0.5}/\text{s})$$

所以该渠道的输水流量为：

$$Q=AC\sqrt{Ri}=4\times32.298\sqrt{0.547\times0.002}=4.27(\text{m}^3/\text{s})$$

【例6.2】 某钢筋混凝土矩形渠道(粗糙系数$n=0.014$)，通过流量$Q=12\text{m}^3/\text{s}$，过水断面底宽$b=4.2$m，测得某长直正坡渠段水深$h=2.3$m，试求该渠道的底坡i和断面平均流速v。

【解】 由式(6-14)可得底坡$i=Q^2/K^2$，为此要先求出流量模数K，而$K=AC\sqrt{R}$，式中谢才系数C采用曼宁公式计算。

水力半径：

$$R=\frac{A}{\chi}=\frac{bh}{b+2h}=\frac{4.21\times2.3}{4.2+2\times2.3}=1.098(\text{m})$$

谢才系数

$$C=\frac{1}{n}R^{1/6}=\frac{1}{0.014}\times1.098^{1/6}=72.55(\text{m}^{0.5}/\text{s})$$

流量模数

$$K=AC\sqrt{R}=4.2\times2.3\times72.55\sqrt{1.098}=734.371(\text{m}^3/\text{s})$$

故渠道的底坡

$$i=Q^2/K^2=12^2/734.371^2=0.000\,267$$

渠中断面平均流速

$$v=\frac{Q}{A}=\frac{12}{4.2\times2.3}=1.24(\text{m/s})$$

【例6.3】 某设计流量为$Q=9.5\text{m}^3/\text{s}$的灌溉干渠，采用浆砌石衬砌，流经砂质粘土地段，渠壁粗糙系数$n=0.025$，渠道断面为梯形，底宽$b=5$m，边坡系数$m=1.5$，根据地形，底坡采用$i=0.0006$。试设计堤高(渠道的堤顶超高为0.5m)。

【解】 当求得水深 h 后，加上渠道的堤顶超高即为堤高。故本题主要是求水深 h。

梯形断面：$A=(b+mh)h$，$\chi=b+2h\sqrt{1+m^2}$，$R=\dfrac{A}{\chi}$

谢才系数采用曼宁公式计算：$C=\dfrac{1}{n}R^{1/6}$

采用试算-图解法。

假设不同的 h 值，代入上式计算出相应的 Q，并绘成 $h-Q$ 曲线，然后根据已知流量，在曲线上即可查出要求的 h 值。计算结果列于表 6-5。

表 6-5 计算结果表

h/m	A/m^2	x/m	R/m	C/(m$^{0.5}$/s)	$Q=AC\sqrt{Ri}$
1.0	6.5	8.61	0.755	38.17	5.28
1.3	9.04	9.69	0.933	39.54	8.46
1.5	10.88	10.41	1.045	40.30	10.98
1.8	13.86	11.49	12.06	41.27	15.39

由上表绘成 $h-Q$ 曲线(图 6.7)。从曲线查得：当 $Q=9.5\text{m}^3/\text{s}$ 时，$h=1.39\text{m}$，所以渠道堤高$=h+0.5=1.89\text{m}$。

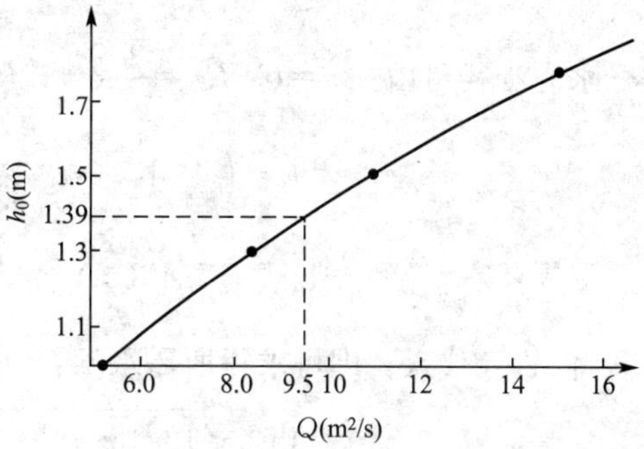

图 6.7 h 与关系曲线

【例 6.4】 某梯形的灌溉引水渠道，边坡系数为 $m=1.25$，渠壁为均质中壤土，渠壁粗糙系数 $n=0.03$，底坡 $i=0.0004$，设计流量 $Q=2.5\text{m}^3/\text{s}$，试设计渠道的水力最佳断面并校核渠中流速(已知渠道最小不淤允许流速，$v_{\min}=0.5\text{m/s}$)。

【解】 (1) 设计梯形渠道的水力最佳断面。

把 $A=(\beta+m)h^2$、$R=\dfrac{(\beta+m)h}{\beta+2\sqrt{1+m^2}}$、$C=\dfrac{1}{n}R^{1/6}$(谢才系数采用曼宁公式)代入谢才公式 $Q=AC\sqrt{Ri}$ 得：

$$Q=(\beta+m)h^2\frac{1}{n}\left[\frac{(\beta+m)h}{\beta+2\sqrt{1+m^2}}\right]^{2/3}i^{1/2}=h^{8/3}(\beta+m)\frac{1}{n}\left[\frac{(\beta+m)}{\beta+2\sqrt{1+m^2}}\right]^{2/3}i^{1/2}$$

所以，$h=\left[\dfrac{nQ(\beta+2\sqrt{1+m^2})^{2/3}}{(\beta+m)^{5/3}i^{1/2}}\right]^{3/8}$

当为水力最佳断面时，$\beta=\beta_m=2(\sqrt{1+m^2}-m)=2(\sqrt{1+1.25^2}-1.25)=0.702$

代入上式得水力最佳断面水深和底宽分别为

$$h_m=\left[\frac{0.03\times2.5(0.702+2\sqrt{1+1.25^2})^{2/3}}{(0.702+1.25)^{5/3}\times0.0004^{1/2}}\right]^{3/8}=1.519(\text{m})$$

$$b_m=\beta_m h_m=0.702\times1.519=1.066(\text{m})$$

(2) 校核渠中流速。

查表6-3得$R=1\text{m}$的均质中壤土渠道最大不冲允许流速，$v'_{\max}=(0.65\sim0.85)\text{m/s}$，对于所设计的梯形水力最佳断面$R=\frac{h_m}{2}=\frac{1.519}{2}=0.76\text{m}\neq1\text{m}$，所以$v_{\max}=R^{\alpha}v'_{\max}$，取$\alpha=\frac{1}{4}$，则$v_{\max}=R^{\alpha}v'_{\max}=0.76^{1/4}\times(0.65\sim0.85)=(0.607\sim0.794)(\text{m/s})$

渠中断面平均流速为：

$$v=\frac{Q}{(b_m+mh_m)h_m}=\frac{2.5}{(1.066+1.25\times1.519)\times1.519}=0.555(\text{m/s})$$

故$v_{\max}>v>v_{\min}$

所设计的梯形水力最佳断面满足不冲刷不淤积的条件。

【例6.5】 一梯形渠道，已知，$Q=15\text{m}^3/s$，$v=1.2\text{m/s}$，边坡系数$m=1$，粗糙系数$n=0.025$，底坡$i=0.0008$，求所需的水深及底宽。

【解】 由式$A=(b+mh)h$及$\chi=b+2h\sqrt{1+m^2}$可解得：

$$h=\frac{-\chi\pm\sqrt{x^2+4A(m-2\sqrt{1+m^2})}}{2(m-2\sqrt{1+m^2})} \tag{6-22}$$

式(6-22)中的过水断面积A及湿周χ可按以下方法求出：

过水断面积：$A=\frac{Q}{v}=\frac{15}{1.2}=12.5(\text{m}^2)$

水力半径可由式$v=C\sqrt{Ri}=\frac{1}{n}R^{2/3}i^{1/2}$解得。

$$R=\left(\frac{nv}{i^{0.5}}\right)^{1.5}=\left(\frac{0.025\times1.2}{0.0008^{0.5}}\right)^{1.5}=1.092(\text{m})$$

湿周：$\chi=\frac{A}{R}=\frac{12.5}{1.092}=12.45(\text{m})$

将A、χ代入，即可求得所需水深：

$$h=\frac{-12.45\pm\sqrt{12.45^2+4\times12.45\times(1-2\sqrt{1+1^2})}}{2(1-2\sqrt{1+1^2})}=\begin{cases}1.224\text{m}\\5.585\text{m}\end{cases}$$

则相应底宽为

$$b=\chi-2\sqrt{1+m^2}h=12.45-2\sqrt{1+1^2}h=\begin{cases}h=1.224\text{m时，}b=8.988\text{m}\\h=5.585\text{m时，}b<0\end{cases}$$

故所需的断面尺寸为

$$h=1.22\text{m},\quad b=8.99\text{m}$$

6.3 无压圆管均匀流的水力计算

无压管道是指水流未充满整个过水断面的管道，通常有无压长管道(如城市排水管中的污水排放管、雨水排放管和长涵管等)和无压短管道(如穿越公路、铁路的涵洞)两类。无压长管道(通常称为无压管)中水流特征与明渠水流相同；由于水流在管道中流程长，水流的沿程水头损失远大于局部水头损失，在流量一定时，等直径的正坡无压长管道中将产生恒定均匀流，其总水头线水力坡度 J、测压管水头线水力坡度 J_p(水面线坡度)及底坡 i 彼此相等，即 $J=J_p=i$，所以无压管道中均匀流可用明渠均匀流的基本公式来进行计算，且工程上以无压圆管居多。无压短管道的水流特征与第 7 章将介绍的宽顶堰水流现象基本相似。

6.3.1 无压圆管均匀流水力的最佳充满度

圆形管道的过水断面面积，在水深较小时，随水深的增加而迅速增加，这是因为水面宽度也随水深的增加而增加的缘故。到管流达半径后，水深的增加引起水面宽度的减小，因此，过水断面面积增加缓慢，在接近满流前，增加最慢。而湿周在水面接近于管轴处增加最慢，在接近满流前却增加最快。由此可见，水深超过半径后，随着水深的增长，过水断面面积的增长程度逐渐减小，而湿周的增长程度逐渐增大。当水深增大到一定程度时，过水断面面积的增长率比相应的湿周的增长率小，此时所通过的流量 Q 反而会相对减小。说明无压圆管的通过流量 Q 在满流之前(即 $h<d$ 时)便可能达到其最大值。

如图 6.8 所示为一无压圆管均匀流过水断面。设管直径为 d，水深为 h，水深与直径的比值 $\alpha=h/d$ 称为无压圆管中水流的充满度，θ 称为充满角。其输水性能最佳时的水流充满度 $\alpha_h=(h/d)_h$ 可根据函数取极值的条件导出。

由谢才公式：

$$Q=AC\sqrt{Ri}=A\left(\frac{1}{n}R^{1/6}\right)(Ri)^{1/2}=i^{1/2}n^{-1}A^{5/3}x^{-2/3} \tag{6-23}$$

从图 6.8 中得无压管流的过水断面积 A、湿周 χ 及水力半径 R 为：

$$A=\frac{d^2}{8}(\theta-\sin\theta) \tag{6-24}$$

$$\chi=\frac{d}{2}\theta \tag{6-25}$$

$$R=\frac{d}{4}\cdot\frac{\theta-\sin\theta}{\theta} \tag{6-26}$$

将式(6-24)代入式(6-23)，当 i、n、d 一定时，得

$$Q=f(A,\ x)=f(\theta) \tag{6-27}$$

说明此时流量 Q 仅为过水断面的充满角 θ 的函数。当 i、n、d 一定时，要求流量 Q 的最大值，必须满足 $\frac{dQ}{d\theta}=0$ 的条件。

即 $\frac{dQ}{d\theta}=\frac{d}{d\theta}(i^{1/2}n^{-1}A^{5/3}\chi^{-2/3})=\frac{d}{d\theta}\left[\frac{(\theta-\sin\theta)^{5/3}}{\theta^{2/3}}\right]=0$

将上式求导展开并整理可得

$$1-\frac{5}{3}\cos\theta+\frac{2}{3}\frac{\sin\theta}{\theta}=0 \tag{6-28}$$

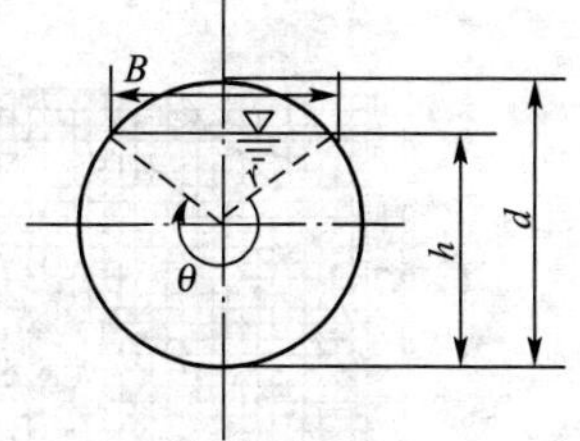

图 6.8 无压圆管均匀流过水断面图

满足式(6-28)的 θ 便是水力最佳过水断面(即 $Q=Q_{max}$ 时)的充满角，称为水力最佳充满角，用 θ_h 表示，求解上式可得：

$$\theta_h=308^\circ$$

由图 6.8 可推得，过水断面中的水流充满度为：

$$\alpha=h/d=\frac{d}{2}\left[1+\cos\left(180^\circ-\frac{\theta}{2}\right)\right]\Big/d=\frac{1}{2}\left(1-\cos\frac{\theta}{2}\right)=\frac{1}{2}\left[1-\left(1-2\sin^2\frac{\theta}{4}\right)\right]=\sin^2\frac{\theta}{4} \tag{6-29}$$

把 $\theta=\theta_h=380^\circ$ 代入式(6-29)，即得 i、n、d 一定时，过流量最大的无压圆管流水力最佳充满度为：

$$\alpha_h=\left(\sin\frac{308^\circ}{4}\right)^2=0.95 \tag{6-30}$$

可见，在无压圆管均匀流中，水深 $h=0.95d$(即 $\alpha_h=0.95$)时，其输水能力最大。

依照上述类似的分析方法，当 i、n、d 一定时，可求水力半径 $R=\frac{d}{4}\cdot\frac{\theta-\sin\theta}{\theta}$ 等于最大值时的无压圆管均匀流过水断面充满度，又由于在 i、n、d 一定时 $v=\frac{1}{n}R^{2/3}i^{1/2}$ 与 R 成正比，所以断面平均流速最大时的充满度 α 就是水力半径最大的充满度 α。

即令：

$$\frac{dR}{d\theta}=\frac{d}{d\theta}\left(\frac{d}{4}\cdot\frac{\theta-\sin\theta}{\theta}\right)=\frac{-\theta\cos\theta+\sin\theta}{\theta^2}=0$$

求解上式可得

$$\theta=257^\circ27'$$

相应的充满度为

$$\alpha=\frac{h}{d}=\frac{\frac{d}{2}\left[1+\cos\left(180^\circ-\frac{\theta}{2}\right)\right]}{d}=0.813$$

由以上分析可知，无压圆管均匀流的最大流量和最大流速都不发生于满流，而是发生在一定的充满度条件下，即当 $\alpha=\frac{h}{d}=0.95$ 时，流量最大；当 $\alpha=\frac{h}{d}=0.813$ 时，流速最大。

为了避免上述各式繁复的数学运算，在实际工作中，常用预先制作好的图表清楚地表示无压圆管均匀流中流量 Q 和平均流速依水深 h 的变化，如图 6.9 所示。下面介绍计算图表的制作及使用方法。

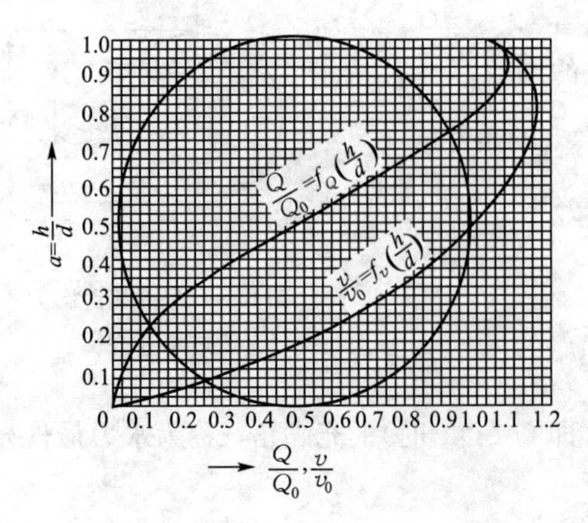

图 6.9　无压圆管均匀流水力计算图

为了使图形在应用上能适用于管径不同的圆管，特引入几个无量纲的组合量来表示图形的坐标。图中横坐标：

$$\frac{Q}{Q_0}=\frac{AC\sqrt{Ri}}{A_0C_0\sqrt{R_0i}}=\frac{A}{A_0}\left(\frac{R}{R_0}\right)^{2/3}=f_Q(h/d) \tag{6-31}$$

$$\frac{v}{v_0}=\frac{C\sqrt{Ri}}{C_0\sqrt{R_0i}}=\left(\frac{R}{R_0}\right)^{2/3}=f_v(h/d) \tag{6-32}$$

以上两式中不带下角标和带下角标“0”的各量分别表示不满流(即 $h<d$)或满流(即 $h=d$)时水力要素的情形，d 为圆管内直径。

从图 6.9 中可看出：

(1) 当 $h/d=0.95$ 时，Q/Q_0 呈最大值，$(Q/Q_0)_{max}=1.087$。此时，管中通过的流量 Q_{max} 是满流时的流量 Q_0 的 1.087 倍。

(2) 当 $h/d=0.81$ 时，v/v_0 呈最大值，$(v/v_0)_{max}=1.16$。此时，管中流速 v 是满流时流速 v_0 的 1.16 倍。

无压管道的均匀流具有这样一种水力特性，即流量和流速达到最大值时，水流并没有充满整个过水断面，而是发生在满流之前。当无压圆管的充满度 $\alpha=h/d=0.95$ 时，其输水性能最优。当无压圆管的充满度 $\alpha=h/d=0.81$ 时，其过水断面平均流速最大。

6.3.2 无压圆管均匀流的水力计算方法

无压管道均匀流实际上是明渠均匀流，因此其水力计算公式仍为 $Q=AC\sqrt{Ri}$。对于无压圆管均匀流来说，若采用曼宁公式计算谢才系数，即取 $C=\frac{1}{n}R^{1/6}$，则各水力要素可按式(6-24)、式(6-25)、式(6-26)、式(6-29)及下列各式计算或从表6-6查算。

表6-6 不同充满度时圆形管道的水力要素(d 以 m 计)

充满度 α	过水断面面积 A/m^2	水力半径 R/m	充满度 α	过水断面面积 A/m^2	水力半径 R/m
0.05	$0.0147d^2$	$0.0326d$	0.55	$0.4426d^2$	$0.2649d$
0.10	$0.0400d^2$	$0.0635d$	0.60	$0.4920d^2$	$0.2776d$
0.15	$0.0739d^2$	$0.0929d$	0.65	$0.5404d^2$	$0.2881d$
0.20	$0.1118d^2$	$0.1206d$	0.70	$0.5872d^2$	$0.2962d$
0.25	$0.1535d^2$	$0.1466d$	0.75	$0.6319d^2$	$0.3017d$
0.30	$0.1982d^2$	$0.1709d$	0.80	$0.6736d^2$	$0.3042d$
0.35	$0.2450d^2$	$0.1935d$	0.85	$0.7115d^2$	$0.3033d$
0.40	$0.2934d^2$	$0.2142d$	0.90	$0.7445d^2$	$0.2980d$
0.45	$0.3428d^2$	$0.2331d$	0.95	$0.7707d^2$	$0.2865d$
0.50	$0.3927d^2$	$0.2500d$	1.00	$0.7854d^2$	$0.2500d$

断面平均流速：

$$v=C\sqrt{Ri}=\frac{1}{n}\left[\frac{d}{4}\left(1-\frac{\sin\theta}{\theta}\right)\right]^{2/3}i^{1/2} \tag{6-33}$$

流量：

$$Q=AC\sqrt{Ri}=\frac{d^2}{8}(\theta-\sin\theta)\frac{1}{n}\left[\frac{d}{4}\left(1-\frac{\sin\theta}{\theta}\right)\right]^{2/3}i^{1/2} \tag{6-34}$$

充满度：

$$\alpha=\sin^2\frac{\theta}{4}$$

于是：

$$\theta=4\arcsin\sqrt{\alpha} \tag{6-35}$$

从式(6－34)和式(6－35)可知，流量 Q 是 d、θ(或 α)、n 和 i 的函数。可见无压管道水力计算的基本问题分为下述 3 类。

(1) 验算无压管道的输水能力。即已知管径 d、充满度 θ(或 α)、管壁粗糙系数 n 及底坡 i，求流量 Q。这类问题大多属于对已建成的无压管道进行输水能力核校。

(2) 确定无压管道坡度 i。已知通过流量 Q 及 d、θ(或 α)和 n，要求设计管底的坡度 i。这类计算在工程上有应用价值，如排水管或下水道为避免沉积淤塞，要求有一定的“自清”速度，就必须要求有一定的坡度。

(3) 已知通过流量 Q、θ(或 α)和 i，设计管径 d。

这 3 类问题可根据式(6－33)、式(6－34)和式(6－35)直接求解。

在进行无压管道的水力计算时，还要遵从一些有关规定，如《室外排水设计规范》(GB 50014—2003)中便有如下规定。

(1) 污水管道应按不满流计算，其最大设计充满度按表 6－7 采用。

(2) 雨水管道和合流管道应按满流计算。

(3) 排水管的最大设计流速：金属管为 10m/s；非金属管为 5m/s。

(4) 排水管的最小设计流速：对污水管道(在设计充满度下)，当管径≤500mm 时，为 0.7m/s；当管径＞500mm 时，为 0.8m/s。

表 6－7　最大设计充满度

管径(d)或暗渠高(H)/mm	最大设计充满度($\alpha=h/d$ 或 h/H)
150～300	0.60
350～450	0.70
500～900	0.75
≥1000	0.80

另外，对最小管径和最小设计坡度等规定，在实际工作中可参阅有关手册和规范。

【例 6.6】 某钢筋混凝土圆形污水管，管径 d 为 800mm，管壁粗糙系数 n 为 0.014，管道坡度 i 为 0.002，最大允许流速 $v_{max}=5$m/s，最小允许流速 $v_{min}=0.8$m/s，求最大设计充满度时的流速和流量，并校核管中流速。

【解】 求查表 6－7 得管径 800mm 的污水管最大设计充满度为：

$$\alpha=\frac{h}{d}=0.75$$

再从表 6－6 查得，当 $\alpha=0.75$ 时，过水断面上的水力要素值为：

$$A=0.6319d^2=0.6319\times0.8^2=0.4044(\text{m}^2)$$

$$R=0.3017d=0.3017\times0.8=0.2414(\text{m})$$

而 $C=\frac{1}{n}R^{1/6}=\frac{1}{0.014}(0.2414)^{1/6}=56.363\text{m}^{1/2}$，从而算得流速和流量：

$$v=C\sqrt{Ri}=56.363\times\sqrt{0.2414\times0.002}=1.238(\text{m/s})$$

$v_{min}<v<v_{max}$，故所得的计算流速在允许流速范围之内

$$Q=AC\sqrt{Ri}=0.4044\times1.238=0.501(\text{m/s})$$

【例 6.7】 圆形管道的直径 $d=1.8$m，底坡 $i=0.0015$，管壁粗糙系数 $n=0.012$，试

利用图 6.9 求水深 $h=0.9\text{m}$ 时的流速和流量。

【解】 先求无压满管流时的流速 v_0 和流量 Q_0。

$$R_0=\frac{d}{4}=0.45\text{m}$$

$$C_0=\frac{1}{n}R^{1/6}=\frac{1}{0.012}\times 0.45^{1/6}=72.949(\text{m}^{1/2}/\text{s})$$

$$v_0=C_0\sqrt{R_0 i}=72.949\times\sqrt{0.45\times 0.0015}=1.895(\text{m/s})$$

$$Q_0=A_0 v_0=\frac{\pi}{4}\times 1.8^2\times 1.895=4.822(\text{m}^3/\text{s})$$

由图 6.9 查得，当 $\alpha=\frac{h}{d}=\frac{0.9}{1.8}=0.5$ 时，$\frac{Q}{Q_0}=0.49$，$\frac{v}{v_0}=0.98$

所以：

$$Q=0.49Q_0=0.49\times 4.822=2.363(\text{m}^3/\text{s})$$

$$v=0.98v_0=0.98\times 1.895=1.857(\text{m/s})$$

6.4 粗糙系数变化及复式断面明渠均匀流的水力计算

6.4.1 粗糙系数变化的明渠均匀流的水力计算

当明渠渠底和渠壁采用不同材料时，粗糙系数会沿湿周发生变化。例如一侧边坡为混凝土护面而另一侧边坡及渠底为岩石的傍山渠道(图 6.10)及边坡为混凝土护面而渠底为浆砌卵石的渠道(图 6.11)等。这种粗糙系数会沿湿周发生变化的渠道称为非均质渠道。

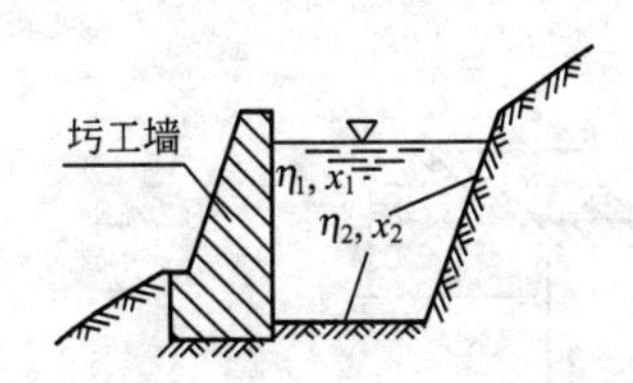

图 6.10　岩石的傍山渠道

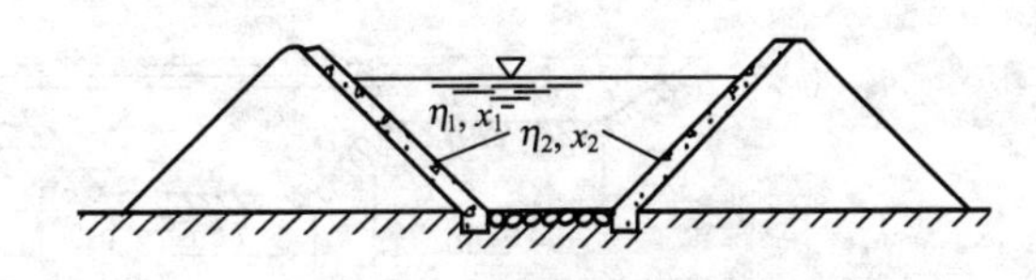

图 6.11　浆砌卵石的渠道

非均质渠道的水力计算通常按均质渠道的方法处理，即用一等效粗糙系数 n_r 代替粗糙系数 n。当渠道底部的粗糙系数小于侧壁粗糙系数时，等效粗糙系数 n_r 按下式计算：

$$n_r=\sqrt{\frac{n_1^2 x_1+n_2^2 x_2}{x_1+x_2}} \tag{6-36}$$

在一般情况下，等效粗糙系数 n_r 可按加权平均的方法计算：

$$n_r=\frac{nx_1+nx_2}{x_1+x_2} \tag{6-37}$$

6.4.2 复式断面明渠均匀流的水力计算

当通过渠道的流量变化范围比较大时，渠道断面常采用两个或两个以上简单断面组成的复式断面[图 6.12(a)]。复式断面的粗糙系数沿湿周可能不变也可能变化。天然河床断面由于不规则，也可简化成复式断面[图 6.12(b)]。

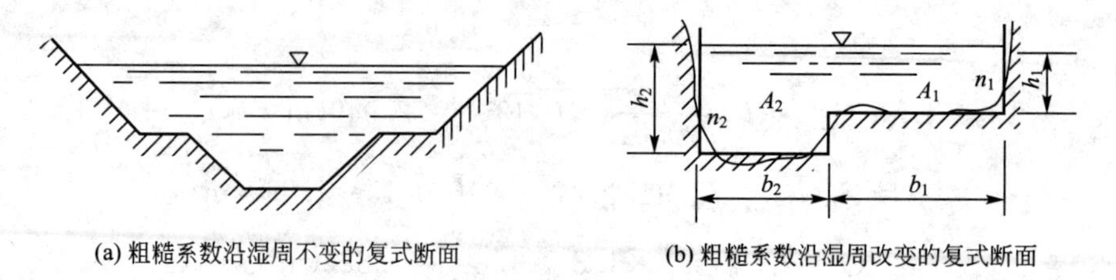

(a) 粗糙系数沿湿周不变的复式断面　　(b) 粗糙系数沿湿周改变的复式断面

图 6.12　复式断面

复式断面明渠均匀流的流量一般按下述方法计算。将复式断面先分割成若干个单一断面，然后分别对这些断面应用式(6-14)进行水力计算，最后进行叠加即得到整个复式断面总流量为：

$$Q=\sum_{i=1}^{n}A_iC_i\sqrt{R_i i}=\left(\sum_{i=1}^{n}\frac{1}{n_i}A_iR_i^{\frac{2}{3}}\right)\sqrt{i} \tag{6-38}$$

在计算时，应注意不要把分割线计入湿周内。

对于如图 6.12(b)所示的复式断面，其总流量为：

$$Q=\left(\sum_{i=1}^{2}\frac{1}{n_i}A_iR_i^{\frac{2}{3}}\right)\sqrt{i}$$

式中，$A_1=b_1h_1$；$A_2=b_2h_2$；$R_1=\dfrac{b_1h_1}{b_1+h_1}$；$R_2=\dfrac{b_2h_2}{b_2+2h_2-h_1}$。

【例 6.8】 有一复式断面河道，各部分几何尺寸如图 6.13 所示，底坡 $i=0.000\,32$，主槽部分粗糙系数 $n_1=0.025$，滩地部分粗糙系数 $n_2=0.030$、$n_3=0.035$，边坡系数 $m_1=1.0$、$m_2=m_3=2.0$。试求河道的流量及断面平均流速。

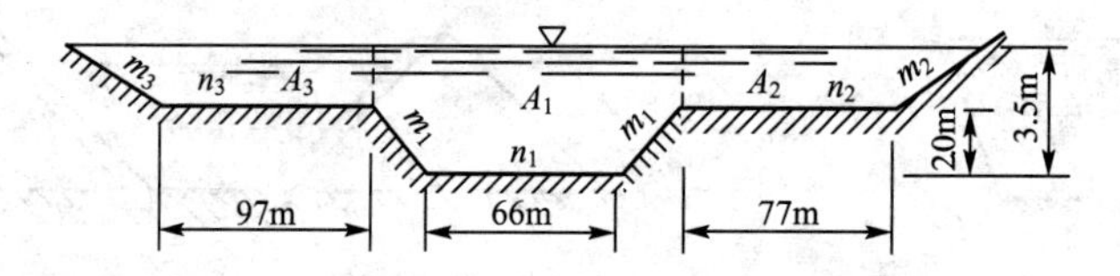

图 6.13　河道断面图

【解】 将此河道断面分成 3 部分，其面积分别为 A_1、A_2及 A_3。

$$A_1=\frac{1}{2}[(66+2\times2.0)+66]\times2+(66+2\times2.0)\times(3.5-2.0)=241(\mathrm{m}^2)$$

$$A_2=77\times1.5+\frac{1}{2}\times1.5\times3=117.75(\mathrm{m}^2)$$

$$A_3=97\times1.5+\frac{1}{2}\times1.5\times3=147.75(\mathrm{m}^2)$$

$$\chi_1=66+2\times2\sqrt{2}=71.7(\mathrm{m})$$

$$\chi_2=77+\sqrt{1.5^2+3^2}=80.35(\mathrm{m})$$

$$\chi_3=97+\sqrt{1.5^2+3^2}=100.35(\mathrm{m})$$

这样，通过复式断面河道的总流量为：

$$Q=\left(\sum_{i=1}^{n}\frac{1}{n_i}A_iR_i^{\frac{2}{3}}\right)\sqrt{i}=\left[\frac{1}{0.025}\times 241\times\left(\frac{241}{71.7}\right)^{\frac{2}{3}}+\frac{1}{0.030}\times 117.75\times\left(\frac{117.75}{80.35}\right)^{\frac{2}{3}}\right.$$

$$\left.+\frac{1}{0.035}\times 147.75\times\left(\frac{147.75}{100.35}\right)^{\frac{2}{3}}\right]\times(0.000\,32)^{\frac{1}{2}}$$

$$=(21\,630.95+5063.95+5463.44)\times\sqrt{0.000\,32}$$

$$=575.27(\mathrm{m^3/s})$$

习　题

1. 为什么在平坡、逆坡渠道上不可能形成均匀流？而在正坡的棱柱体渠道上(Q、n和i不变)水流总是趋于形成均匀流？

2. 从能量的观点说明明渠均匀流必然是等速流又是等深流，因此它的总水头线、水面线和渠底线一定是互相平行的。

3. 有两条正坡棱柱体梯形断面的长渠道，已知流量$Q_1=Q_2$，边坡系数$m_1=m_2$，在下列情况下，试比较这两条渠道中的均匀流水深的大小。

(1) 粗糙系数$n_1>n_2$，其他条件均相同。

(2) 底宽$b_1>b_2$，其他条件均相同。

(3) 底坡$i_1>i_2$，其他条件均相同。

4. 什么是水力最佳断面？渠道设计是否都采用水力最佳断面？为什么？

5. 有一条能形成均匀流的渠道上，通过的流量一定。为防止冲刷，欲减小流速，问有哪些措施？

6. 有一梯形断面渠道，底宽$b=3.0\mathrm{m}$，边坡系数$m=1.5$，底坡$i=0.0018$，粗糙系数$n=0.02$，渠中发生均匀流时的水深$h=1.6\mathrm{m}$。试求通过渠中的流量Q及流速v。

7. 某梯形断面渠道，设计流量$Q=12\mathrm{m^3/s}$。已知底宽$b=3\mathrm{m}$，边坡系数$m=1.25$，底坡$i=0.005$，粗糙系数$n=0.02$。试求水深h。

8. 某梯形断面渠道，设计流量$Q=8\mathrm{m^3/s}$。已知水深$h=1.2\mathrm{m}$，边坡系数$m=1.5$，底坡$i=0.003$，采用小片石干砌，粗糙系数$n=0.02$。试求底宽b。

9. 一半圆U形渡槽，如图6.14所示。$r=1.2\mathrm{m}$，槽身粗糙系数$n=0.013$，底坡$i=0.002$，当槽内均匀流水深$h=1.6\mathrm{m}$时。试求通过渡槽的流量。

10. 有一浆砌条石引水涵洞，如图6.15所示。粗糙系数$n=0.018$，底宽为$b=4.8\mathrm{m}$，洞中均匀流水深为$h=2.6\mathrm{m}$，要求通过设计流量为$Q=8.3\mathrm{m^3/s}$。试求涵洞底坡。

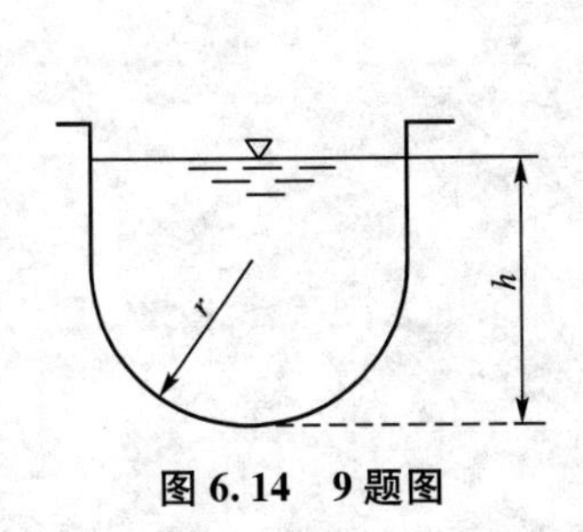

图6.14　9题图

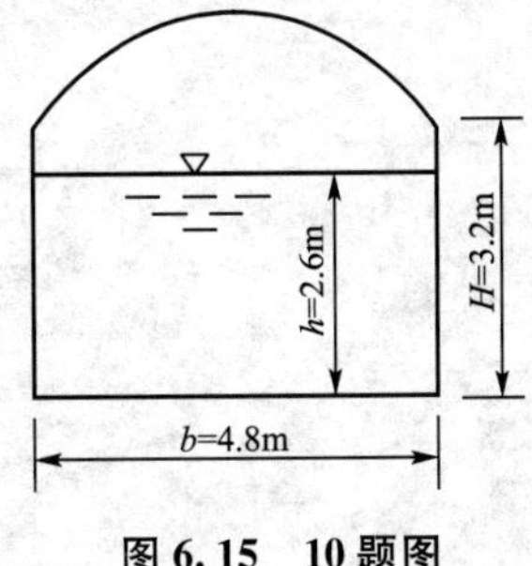

图6.15　10题图

11. 有一灌溉兼航运的梯形渠道，通过设计流量 $Q=20\text{m}^3/\text{s}$，渠道 $m=1.0$，粗糙系数 $n=0.022$，渠道限制流速 $v=1.2\text{m/s}$。设计要求水深 $h=2.5\text{m}$，试求渠道底坡 i 及所需底宽 b。

12. 设计流量 $Q=12\text{m}^3/\text{s}$ 的矩形渠道，底坡 $i=0.002$，采用混凝土护面(粗糙系数 $n=0.014$)。试按水力最佳断面设计渠宽 b 和水深 h。

13. 设计流量 $Q=8\text{m}^3/\text{s}$ 的梯形渠道，粗糙系数 $n=0.025$、底坡 $i=0.002$，边坡系数 $m=1.5$。试按水力最佳断面设计梯形渠道宽 b 和水深 h。

14. 拟设计一梯形渠道的底宽 b 与水深 h，水在其中作均匀流动，流量 $Q=20\text{m}^3/\text{s}$，渠道底坡 $i=0.002$，边坡系数 $m=1$，粗糙系数 $n=0.025$，渠道按允许不冲流速 $v=0.9\text{m/s}$ 来设计。

15. 钢筋混凝土圆形污水管，管径 d 为 1000mm，管壁粗糙系数 n 为 0.014，管道坡度 i 为 0.001。求充满度 $\alpha=h/d=0.8$ 时的流速和流量。

16. 圆形无压污水管，埋设坡度 $i=0.0018$，已知谢才系数 $C=48\text{m}^{0.5}/\text{s}$。管内为均匀流，用排污最大流量 $Q=2\text{m}^3/\text{s}$。试确定排水管的直径。

17. 有一矩形不匀质渠道，如图 6.16 所示。底面的粗糙系数 $n_1=0.017$，两侧面粗糙系数分别为 $n_1=0.025$，$n_2=0.020$，渠道底坡 $i=0.0016$，底宽 $b=2.2\text{m}$，渠中均匀流水深 $h=0.8\text{m}$。试求通过渠道流量。

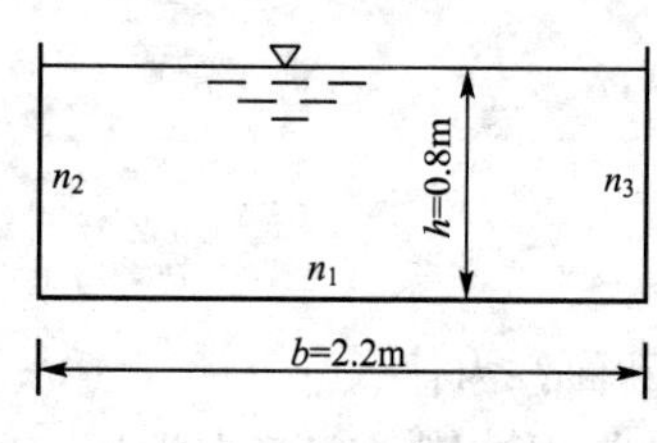

图 6.16　17 题图

18. 一复式断面河道，其断面形状和各部尺寸如图 6.17 所示。河槽和滩地上的粗糙系数分别为 $n_1=0.025$，$n_2=0.035$，河底坡降为 $i=000\ 64$，水流近似为均匀流。试求河道通过的流量。

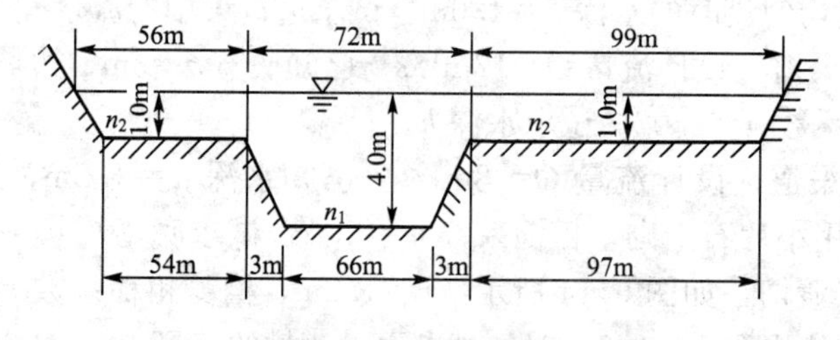

图 6.17　18 题图

第7章 堰流

教学目标

理解堰流的定义。

掌握堰流的类型。

掌握薄壁堰的水力计算方法。

熟练掌握实用堰的水力计算方法。

熟练掌握宽顶堰的水力计算方法。

教学要求

知识要点	能力要求	相关知识
堰流的定义和类型	理解堰流的定义，掌握堰流的分类依据及堰流类型	平均流速、势能、动能
堰流的水力计算方法、流量系数、侧收缩系数、淹没系数	熟练掌握无侧收缩时堰流流量计算的基本公式。理解流量系数、侧收缩系数、淹没系数的概念及其影响因素。掌握薄壁堰的水力计算方法。熟练掌握实用堰的水力计算方法。熟练掌握实用堰的水力计算方法	水流能量方程、堰面曲线坐标方程、堰流流量系数、侧收缩系数、淹没系数的一系列经验公式

引言

本章研究堰流的水力计算方法。堰流理论在水利水电、土木、道路桥梁、水土保持、水文水资源和给排水等工程中有着广泛的应用，它是溢流坝、围堰、涵洞、有边墩或中墩的桥梁、快滤池冲洗水槽等许多工程水力设计的基础，也是溢流坝后水流衔接和消能工程设计的基础，主要内容包括薄壁堰、实用堰和宽顶堰的水力计算。

7.1 堰流的定义及类型

7.1.1 堰流的定义

水流受到从河底(渠底)建起的建筑物(堰体)的阻挡，或者受两侧墙体的约束影响，在堰体上游产生壅水，水流经堰体下泄，下泄水流的自由表面为连续的曲面，这种水流称为堰流，这种建筑物称为堰。例如溢流坝溢流[图 7.1(a)]、堰顶部闸门脱离水面时的闸口出流[图 7.1(b)]都属堰流。通过有边墩或中墩的小桥的孔出流[图 7.1(c)]、涵洞进口水流等在水力计算时也按堰流考虑。

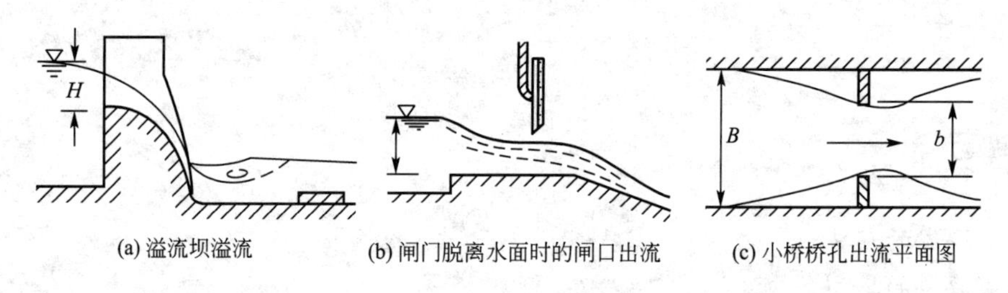

图 7.1 几种常见的堰流

水流流近堰顶的过程中流线发生收缩，流速增大，势能转化为动能，堰上的水位产生跌落。由于水流在堰顶流程较短，流线变化急剧、曲率半径很小，属于非均匀流中急变流，因此能量损失主要是局部水头损失，沿程水头损失可忽略不计。水流在流过堰顶时，一般在惯性的作用下均会脱离堰(构筑物)，在表面张力的作用下，具有自由表面的液流会产生垂直收缩。

7.1.2 堰流的类型

通常把堰前水面无明显下降的渐变流断面 $O—O$ 称为堰前断面(图 7.2)。该断面处水面到堰顶的水深称为堰上水头，用 H 表示。实测表明，堰前断面距堰壁上游约为$(3\sim5)H$。堰前断面平均流速 v_0 称为行近流速。P_1 和 P_2 分别为上、下游堰高。

工程上一般以堰顶的厚度 δ 与堰上水头 H 的比值大小，将堰流分成以下 3 种类型。

1. 薄壁堰流（$\delta/H\leqslant0.67$）

堰前的水流由于受堰壁的阻挡，底部水流向上收缩，水面逐渐下降，使过堰水流形如舌状，称为水舌。水舌下缘的流速方向为堰壁边缘切线的方向，堰顶与堰上水流只有一条线的接触。水舌离开堰顶后，在重力的作用下，自然回落。当水舌回落到堰顶高程时，距上游堰壁约 $0.67H$。这样，当 $\delta/H\leqslant0.67$ 时，水舌不受堰宽的影响，这种堰流称为薄壁堰流[图 7.2(a)]。薄壁堰壁一般用钢板或木板做成，常做成锐缘形，故又称锐缘堰。薄壁堰主要用于测量流量的设备中。

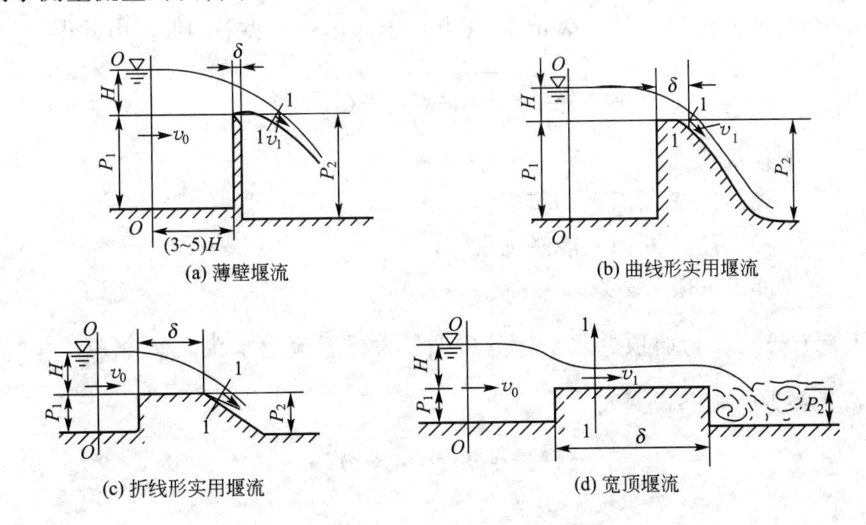

图 7.2 堰流的类型

2. 实用堰流（$0.67<\delta/H\leqslant2.5$）

由于堰顶厚度大于薄壁堰，水舌下缘与堰顶面接触，水舌受到堰顶面顶托和摩阻力作用，对过流有一定的影响，堰上的水流形成连续的降落状，这样的堰流称为实用堰流。实用堰的剖面有曲线形[图 7.2(b)]和折线形[图 7.2(c)]两种，工程中多采用曲线形实用堰；有些中、小型工程中，为方便施工，也采用折线形实用堰。

3. 宽顶堰流（$2.5<\delta/H\leqslant10$）

堰顶的宽度较大，堰顶面对水流的顶托作用非常明显。进入堰顶的水流受到堰顶垂直方向的约束，过水断面减小，流速增大，动能增大，势能相应减小；再加上水流进入堰顶时产生了局部水头损失；故水流在进入堰顶时会产生第一次水面跌落。此后水流在较宽的堰顶的顶托作用下，形成一段几乎与堰顶平行的水流。如下游的水位较低，水流在流出堰顶时将产生第二次跌落，如图 7.2(d)所示，这种堰流称为宽顶堰流。实验表明宽顶堰流水头损失仍以局部水头损失为主，沿程水头损失可忽略不计。

特别要注意，同一个堰，当堰上水头较大时，可能为实用堰；当较小时，则可能为宽顶堰。

当堰顶的厚度 δ 与堰上水头 H 的比值 $\delta/H>10$ 时，沿程水头损失逐渐起主导作用，水流也逐渐具有明渠水流特征，其水力计算已不能用堰流理论，而要用明渠水流理论解决。

7.2 堰流的水力计算

现以图7.2所示的堰流为例，来推求堰流水力计算的基本公式。

以通过堰顶的水平面为基准面，对堰前断面0—0及堰顶断面1—1应用能量方程式。其中0—0断面为渐变流；而1—1断面流线弯曲程度很大，水流为急变流，过水断面上测压管水头不为常数，用$\overline{\left(z_1+\frac{p_1}{\gamma}\right)}$表示1-1断面上测压管水头平均值。由此得

$$H+\frac{\alpha_0 v_0^2}{2g}=\overline{\left(z_1+\frac{p_1}{\gamma}\right)}+(\alpha_1+\zeta)\frac{v_1^2}{2g}$$

式中，H——堰顶水头；

v_0、v_1——0—0、1—1断面平均流速；

α_0、α_1——0—0、1—1断面动能修正系数；

ζ——局部水头损失系数。

设$H_0=H+\alpha_0\frac{v_0^2}{2g}$为堰顶总水头，其中$\frac{\alpha_0 v_0^2}{2g}$为行近流速水头。又令$\xi H_0=\overline{\left(z_1+\frac{P_1}{\gamma}\right)}$，$\xi$为某一修正系数。则上式变成

$$H_0-\xi H_0=(\alpha_1+\zeta)\frac{v_1^2}{2g}$$

由此得：

$$v_1=\frac{1}{\sqrt{\alpha_1+\xi}}\sqrt{2gH_0(1-\xi)}$$

堰顶过水断面1—1宽度为b，水舌厚度用kH_0表示，k为反映堰顶水流垂直收缩程度的系数。则过水断面1—1面积为kbH_0，过堰流量为：

$$Q=v_1kH_0b=\frac{1}{\sqrt{\alpha_1+\xi}}\sqrt{2gH_0(1-\xi)}\cdot kH_0b=\varphi k\sqrt{(1-\xi)}\cdot b\sqrt{2g}H_0^{3/2}$$

式中，φ——流速系数，$\varphi=\frac{1}{\sqrt{\alpha_1+\zeta}}$。

设$m=\varphi k\sqrt{1-\xi}$，m称为堰流的流量系数。则：

$$Q=mb\sqrt{2g}H_0^{3/2} \tag{7-1}$$

式(7-1)为水流无侧向收缩时堰流流量计算的基本公式，对堰顶过水断面为矩形的薄壁堰流、实用堰流及宽顶堰流都适合。如堰流存在侧向收缩及堰下游水位对过堰水流有影响时，应用式(7-1)时必须进行修正。

7.2.1 薄壁堰的水力计算

薄壁堰流的水头与流量的关系稳定，因此，常用做实验室或野外流量测量的一种工具。根据堰口形状的不同，薄壁堰可分为三角形、矩形和梯形薄壁堰。三角形薄壁堰常用于测量较小的流量，矩形和梯形薄壁堰常用于测量较大的流量。

1. 矩形薄壁堰

实验表明矩形薄壁堰流在无侧向收缩、自由出流时，水流最稳定，测量精度也较高。所以采用矩形薄壁堰测流量时，应注意以下几点。

(1) 矩形薄壁堰应与上游渠道等宽。

(2) 下游水位应低于堰顶。

(3) 堰顶水头不宜过小(一般应使 $H>2.5\text{cm}$)，否则溢流水舌在表面张力作用下，出流会很不稳定。

(4) 水舌下面的空间应与大气相通。否则溢流水舌会把其下面空气带走而形成局部真空，使出流不稳定。

图 7.3 是实验室中测得的无侧向收缩、非淹没矩形薄壁堰自由出流的水舌形状。

无侧向收缩、非淹没矩形薄壁堰的流量可按式(7-1)计算。为方便直接由测出的堰顶水头 H 来计算流量，式(7-1)可改写为：

$$Q=m_0 b\sqrt{2g}H^{3/2} \tag{7-2}$$

式中，b——堰顶过水断面宽度；

H——堰顶水头；

m_0——考虑了行近流速影响的流量系数，需由实验确定。

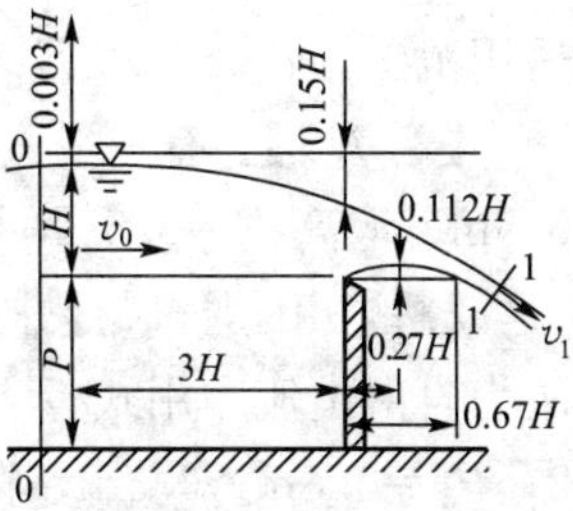

图 7.3 无侧向收缩矩形薄壁堰自由出流的水舌形状

下面介绍两个计算 m_0 的经验公式。

(1) 雷伯克(Rehbock)公式。

$$m_0=0.403+\frac{0.0007}{H}+0.053\frac{H}{P_1} \tag{7-3}$$

式中，堰高 P_1 和堰顶水头 H 必须以 m 代入。此式适用范围为：$H\geqslant 0.025\text{m}$，$H/P_1\leqslant 2$ 及 $P_1\geqslant 0.3\text{m}$。

(2) 巴赞(Bazin)公式。

$$m_0=\left(0.405+\frac{0.0027}{H}\right)\left[1+0.55\left(\frac{H}{H+P_1}\right)^2\right] \tag{7-4}$$

式中，堰高 P_1 和堰顶水头 H 必须以 m 代入。此式适用范围为：$H=0.05\sim1.24\text{m}$，$b=0.2\sim2.0\text{m}$ 及 $0.25\text{m}<P<1.13\text{m}$。

2. 三角形薄壁堰

当流量较小(例如 $Q<0.1\text{m}^3/\text{s}$)时，若用矩形薄壁堰来测量，则堰上水头 H 太小，测量误差较大，为此改用三角形薄壁堰。对于堰口两侧边对称的直角三角形薄壁堰(图 7.4)自由出流的流量可按下列经验公式来计算。

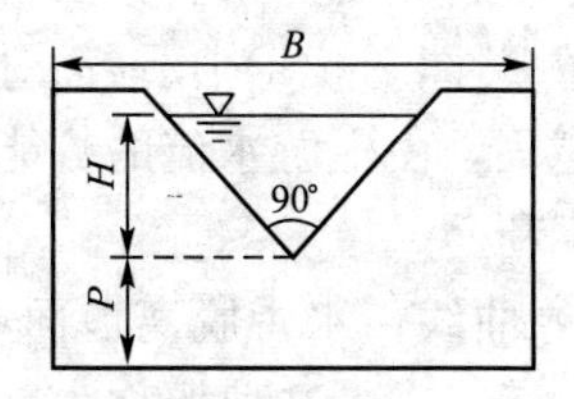

图 7.4 直角三角形薄壁堰

(1) 汤姆逊(Thompsom)公式。

$$Q=1.4H^{2.5} \tag{7-5}$$

式中，H 必须以 m 代入，Q 以 m^3/s 计。此式适用范围为：堰顶夹角 $\theta=90°$，$H=0.05\sim0.25\text{m}$。

(2) 金格公式。

$$Q=1.343H^{2.47} \tag{7-6}$$

式中，H 必须以 m 代入，Q 以 m^3/s 计。此式适用范围为：堰顶夹角 $\theta=90°$，$H=0.25\sim0.55m$。

(3) 沼知-黑川-渊泽公式。

$$Q=CH^{2.5} \tag{7-7}$$

式中流量系数 C 可按下式计算：

$$C=1.354+\frac{0.004}{H}+\left(0.14+\frac{0.2}{\sqrt{P_1}}\right)\left(\frac{H}{B}-0.09\right)^2 \tag{7-8}$$

式中，堰顶水头 H、上游堰高 P_1 和堰上游引渠宽 B 必须以 m 代入，Q 以 m^3/s 计。此式适用范围为：$0.5m\leqslant B\leqslant 1.2m$，$0.1m\leqslant P_1\leqslant 0.75m$，$0.07m\leqslant H\leqslant 0.26m$，$H\leqslant B/3$。

【例7.1】 有一平底的矩形水槽，槽中安装一矩形薄壁堰，堰口与槽同宽，即 $b=B=0.5m$，堰高 $P=0.5m$，堰上水头 $H=0.3m$，下游水深 $h_t=0.35m$。求通过该堰的流量。

【解】 因堰口与槽同宽，故无侧向收缩。又因下游水深 $h_t<P$，下游水面低于堰顶，故为自由出流。用式(7-3)计算流量系数($H=0.3m>0.025m$，$H/P_1=0.3/0.5=0.6<2$，$P_1=0.5m>0.3m$，符合雷伯克公式适用条件)。

$$m_0=0.403+\frac{0.0007}{H}+0.053\frac{H}{P_1}=0.403+\frac{0.0007}{0.3}+0.053\times\frac{0.3}{0.5}=0.4371$$

按式(7-2)计算流量为：

$$Q=m_0b\sqrt{2g}H^{3/2}=0.4371\times0.5\times\sqrt{2\times9.8}\times0.3^{3/2}=0.159(m^3/s)$$

7.2.2 实用堰的水力计算

实用堰主要用作水利工程中最常见的挡水和泄流的水工建筑物(溢流坝)或净水建筑物的溢流设备，它的剖面形式是由工程要求所决定的。如采用混凝土修筑的中、高溢流堰，堰顶剖面常做成适于过流的曲线形，称为曲线形实用堰[图7.2(b)]，如采用不便加工成曲线的条石或其他材料修筑的中、低溢流堰，堰顶剖面常做成折线形，称为折线形实用堰[图7.2(c)]。

实验表明，堰顶曲线形状对曲线形实用堰泄流能力影响最大，因此对堰顶曲线形状的研究有重要的工程意义。确定堰顶曲线的一般方法是：在一定的水头(又称为定型水头)下，使它的轮廓接近或稍高于无侧向收缩矩形薄壁堰水舌下缘曲线。这样，堰面上的动水压强就等于或稍大于大气压强，而不产生真空，这种堰称为非真空堰。从能量转化观点来看，如果曲线形实用堰堰顶曲线高出无侧向收缩矩形薄壁堰水舌下缘曲线越多[图7.5(a)]，堰面对水舌的顶托作用越大，堰面压强越大，堰顶水流的压能和势能也越大，由上游水流的势能所转化的动能则越小，即流速越小。因此流量越小，对溢流就越不利。

如果曲线形实用堰堰顶曲线低于无侧收缩矩形薄壁堰水舌下缘曲线，水舌脱离堰面，则脱离区空气将不断被水流带走，而在堰面形成真空(负压)[图7.5(b)]，这种堰称为真空堰。由于堰面及水舌压强降低，堰顶水流的压能和势能减小，由上游水流的势能所转化的动能则增大，即流速增大，因此流量也相应增大，这是真空堰有利的一面。但是堰面真

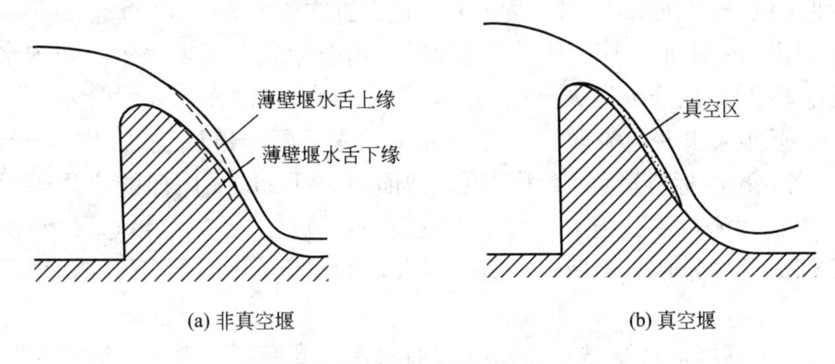

(a) 非真空堰　　(b) 真空堰

图 7.5　实用堰过流曲线图

空现象是不稳定的，堰面在正负压交替作用下，如果真空值过大，则可能发生气蚀而使堰面遭破坏，水舌也会因真空区内压强不稳定而发生颤动，这对溢流堰的运行不利。

1. 曲线形实用堰的水力计算

1）曲线形实用堰的剖面形状

曲线形实用堰剖面(图 7.6)一般由以下几段组成。堰上游直线段 ab，它可以是垂直的，也可以是倾斜的；顶部曲线段 bc，它的设计将直接影响堰的过流能力，以及堰顶压强和流速分布，它是整个堰剖面设计的关键；坡度为 m_c的下游斜直线段 cd 及与下游河床连接的反弧段 de。堰上游直线段 ab 的斜率取决于坝体的稳定和强度要求，一般取垂直的堰面。堰下游斜坡段 cd 的斜率也与坝体的稳定与强度要求有关，一般它的坡度为1∶0.65～1∶0.75，该线段上部与堰顶曲线段相切于 c 点，下部与反弧段相切于 d 点。下游反弧段主要作用是将过堰水流与下游河渠水流平稳地连接起来，以减少对河床的冲刷，有利于下游消能。其反弧半径的大小应结合下游消能形式，通过模型试验来确定。一般可取 $R=(4\sim10)h$，h 为校核洪水位下反弧最低点处的水深。当反弧处流速较大时，宜选用反弧半径较大值。反弧半径选用也可采用下列经验公式。

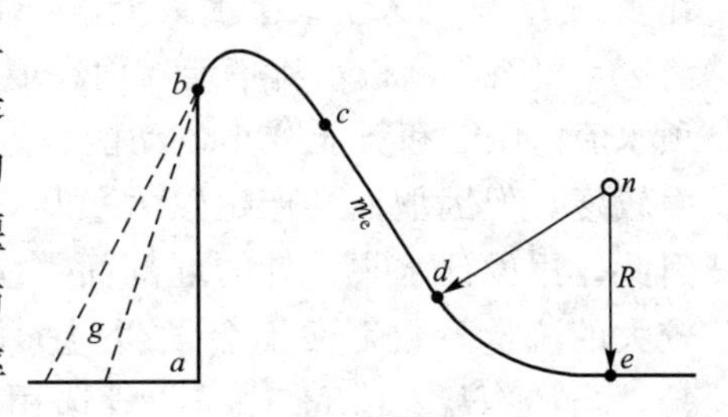

图 7.6　曲线形实用堰培面图

$$R=0.305\times10^{x} \tag{7-9}$$

$$x=\frac{3.28v+21H+16}{11.8H+64} \tag{7-10}$$

式中，v——反弧处平均流速，m/s；

H——堰上水头，m。

下面着重说明堰顶曲线段 bc 坐标的确定。

堰顶曲线段 bc 的形状对堰流水力特性及堰的过流能力起着重要作用。堰顶曲线主要依据过堰水舌下缘形状，而水舌形状与堰顶水头有关，因此合理地确定堰顶设计水头意义重大。根据我国多年的工程实践经验，在实用堰堰顶曲线设计中，一般以不小于水库设计蓄水位或常遇洪水位的相应堰顶水头作为确定非真空堰剖面堰面曲线的设计水头，这样可以保证在低于或等于设计蓄水位或常遇洪水位时堰面不出现真空。但因超过设计蓄水位或常遇洪水位的概率小，堰面出现短暂的在允许范围内的真空值是可以的。目前认为当水库水位为最高洪水位(校核洪水位)时，堰面允许最大真空值为3～5m。

曲线形实用堰的剖面形式很多，其轮廓线可用坐标或方程来表示。我国水利工程中过去常采用克里格尔-奥菲采洛夫剖面曲线，简称为克-奥剖面，在设计水头下其流量系数约为0.49。近年来很多溢流堰采用美国陆军工程兵团水道试验站(Waterways Experiment Station)研究出的标准剖面(简称WES剖面)。WES剖面用曲线方程表示，便于控制，它比克-奥剖面流量系数稍大，堰剖面较瘦小，既提高了过流量，又节省了工程量。另外，WES剖面压强分布比较理想，负压不大，对安全有利。以下介绍WES剖面的设计方法。

从上述可知，堰面曲线形状主要依据过堰水舌下缘形状，而水舌形状与堰上水头H有关。但是，所设计的堰在实际应用时，堰上水头H随上游水位变化而在某一范围内(H_{min}～H_{max})内变化。如果以最大水头作设计水头H_d，即$H_d=H_{max}$，由于实际工作水头H总是小于最大水头H_d，堰面对水舌顶托作用增大，堰面压强增大，堰顶水流的压能和势能也增大，动能、流速减小，因此流量减小。同时，在这种情况下所得出堰剖面偏肥，不经济。反之如果以最小水头作设计水头，即$H_d=H_{min}$，由于实际工作水头H总是大于最小水头H_{min}，堰顶曲线低于水舌下缘曲线，水舌脱离堰面，则脱离区空气将不断被水流带走，而在堰面形成真空(负压)。由于堰面及水舌压强降低，堰顶水流的压能和势能减小，动能、流速增大，因此流量也相应增大。虽然得到的堰剖面较瘦，但因堰面会产生较大负压，严重时会使堰面产生空蚀破坏，危及坝的安全。因此，用设计水头设计的堰剖面，应使堰前在经常运行水位的范围内，过堰水流具有较大的流量系数，又不会发生过大的负压。根据此原则，结合我国工程运行实践经验，当$P_1/H_d \geqslant 1.33$时，一般选用设计水头$H_d=(0.75\sim0.95)H_{max}$；当$P_1/H_d<1.33$时，一般选用设计水头$H_d=(0.65\sim0.75)H_{max}$；$H_{max}$为校核洪水位(最高洪水位)时的堰顶水头。

设计水头H_d确定以后，就可进行堰的剖面设计。首先确定坐标原点，WES剖面的坐标原点O就在实用堰堰顶最高点，如图7.7所示。纵坐标y向下为正，横坐标x向下游为正。

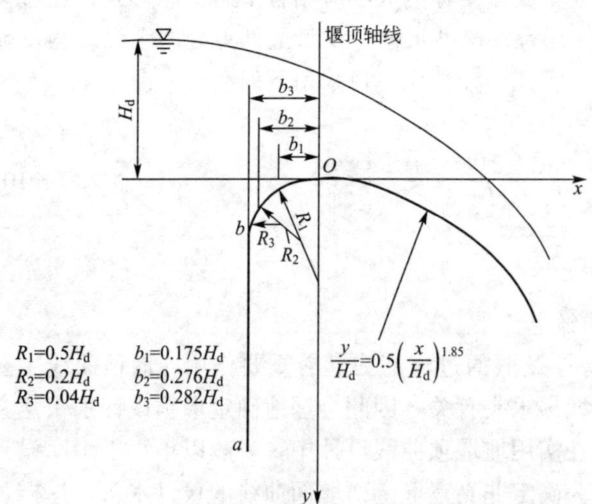

图7.7 上游堰面垂直的WES剖面的复合圆弧与下游堰面曲线

当堰上游直线段ab为垂直堰面时，WES剖面堰顶O点上游直线段ab之间采用3段半径不同的复合圆弧衔接，这样做可使堰顶曲线与堰上游面平滑连接，改善了堰面压强分布，减小了负压。画复合圆弧时，先找半径为$R_1=0.50H_d$的大圆弧圆心，画大圆弧，然后找半径为$R_2=0.20H_d$的中间圆弧圆心，画中间圆弧，再找半径为$R_2=0.04H_d$的小圆弧圆心，画小圆弧，使小圆弧与上游铅垂堰面相切。WES剖面堰顶O点下游堰面曲线坐标方程为：

$$\frac{y}{H_{\mathrm{d}}}=k\left(\frac{x}{H_{\mathrm{d}}}\right)^{n} \tag{7-11}$$

当堰上游直线段 ab 为垂直堰面时，上式中 $k=0.5$，$n\geqslant 1.85$。

当堰上游直线段 ab 为向上游倾斜的堰面时，试验表明堰面曲线仍可用式(7-11)来计算，只是式中 k、m 的取值随直线段 ab 的斜率而变化。堰顶上游圆弧段变成两个或一个圆弧段，圆弧段相应半径也不同了，具体可参阅有关设计手册。

当堰上游直线段 ab 为垂直堰面时，WES 剖面的设计步骤大致归纳如下。

(1) 确定剖面设计水头 H_{d}，上下游堰高 P_1 和 P_2，堰下游斜面 cd 的边坡系数 $m_{\mathrm{c}}=(\cot\alpha)$ 及相应夹角 α，反弧段半径 R，如图 7.8 所示。

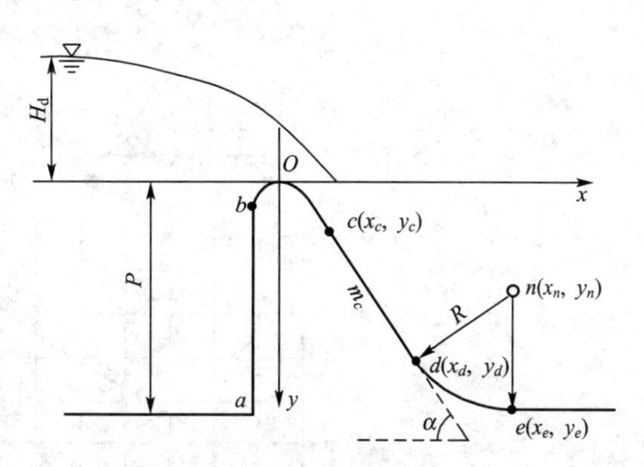

图 7.8 WES 剖面的斜坡段与反弧段

(2) 由图 7.7 中要求，定出堰顶坐标原点 O 及相应坐标轴。由式(7-11)算出堰顶下游坐标点，绘成堰面曲线。根据图 7.7中的数据，绘出堰顶上游圆弧段曲线及铅垂堰面。

(3) 确定堰顶下游曲线与斜坡段相切点 c 的坐标(x_c，y_c)，由式(7-11)可求得：

$$\left.\begin{aligned} x_c&=\frac{1.096H_{\mathrm{d}}}{m_c^{1.177}}\\ y_c&=\frac{0.592H_{\mathrm{d}}}{m_c^{2.177}}\end{aligned}\right\} \tag{7-12}$$

(4) 确定堰下游斜坡段与反弧段相切点 d 的坐标(x_d，y_d)，由几何关系求得：

$$\left.\begin{aligned} x_d&=x_c+m_c(P-y_c)+R\cot\left(\frac{180^\circ-\alpha}{2}\right)-R\sin\alpha\\ y_d&=P-R+R\cos\alpha\end{aligned}\right\} \tag{7-13}$$

(5) 同理可得 e 点坐标(x_e，y_e)：

$$\left.\begin{aligned} x_e&=x_c+m_c(P-y_c)+R\cot\left(\frac{180^\circ-\alpha}{2}\right)\\ y_e&=P\end{aligned}\right\} \tag{7-14}$$

(6) 反弧段圆心 n 的坐标(x_n，y_n)：

$$\left.\begin{aligned} x_n&=x_e\\ y_n&=P-R\end{aligned}\right\} \tag{7-15}$$

2) WES 剖面实用堰的流量系数

实验研究表明，曲线形实用堰的流量系数主要取决于 P_1/H_{d}、H_0/H_{d}及上游堰面的坡度。对于上游堰面为垂直堰面的 WES 剖面实用堰。

(1) 当 $P_1/H_{\mathrm{d}}\geqslant 1.33$ 时，称为高堰，行近流速水头可忽略不计，即可取 $H_0=H$。对于高堰，流量系数 m 只与堰顶全水头与设计水头之比 H_0/H_{d}有关，与上游堰高与设计水头之比 P_1/H_{d}无关。当实际水头等于设计水头时，即 $H_0=H_{\mathrm{d}}$时，流量系数 $m=m_d=0.502$。当 $H_0<H_{\mathrm{d}}$时，$m<m_d=0.502$。当 $H_0>H_{\mathrm{d}}$时，$m>m_d=0.502$。对于高

堰，上游堰面为铅垂的WES标准剖面流量系数 m 与 H_0/H_d 的关系可由图7.9中曲线(b)、(c)、(d)、(e)来确定。在 H_0/H_d 一定时，流量系数 m 随 P_1/H_d 的减小而减小。在计算通过低堰的流量时，必须考虑行近流速水头。

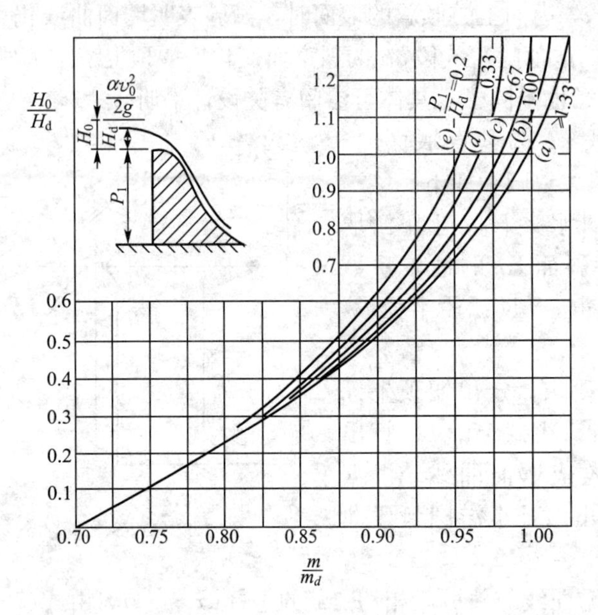

图7.9 WES标准剖面 m 与 H_0/H_d 的关系曲线

(2) 当 $P_1/H_d<1.33$ 时，称为低堰，流量系数 m 不仅与 H_0/H_d 有关，还与 P_1/H_d 有关，对于不同 P_1/H_d 的低堰，上游堰面为铅垂的WES标准剖面流量系数 m 与 H_0/H_d 的关系可由图7.9中曲线(b)、(c)、(d)、(e)来确定。在 H_0/H_d 一定时，流量系数 m 随 P_1/H_d 的减小而减小。在计算通过低堰的流量时，必须考虑行近流速水头。

对于堰上游为铅垂堰面并采用WES剖面的低堰，设计水头 H_d 下流量系数时可按下式计算：

$$m_d=0.4987\left(\frac{P}{H_d}\right)^{0.0241} \tag{7-16}$$

式中，设计水头 H_d 在(0.65～0.75) H_{max} 中取值，其中 H_{max} 为校核洪水位(最高洪水位)时的堰顶水头。

3) 曲线形实用堰的侧收缩系数

在挡水坝体上常设有曲线形溢流坝段，在曲线形溢流坝顶与岸边或其他建筑物连接处则设有边墩，当曲线形溢流坝段较宽时，中间常设置多个闸墩(图7.10)，这样，将整个溢流坝段分成若干个闸孔段，闸墩之间及边墩与闸墩之间常安设闸门，以便调节上游水位和控制下泄流量。由于闸墩和边墩的存在，堰前水流的溢流宽度大于堰上实际溢流宽度，水流在流经边墩和闸墩的墩头附近时，在平面上发生收缩，减小了有效溢流宽度，增加了局部水头损失，降低了过流能力。有侧收缩实用堰自由出流的流量计算公式与式(7-2)形式相同，只需在右边乘以侧收缩系数 $\varepsilon\leqslant1$，即：

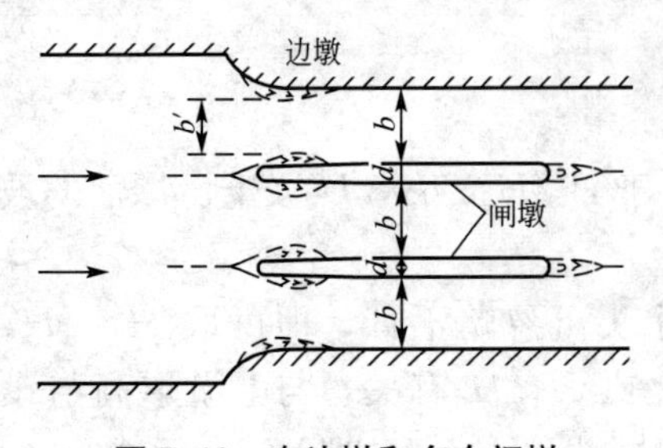

图7.10 有边墩和多个闸墩的曲线形溢流坝

$$Q=\varepsilon mnb\sqrt{2g}H_0^{3/2} \tag{7-17}$$

式中，m——流量系数；

n——溢流堰孔数量；

b——每个堰孔宽度；

H_0——堰顶总水头，$H_0=H+\frac{\alpha_0 v_0^2}{2g}$；

ε——侧收缩系数。

实验研究表明，曲线形实用堰的侧收缩系数与边墩和闸墩头部形状(图7.11)、堰孔数量n、堰孔净宽b及堰上总水头H_0有关。可用下面一个常用的经验公式来计算：

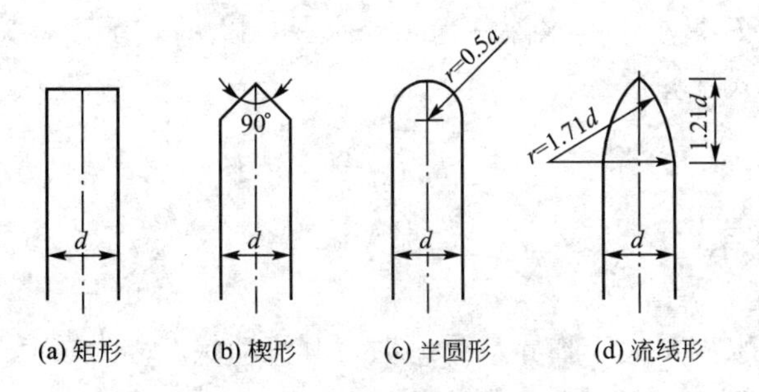

图7.11 闸墩形状

$$\varepsilon=1-0.2[(n-1)\zeta_0+\zeta_k]\frac{H_0}{nb} \tag{7-18}$$

式中，ζ_0——闸墩形状系数，ζ_0值可根据闸墩头部形状由表7-1查得；

ζ_k——边墩形状系数，ζ_k值可根据边墩头部形状由图7.12查得。

式(7-18)适用条件：$H_0/b\leqslant 1$(如果$H_0/b>1$取$H_0/b=1$)；$B\geqslant nb+(n-1)d$，B为堰上游河渠宽度，d为闸墩厚度。

表7-1 闸墩形状系数ζ_0值

闸墩头部形状	h_s/H_0					附注
	≤0.75	0.80	0.85	0.90	0.95	
矩形[图7.12(a)]	0.80	0.86	0.92	0.98	1.0	h_s为下游水面超过堰顶的高度，如图7.14所示
楔形[图7.12(b)]	0.45	0.51	0.57	0.63	0.69	
半圆形[图7.12(c)]	0.45	0.51	0.57	0.63	0.69	
流线形[图7.12(d)]	0.25	0.32	0.39	0.46	0.53	

4) 曲线形实用堰的下游水位及下游河(渠)床高程对过流能力的影响

(1) 明渠断面比能、临界水深、缓流、急流和水跃的概念简介。

流体力学及水力学中，把明渠过水断面水深与流速水头之和称为断面比能，以E_s表示。即

$$E_s = h + \frac{\alpha v^2}{2g} \tag{7-19}$$

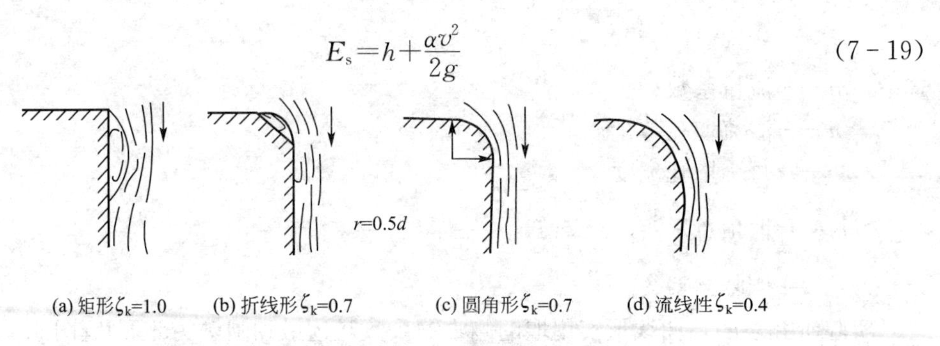

图 7.12　边墩形状及对应的边墩形状系数 ζ_k 值

相应于断面比能 E_s 最小值的水深称为临界水深，以 h_k 表示。有关研究证明矩形断面明渠临界水深可用下式计算：

$$h_k = \sqrt[3]{\frac{\alpha q}{g}} \tag{7-20}$$

式中，α——动能修正系数；

　　q——单宽流量，$q=Q/b$。

当明渠过水断面水深 h 大于临界水深 h_k 时，其流动状态称为缓流。当明渠过水断面水深 h 小于临界水深 h_k 时，其流动状态称为急流。

水流从急流到缓流时会产生一种水面突然跃起的特殊水力现象，称为水跃。水流从缓流到急流时会产生水面急剧降落现象，称为水跌。

(2) 有侧收缩实用堰淹没出流的流量计算公式。

实验研究表明，一般过堰水流在下游会产生一个水深最小，流线近似平行的断面，称为收缩断面，其水深用 h_c 表示。当过堰水流在下游产生的水跃跃前断面在收缩断面之上，水跃称为临界水跃，如图 7.13 中情况 a 所示；当水跃跃前断面在收缩断面之后，水跃称为远离水跃，如图 7.13 中情况 b 所示；当水跃跃前断面在收缩断面之前，水跃称为淹没水跃，如图 7.13 中情况 c 所示。

当下游水位超过堰顶至一范围(对于 WES 剖面 $h_s=2.2>0.15$，h_s 为从堰顶算起的下游水深)时，靠近堰顶由淹没水跃衔接的下游水位高过堰顶，过堰水流受到下游水的阻碍，流量减小，这种水流流过堰顶的状态称为淹没出流。

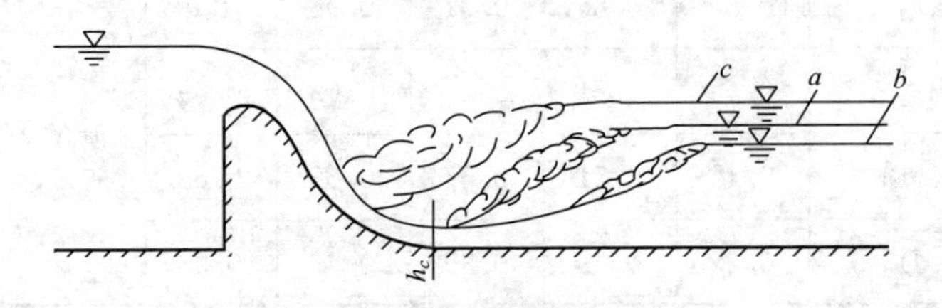

图 7.13　水跃的形式

a—临界水跃；b—远离水跃；c—淹没水跃

实验研究还表明，当下游河(渠)床高程较高，即下游堰高 P_2 = 较小(对于 WES 剖 $P_2/H_0 \leqslant 2$)时，即使下游水位低于堰顶，由于过堰水流受下游河(渠)床的影响，也会产生类似淹没出流的效果，过流量减小。

实际计算中，一般是用淹没系数σ_s来综合反映下游水位及下游河(渠)床高程对过流能力的影响。因此有侧收缩实用堰淹没出流的流量计算公式与(6-31)式形式相同，只需在右边乘以淹没系数$\sigma_s \leqslant 1$，即：

$$Q=\sigma_s \varepsilon m n b\sqrt{2g}H_0^{3/2} \tag{7-21}$$

上式中淹没系数σ_s取决于h_s/H_0及P_2/H_0，对于WES剖面，σ_s与h_s/H_0及P_2/H_0的关系如图7.14所示。从图中可以看出，$h_S/H_0>0.15$及$P_2/H_0 \leqslant 2$时，出流不受下游水位及下游河(渠)床高程的影响，这种水流流过堰顶的状态称为自由出流(淹没系数$\sigma_s=1$)。

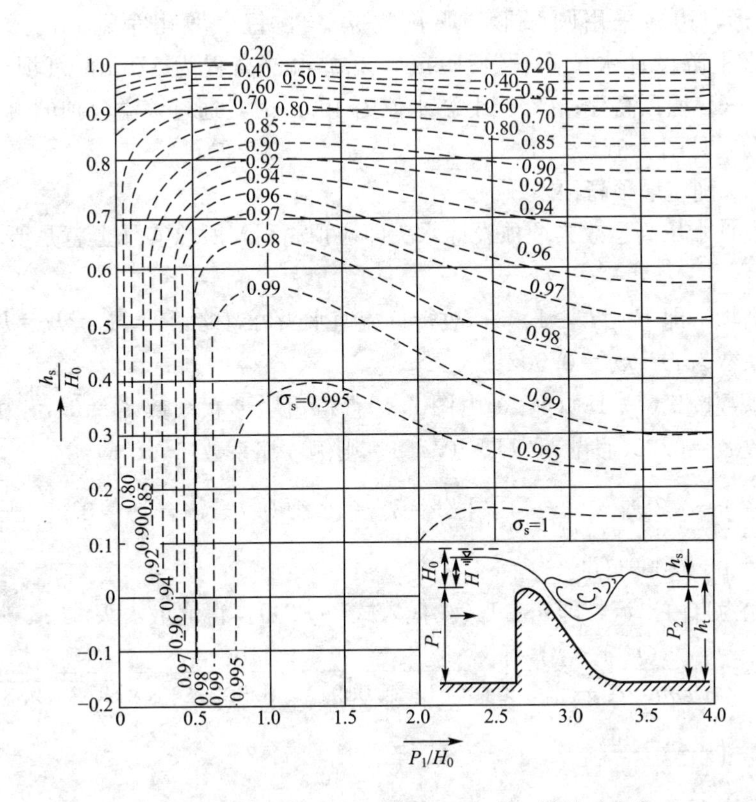

图7.14 WES剖面σ_s与H_s/H_0及P_2/H_0的关系曲线

2. 折线形实用堰的水力计算

有些中、小型溢流坝(如砌石溢流坝和过水土坝等)，常用条石、砖等当地材料作成折线形实用堰，并以梯形实用堰(图7.15)居多。

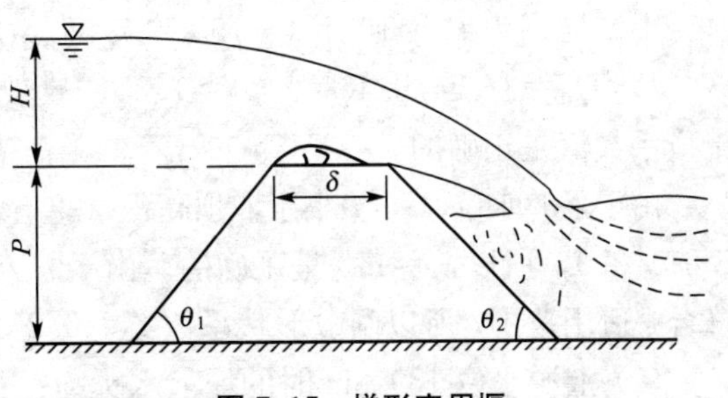

图7.15 梯形实用堰

梯形实用堰的流量计算公式仍可用式(7-17)和式(7-21)计算。其流量系数m与P/H、δ/H及上下游堰面倾角θ_1、θ_2有关，流量系数m数值可查表7-2。折线形实用堰的侧收缩系数ε、淹没条件及淹没系数σ_s可按曲线形实用堰的方法来确定。

表 7-2　梯形实用堰的流量系数 m

P_1/H		3～5			2～3					1～2			
堰上游坡度 $\cot\theta_1$		0.5	1.0	2.0	0	0	3	4	5	10	0	0	0
堰下游坡度 $\cot\theta_2$		0.5	0	0	1	2	0	0	0	0	3	5	10
流量系数	$\delta/h=0.5\sim1.0$	0.40～0.38	0.42	0.41	0.40.	0.38	0.40	0.39	0.38	0.36	0.37	0.35	0.34
	$\delta/h=1.0\sim2.0$	0.36～0.35	0.40	0.39	0.38	0.36	0.38	0.37	0.36	0.35	0.35	0.34	0.33

【例 7.2】 某水利枢纽中的溢流堰，采用上游面为垂直的 WES 堰剖面，中间闸墩墩头采用流线形，边墩采用圆弧形。堰孔数 $n=4$，每个堰孔净宽 8m。设计流量 $Q=1100\text{m}^3/\text{s}$，堰上游设计水位高程为 199m，下游水位高程为 175m，筑坝处河底高程为 155m。试求：(1)堰顶高程；(2)当上游水位为 195m 时，通过该溢流坝的流量。此时下游水位低于坝顶，见图 7.16。

【解】 (1) 确定堰顶高程。

因上游设计水位高程减去堰顶设计水头即堰顶高程，所以实际上就是要求计算高程设计水头 H_d。

假设为高坝，即 $P_1/H_d\geqslant1.33$，故行近流速水头可忽略，即 $H_0\approx H=H_d$，则设计水位下的流量系数为 $m=m_d=0.502$。

侧收缩系数按式(7-18)计算，由图 7.12查得边墩形状系数 $\zeta_k=0.7$，由表 7-1查得闸墩形状系数 $\zeta_0=0.25$(假设 $h_s/H_0<0.75$)，则侧收缩系数

$$\varepsilon=1-0.2[\zeta_k+(n-1)\zeta_0]\frac{H_0}{nb}=1-0.2\times[0.7+(4-1)\times0.25]\frac{H_0}{4\times8}$$
$$=1-0.0091H_0$$

再假设堰为自由出流，即 $\sigma_s=1.0$，代入式(7-21)，得堰上水头

$$H_d=\left(\frac{Q}{\sigma_s\varepsilon mnb\sqrt{2g}}\right)^{2/3}=\left[\frac{1100}{1\times(1-0.0091)\times0.502\times4\times8\times\sqrt{2\times9.8}}\right]^{2/3}$$
$$=\left(\frac{15.467}{1-0.0091H_d}\right)^{2/3}$$

通过试算得 $H_d=6.46\text{m}$

所以，堰顶高程为 199－6.46＝192.54(m)

上游堰高为 $P_1=192.54-155=37.54(\text{m})$

$P_1/H_d=37.54/6.46=5.81>1.33$，故溢流坝属 WES 高堰，与假设相符，所采用的流量系数值是正确的。

由于下游水位(175m)小于堰顶高程(192.54m)，所以 $h_s<0$，又 $P_2/H_0=37.54/6.46=5.81>2.0$，所以 $\sigma_s=1.0$ 是正确的。由于 $h_s/H_0<0.75$，又 $H_0/b=6.46/8=0.8075<1.0$ 符合 ε 适用范围，所以闸墩形状系数 $\zeta_0=0.25$ 及计算的 ε 都是正确的。

(2) 上游水位 189.8m 时的堰上水头为：

$$H=195-192.54=2.46(\text{m})$$

因为是高堰，不计行近流速，所以堰上总水头 $H_0=H=2.46\text{m}$

侧收缩系数为：$\varepsilon=1-0.2\times[0.7+(4-1)\times0.25]\times2.46/(4\times8)=0.978$

又淹没系数 $\sigma_s=1.0$。

根据 $H_0/H_d=2.46/6.46=0.381$，$P_1/H_d>1.33$，由图 7.14 查得 $m/m_d=0.88$，于是流量系数为 $m=0.88m_d=0.88\times0.502=0.442$ 代入式(7－21)，得溢流坝通过流量为：

$$Q=\sigma_s\varepsilon mnb\sqrt{2g}H_0^{3/2}=1\times0.978\times0.442\times4\times8\times\sqrt{19.6}\times2.46^{3/2}=236.3(\text{m}^3/\text{s})$$

【例 7.3】 根据例 7.1 的计算结果，计算并绘制溢流坝的剖面。

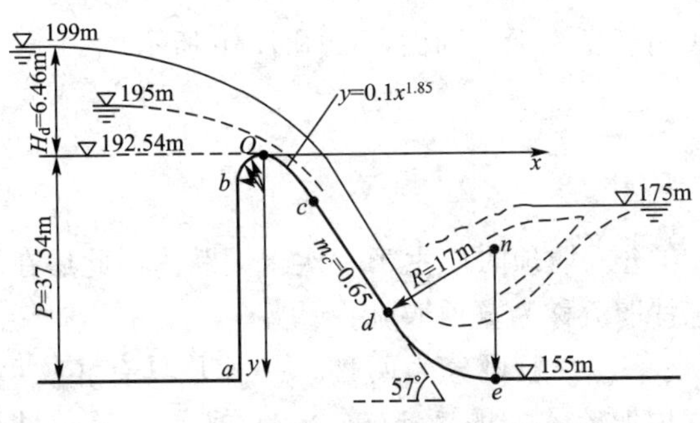

图 7.16 例 7.3 溢流坝的剖面图

【解】 已知设计水头 $H_d=6.46$m，坝高 $P_1=P_2=37.54$m，设堰下游斜坡段的边坡系数 $m_c=0.65$，相应夹角正切 $\tan\alpha=1/0.65=1.538$，则夹角 $\alpha=57°$。坝下游反弧半径根据式(7－9)和式(7－10)计算，本题选用 $R=17$m。

建立坐标原点 O，如图 7.16 所示。

堰顶上游 3 个圆弧的半径及水平距离为

$R_1=0.5H_d=0.5\times6.46=3.23(\text{m})$ $b_1=0.175H_d=0.175\times6.46=1.131(\text{m})$

$R_2=0.2H_d=0.2\times6.46=1.29(\text{m})$ $b_2=0.276H_d=0.276\times6.46=1.783(\text{m})$

$R_3=0.04H_d=0.04\times6.46=0.258(\text{m})$ $b_3=0.282H_d=0.282\times6.46=1.822(\text{m})$

由上述数值绘制堰顶上游曲线段 bO，并同时绘出上游垂直堰面 ab。

堰顶下游曲线方程，由式(7－11)得到：

$$y=\frac{0.5x^{1.85}}{H_d^{0.85}}=\frac{0.5}{6.46^{0.85}}x^{1.85}=0.102x^{1.85}$$

由上式计算曲线坐标，以 m 为单位，见表 7－3。

表 7－3 以 m 为单位计算曲线坐标

x	1	2	4	6	8	10	12	14	16
y	0.102	0.368	1.326	2.81	4.78	7.22	10.12	13.46	17.23

由上述坐标值绘出堰顶下游曲线段 Oc。

计算堰顶下游曲线段与下游斜坡段切点 c 的坐标，由式(7－11)得到：

$$x_c=\frac{1.096H_d}{m_c^{1.177}}=\frac{1.096\times6.46}{0.65^{1.177}}=11.76(\text{m})$$

$$y_c=\frac{0.592H_d}{m_c^{2.177}}=\frac{0.592\times6.46}{0.65^{2.177}}=9.77(\text{m})$$

计算下游斜坡段与反弧段切点 d 的坐标，由式(7－12)得到：

$$x_d=x_c+m_c(P_2-y_c)+R\cot\left(\frac{180°-\alpha}{2}\right)-R\sin\alpha$$

$$=11.76+0.65\times(37.54-9.77)+17\times\cot\left(\frac{180°-57°}{2}\right)-17\sin57°=24.78(\text{m})$$

$$y_d=P_2-R+R\cos\alpha=37.54-17+17\cos57°=29.80(\text{m})$$

由以上求得的 c、d 点坐标，即可绘出下游斜坡段 cd。

反弧段与下游河床切点 e 的坐标，由式(7－13)得到：

$$x_e = x_c + m_c(P - y_c) + R\cot\left(\frac{180° - \alpha}{2}\right) = 39.04(\text{m})$$

$$y_e = 37.54\text{m}$$

反弧段圆心 n 点坐标，由式(7-14)得到：

$$x_n = x_e = 39.04\text{m}$$

$$y_n = P_2 - R = 37.54 - 17 = 20.54(\text{m})$$

根据以上结果，即可绘出整个曲线形实用型溢流坝的剖面，如图7.16所示。

7.2.3 宽顶堰的水力计算

当堰顶水平且 $2.5 < \delta/H \leqslant 10$ 时，水流在进入堰顶时产生第一次水面跌落，此后在堰范围内形成一段几乎与堰顶平行的水流，这种堰流称为宽顶堰流。

宽顶堰流是实际工程中很常见的水流现象。一般可分为两种，一种是具有底坎(堰坎)，在垂直方向发生收缩而形成的有坎宽顶堰流，如图7.17(a)、(b)所示；另一种是没有底坎，如水流流经桥墩之间[图7.17(c)]、隧道或涵洞入口，以及水流经施工围堰束窄了的河床[图7.17(d)]时，水流由于边界宽度变小而产生侧向收缩，流速增大，动能增大，势能相应减小，导致进口处水面跌落，产生宽顶堰的水流状态，称为无坎宽顶堰流。

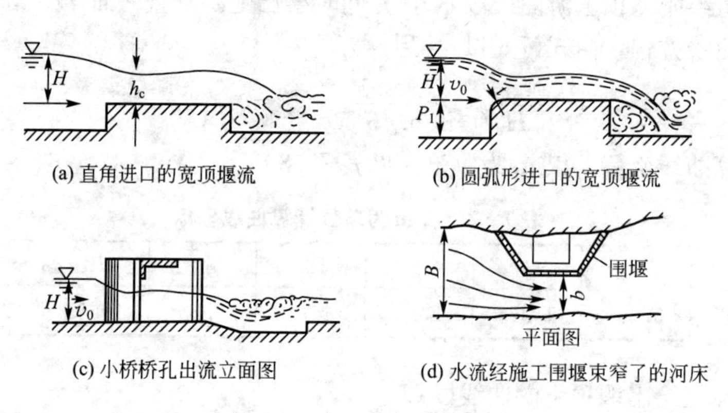

图7.17 有坝宽顶堰流

1. 有坎宽顶堰流的水力计算

在有坎宽顶堰流中，当进口前沿较宽时常设有闸墩及边墩，过堰水流会产生侧向收缩。另外，若上游水头一定，下游水位升高至某一程度时，宽顶堰会由自由出流变为淹没出流，下泄流量减少。所以，有坎宽顶堰的流量应当采用考虑侧收缩及淹没影响的式(7-21)来计算，即：

$$Q = \sigma_s \varepsilon m n b \sqrt{2g} H_0^{3/2}$$

1) 宽顶堰的流量系数

宽顶堰的流量系数 m 取决于堰的进口形式和堰的相对高度 P_1/H，可按下列经验公式计算。

（1）对于堰坎进口处为直角的宽顶堰[图 7.17(a)]。

$$m=0.32+0.01\frac{3-P_1/H}{0.46+0.75P_1/H} \tag{7-22}$$

上式适用于 $0\leqslant P_1/H\leqslant 3$。当 $P_1/H>3$ 时，按 $P_1/H=3$ 计算，即 $m=0.32$。

（2）对于堰顶进口为圆弧形的宽顶堰[图 7.17(b)]。

$$m=036+0.01\frac{3-P_1/H}{1.2+1.5P_1/H} \tag{7-23}$$

上式适用于 $0\leqslant P_1/H\leqslant 3$。当若 $P_1/H>3$ 时，按 $P_1/H=3$ 计算，即 $m=0.36$。

理论研究证明宽顶堰的最大流量系数为 $m_{max}=0.385$。以上两式中当 $P_1=0$ 时，直角进口 $m\approx 0.385$，圆弧形进口 $m=0.385$。

2）宽顶堰的侧收缩系数

反映边墩与闸墩对有坎宽顶堰过流能力影响的侧收缩系数 ε 可用以下经验公式计算。

$$\varepsilon=1-\frac{\alpha_0}{\sqrt[3]{0.2+P_1/H}}\cdot\sqrt[4]{\frac{b}{B}}\left(1-\frac{b}{B}\right) \tag{7-24}$$

式中，α_0——考虑墩头及堰顶入口形状的系数，当闸墩(或边墩)头部为矩形，$\alpha_0=0.19$，当闸墩(或边墩)头部为圆弧形，$\alpha_0=0.10$；

b——每个堰孔宽度；

B——上游引渠宽。

上式的应用条件为：$b/B>0.2$，$P_1/H<3$；当 $b/B<0.2$ 时，应取 $b/B=0.2$；当 $P_1/H>3$，取 $P_1/H=3$。

对于单孔宽顶堰(无闸墩)，可直接用式(7-24)计算 ε 值；对于多孔宽顶堰(有闸墩和边墩)，ε 取边孔与中孔加权平均值。

$$\varepsilon=\frac{(n-1)\varepsilon'+\varepsilon''}{n} \tag{7-25}$$

式中，ε'——中孔侧收缩系数，用式(7-24)计算时，取 $B=b+d$，其中 d 为闸墩厚度；

ε''——边孔侧收缩系数，用式(7-24)计算时，取 $B=b+2\Delta$，其中 Δ 为边墩边缘与堰上游同侧水边线间的距离。

3）宽顶堰的淹没影响

实验证明，当宽顶堰下游水位超过堰顶的高度 $h_s\geqslant(0.75\sim0.85)H_0$(括号内的系数值与堰出口下游断面扩大情况有关)时，堰顶将发生淹没水跃，形成淹没出流，过堰水流受到下游水的阻碍，流量减小。所以淹没条件为(计算时一般取平均值)：

$$h_s>0.8H_0 \tag{7-26}$$

淹没出流对流量的影响可用淹没系数 $\sigma_s\leqslant 1$ 来反映，流量公式采用式(7-21)。淹没系数 σ_s 随 h_s/H_0 增大而减小，表 7-4 为试验得到的淹没系数。

表 7-4　宽顶堰淹没系数 σ_s

h_s/H_0	0.80	0.81	0.82	0.83	0.84	0.85	0.86	0.87	0.88	0.89
σ_s	1.00	0.995	0.99	0.98	0.97	0.96	0.95	0.93	0.90	0.87
h_s/H_0	0.90	0.91	0.92	0.93	0.94	0.95	0.96	0.97	0.98	
σ_s	0.84	0.82	0.78	0.74	0.70	0.65	0.59	0.50	0.40	

2. 无坎宽顶堰流的水力计算

对于由侧向收缩影响而形成的无底坎(平底)宽顶堰流，其流量公式与有坎宽顶堰流公式形式基本相同，只是在计算中一般不单独考虑侧向收缩的影响，而把它包含于流量系数中一并考虑，即令 $m'=m\varepsilon$。于是，无坎宽顶堰流流量计算公式为：

$$Q=\sigma_s m' nb\sqrt{2g}H_0^{3/2} \tag{7-27}$$

式中，m'——包含侧收缩影响的流量系数。

单孔堰的 m' 可根据翼墙形式(图 7.18)及平面收缩程度 b/B 值查表 7-5。多孔堰的 m' 取中孔与边孔流量系数的加权平均值。无坎宽顶堰淹没条件为仍用式(7-26)，淹没系数 σ_s 近似地由表 7-5 查用。

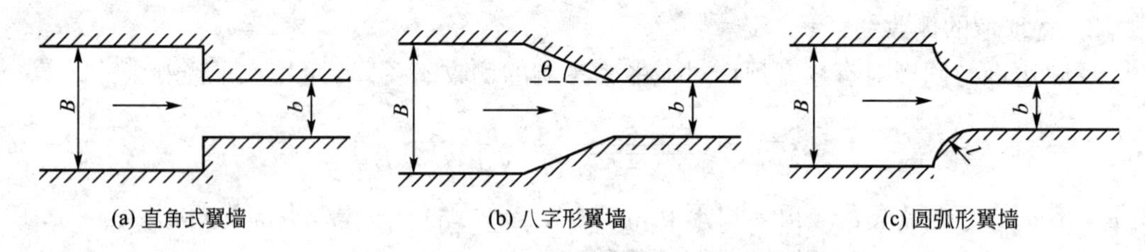

(a) 直角式翼墙　(b) 八字形翼墙　(c) 圆弧形翼墙

图 7.18　无坝宽顶堰翼墙形式

表 7-5　无坎宽顶堰的流量系数

翼墙形式 / b/B	直角式翼墙	八字形翼墙 cot θ			圆弧形翼墙 r/b		
		0.5	1.0	2.0	0.2	0.3	≥0.5
0	0.320	0.343	0.350	0.353	0.349	0.354	0.3.60
0.1	0.322	0.344	0.351	0.354	0.350	0.355	0.361
0.2	0.324	0.346	0.352	0.355	0.351	0.356	0.362
0.3	0.327	0.348	0.354	0.357	0.353	0.357	0.363
0.4	0.330	0.350	0.356	0.358	0.355	0.359	0.364
0.5	0.334	0.352	0.358	0.360	0.357	0.361	0.366
0.6	0.340	0.356	0.361	0.363	0.360	0.363	0.368
0.7	0.346	0.360	0.364	0.366	0.363	0.366	0.370
0.8	0.355	0.365	0.369	0.370	0.368	0.371	0.373
0.9	0.367	0.373	0.375	0.386	0.375	0.376	0.378
1.0	0.385	0.385	0.385	0.385	0.385	0.385	0.385

【例 7.4】 一直角进口无侧收缩宽顶堰，堰宽 $b=3.0\text{m}$，堰坎高 $P_1=P_2=0.6\text{m}$，堰顶水头 $H=0.8\text{m}$。求当下游水深分别为 $h=1.1\text{m}$ 时通过此堰的流量。

【解】 (1) 判别出流形式：

$$h_s=h-P_2=1.1-0.6=0.5(\text{m})$$

$$0.8H=0.8\times0.8=0.64(\text{m})$$

故：$h_s<0.8H$

堰流为自由出流，即 $\sigma_s=1.0$。

由于是单孔、无侧收缩堰，所以 $n=1$，$\varepsilon=1$。

(2) 求流量系数：

$$m=032+0.01\frac{3-P_1/H}{0.46+0.75P_1/H}=032+0.01\times\frac{3-0.6/0.8}{0.46+0.75\times0.6/0.8}=0.342$$

(3) 求流量：

由于 $H_0=H+\frac{\alpha v_0^2}{2g}$，$v_0=\frac{Q}{b(H+P_1)}$。

故流量计算公式为：

$$Q=\sigma_s\varepsilon mnb\sqrt{2g}H_0^{3/2}=mb\sqrt{2g}\left[H+\frac{\alpha Q^2}{2gb^2(H+P_1)^2}\right]^{1.5}$$

上式是关于 Q 的高次方程，一般用迭代法求解。

第一次取 $H_{0(1)}=H=0.8\text{m}$，则：

$$Q_{(1)}=mb\sqrt{2g}H_{0(1)}^{1.5}=0.342\times3.0\times4.427\times0.8^{1.5}=3.250(\text{m}^3/\text{s})$$

$$v_{0(1)}=\frac{Q_{(1)}}{b(H+P_1)}=\frac{3.250}{3\times(0.8+0.6)}=0.774(\text{m/s})$$

第二次 $H_{0(2)}=H+\frac{\alpha v_{0(1)}^2}{2g}=0.8+\frac{1\times0.774^2}{2\times9.8}=0.831(\text{m})$，则：

$$Q_{(2)}=mb\sqrt{2g}H_{0(2)}^{1.5}=0.342\times3.0\times4.427\times0.831^{1.5}=3.441(\text{m}^3/\text{s})$$

$$v_{0(2)}=\frac{Q_{(2)}}{b(H+P_1)}=\frac{3.441}{3\times(0.8+0.6)}=0.819(\text{m/s})$$

第三次 $H_{0(3)}=H+\frac{\alpha v_{0(2)}^2}{2g}=0.8+\frac{1\times0.819^2}{2\times9.8}=0.834(\text{m})$，则：

$$Q_{(3)}=mb\sqrt{2g}H_{0(3)}^{1.5}=0.342\times3\times4.427\times0.834^{1.5}=3.459(\text{m}^3/\text{s})$$

若限定误差为 ε，则要一直计算到满足 h_k 为止，则 $Q\approx Q_{(n)}$。

若本题限定误差为 1.0%，由于 $\left|\frac{Q_{(3)}-Q_{(2)}}{Q_{(3)}}\right|=\left|\frac{3.459-3.441}{3.459}\right|=0.52\%\leqslant1.0\%$，所以过堰流量为 $Q=3.459\text{m}^3/\text{s}$。

【例 7.5】 某河渠一平底节制闸共 3 个孔，每孔净宽 b 为 10m；闸墩头部为半圆形，墩厚度 d 为 2m，边墩翼墙上游为圆弧形，r 为 5m，边墩厚度 Δ 为 8m。上游水深 H 为 6.5m，下游水深 h_t 为 5.6m，上游河渠断面近似为矩形，渠宽 $B=50\text{m}$(图 7.19)。试求当闸门全开时，通过闸的流量。

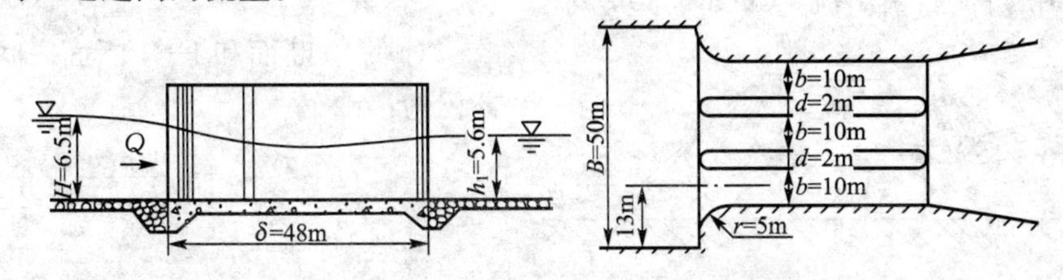

图 7.19　例 7.5 某河渠的平底节制闸图

【解】 由于$2.5<\delta/H<10$，又坎高$P_1=0$，所以通过该节制闸的水流为无坎宽顶堰流。

流量系数m'等于中孔流量系数m_1与边孔流量系数m_2加权平均值。

即
$$m'=\frac{m_2+(n-1)m_1}{n}$$

求中孔流量系数：B为两闸墩中心线间距，$B=b+2\times d/2=b+d=12\text{m}$，闸墩头半径$r=1\text{m}$。

$\frac{r}{b}=\frac{1}{10}=0.1$，$\frac{b}{B}=\frac{10}{12}=0.84$，由表7-5查得$m_1=0.371$。

求边孔流量系数：$B=b+2\times\Delta=10+2\times 8=26\text{m}$，边墩头半径$r=5\text{m}$。

$\frac{r}{b}=\frac{5}{10}=0.5$，$\frac{b}{B}=\frac{10}{26}=0.39$，由表7-5查得$m_2=0.364$。

所以，$m'=\frac{m_2+(n-1)m_1}{n}=\frac{0.364+2\times 0.371}{3}=0.369$

流量和行近流速均未知，可采用逐步近似法计算，见表7-6。

表7-6 迭代表

迭代次数	$H_0=H+(\alpha v_0^2)/(2g)$	h_s/H_0	σ_s	$Q=\sigma_s m' nb\sqrt{2g}H_0^{3/2}$	$v_0=Q/BH$
1	$H_0\approx H=6.5\text{m}$	0.86	0.95	772m³/s	2.38m/s
2	6.79m	0.825	0.985	854.7m³/s	2.63m/s
3	6.85m	0.818	0.99	870.4m³/s	2.68m/s
4	6.866m	0.816	0.992	875.2m³/s	2.693m/s

因为Q_4与Q_3相当接近$\left(\frac{Q_4-Q_3}{Q_4}=0.48\%\right)$，故可认为闸的泄流量为875.2m³/s。

3. 小桥孔径的水力计算

小桥、无压短涵管、灌溉系统的节制闸等的孔径计算，基本上都是利用宽顶堰理论且原则上计算方法相同。以下只介绍小桥孔径计算方法。

小桥的底板一般与渠道的底板齐平(即$P_1=P_2=0$)，由于路基及墩台使液流束窄产生侧收缩，故属无坎宽顶堰流，如图7.20所示，随下游水深变化小桥孔径过流也有自由出流和淹没出流两种形式。

1）自由出流时水力计算

实验表明，当桥下游水深$h<1.3h_k$(h_k是桥下渠道的临界水深，此判别准则是经验数据)时，小桥过流自由出流，如图7.20所示。

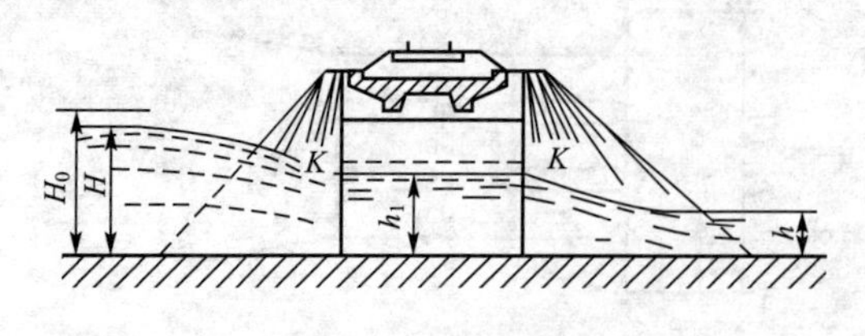

图7.20 小桥孔径自由出流

对0—0断面和1—1断面之间水流能量方程为：

$$H+\frac{\alpha_0 v_0^2}{2g}=h_1+\frac{\alpha_1 v_1^2}{2g}+\frac{\xi v_1^2}{2g}$$

可推得：

$$v_1=\varphi\sqrt{2g(H_0-h_1)} \qquad (7-28)$$

若桥下矩形过水断面宽度为 b，当水流发生侧向收缩时，有效水流宽度为 εb，则：

$$Q=\varepsilon b h_1 \varphi \sqrt{2g(H_0-h_1)} \tag{7-29}$$

上式为小桥桥孔自由出流的计算公式，其中，

h_1——1—1 断面水深，$h_1=\varphi h_k$，其中 φ 为垂向收缩系数(平滑进口 $\psi=0.80\sim0.85$；非平滑进口 $\varphi=0.75\sim0.80$)，$h_k=\sqrt[3]{\dfrac{\alpha Q^2}{(\varepsilon b)^2 g}}$；

φ——流速系数，$\varphi=1/\sqrt{\alpha_1+\xi}$；

H_0——0—0 断面总水头，$H_0=H+\dfrac{\alpha_0 v_0^2}{2g}$；

ε——侧向收缩系数。

φ 与 ε 经验值列于表 7-7。

表 7-7 桥孔径的侧向收缩系数 ε 和流速系数 φ

桥台形状	侧向收缩系数 ε	流速系数 φ
单孔，有锥体填土(锥体护坡)	0.90	0.90
单孔，有八字翼墙	0.85	0.90
多孔或无锥体填土 多孔或桥台伸出锥体之外	0.80	0.85
拱脚浸水的拱桥	0.75	0.80

2) 淹没出流时水力计算

实验表明，当桥下游水深 $h\geqslant 1.3h_k$(h_k 是桥下渠道的临界水深，此判别准则是经验数据)时，小桥过流淹没出流，如图 7.21 所示。此时，忽略水流在桥出口过程中的流速变化造成水深的变化，即 $h=h_1$。淹没出流的水力计算公式为：

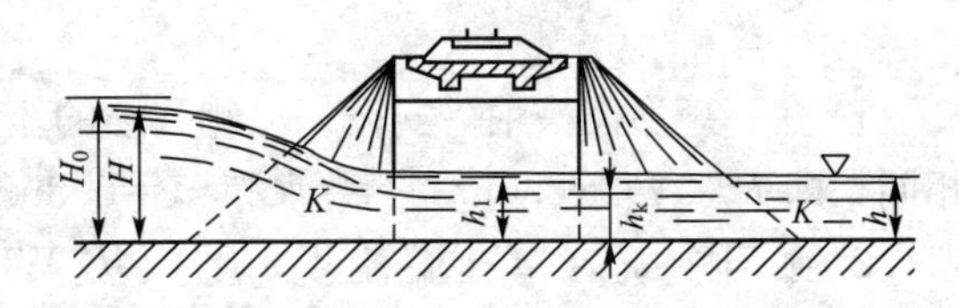

图 7.21 小桥桥孔淹没出流

$$v_1=\varphi\sqrt{2g(H_0-h)} \tag{7-30}$$

$$Q=\varepsilon b h \varphi\sqrt{2g(H_0-h)} \tag{7-31}$$

【例 7.6】 小桥设计流量 $Q=40\text{m}^3/\text{s}$，下游水深 $h=1.18\text{m}$，由规范得知，桥前允许的壅水高度 $H'=2.5\text{m}$，桥下允许流速 $v'=4.2\text{m/s}$。小桥进口形式为“平滑进口，单孔，有八字翼墙”，相应的各项系数为 $\varphi=0.90$ 和 $\varepsilon=0.85$，并取 $\psi=0.825$。试计算小桥的孔径。

【解】 (1) 先以桥下允许流速为依据求临界水深。

$$h_k=\sqrt[3]{\frac{\alpha Q^2}{(\varepsilon b)^2 g}}=\sqrt[3]{\frac{\alpha[v'(\varepsilon b)h_1]^2}{(\varepsilon b)^2 g}}=\sqrt[3]{\frac{\alpha(v'\psi h_k)^2}{g}}=\sqrt[3]{\frac{\alpha(v'\psi)^2}{g}}\times h_k^{2/3}$$

所以：

$$h_k=\frac{\alpha(v'\psi)^2}{g}=\frac{1\times4.2^2\times0.825^2}{9.8}=1.225(\text{m})$$

$1.3h_k = 1.3\times1.225 = 1.593(\text{m}) > h = 1.18\text{m}$，此小桥为自由出流。

(2) 先以桥下允许流速为依据求小桥的孔径。

$$b = \frac{Q}{\varepsilon\psi h_k v'} = \frac{40}{0.85\times0.825\times1.225\times4.2} = 11.087(\text{m})$$

铁路桥梁的标准孔径有4m、5m、6m、8m、10m、12m、16m及20m等10多种。本例取$b=12\text{m}$，相应临界水深$h_k' = \sqrt[3]{\frac{\alpha Q^2}{(\varepsilon b)^2 g}} = \sqrt[3]{\frac{1\times40^2}{(0.85\times12)^2\times9.8}} = 1.162(\text{m})$，$1.3h_k' > h$，仍为自由出流。桥孔实际流速为：

$$v_1 = \frac{Q}{\varepsilon b h_1} = \frac{Q}{\varepsilon b\psi h_k'} = \frac{40}{0.85\times12\times0.825\times1.162} = 4.09(\text{m/s}) < v'$$

满足桥下允许流速的要求。

(3) 以桥下实际孔径、实际流速为依据验算桥前的水深。

由式(7-28)可得：

$$H \approx H_0 = h_1 + \frac{(v_1/\varphi)^2}{2g} = \psi h_k' + \frac{(v_1/\varphi)^2}{2g}$$

$$= 0.825\times1.162 + \frac{(4.09/0.90)^2}{2\times9.8} = 2.01(\text{m}) < H' = 2.5\text{m}$$

满足规范壅水高度的要求。

习　题

1. 在一矩形渠槽中，安设一无侧收缩的矩形薄壁堰，已知堰宽$b=0.8\text{m}$，上下游堰高相同，即$P_1=P_2=0.6\text{m}$，下游水深$h_t=0.3\text{m}$。当堰顶水头$H=0.4\text{m}$时，求过堰流量。

2. 某河中筑有单孔溢流坝，剖面按WES曲线设计。已知：筑坝处河底高程为60.20m，坝顶高程为68.00m，上游设计水位高程为71.50m，下游水位高程为64.35m，坝前河道近似矩形，河宽B为120m，边墩头部呈圆弧形。试求上游为设计水位时，通过流量Q为150m³/s所需的堰顶宽度b。

3. 某溢流坝按WES剖面设计，上游坝面为垂直面，坝趾河床高程为201m，设计流量$Q=6840\text{m}^3/\text{s}$，相应的上游设计水位高程为288.85m，下游设计水位高程为231.50m，上游水面宽度B为180m。闸墩墩头采用流线形，边墩墩头为圆弧形。已确定溢流坝做成3孔，每孔净宽$b=16\text{m}$。(1)试求堰顶设计水头H_d及堰顶高程。(2)计算并绘制溢流坝剖面。

4. 某泄洪排沙闸共4孔，每孔净宽b为12m；闸墩头部为半圆形，墩厚d为3m，闸室上游翼墙为八字形，收缩角θ为30°，翼墙计算厚度Δ为4m，上游河道断面近似矩形，河宽B为71m；闸室下游连一陡坡渠道坡度$i=0.02$，闸孔为自由出流，闸底高程为100m(图7.22)。试计算闸门全开，上游水位高程为111.0m时的流量。

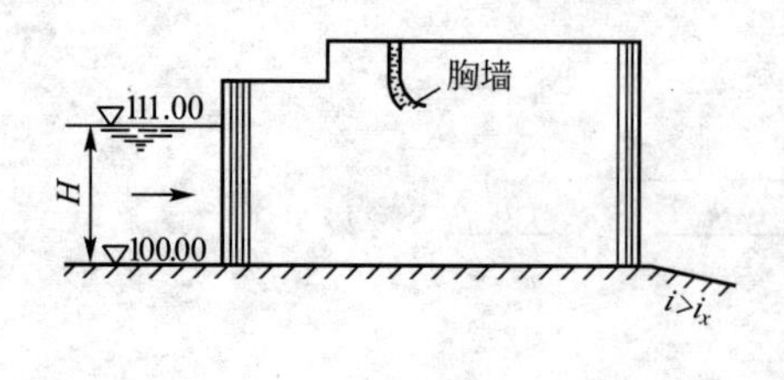

图7.22　4题图

5. 在一宽阔的近似平坡的河道上，某坝体分期施工，在河道一侧修建围堰，如图 7.23 所示。施工导流设计过流量 $Q=1200\text{m}^3/\text{s}$，相应围堰下游河道水深 $h_t=2.2\text{m}$。上游河宽 $B=500\text{m}$，围堰处河道宽度 $b=250\text{m}$，上游围堰与河岸夹角 $\theta=45°$。试求修建围堰后上游壅水深度 H。

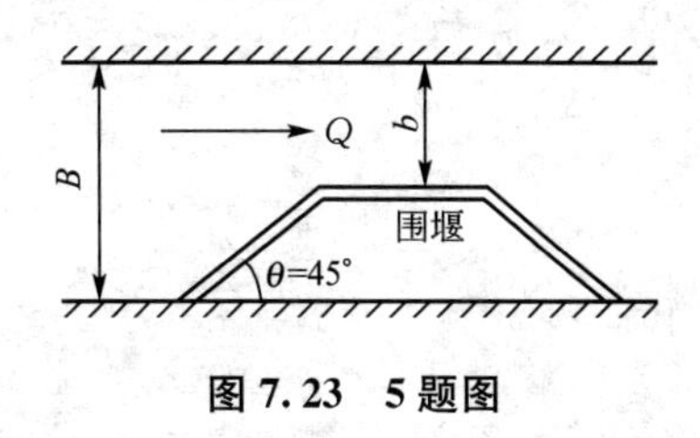

图 7.23 5 题图

6. 选用定型设计小桥孔径 B。已知设计流量 $Q=15\text{m}^3/\text{s}$，取碎石单层铺砌加固河床，其允许流速 $v'=3.5\text{m/s}$，桥下游水深 $h=1.3\text{m}$，取$\varepsilon=0.90$，$\varphi=0.90$，$\psi=1$（在一些设计部门，小型建筑物的 ψ 值取 1），允许壅水高度$H'=2.0\text{m}$。

第8章 渗　　流

教学目标

理解渗流的概念及渗流模型。
掌握渗流达西定律。
掌握地下河段均匀与非均匀渐变渗流。
掌握简单井的水力计算。
掌握因次分析方法和相似准则。
了解岩石渗流的特点

教学要求

知识要点	能力要求	相关知识
达西定律	熟练掌握达西定律的表达式及应用	流量公式 雷诺数
裘布依假设和公式	掌握用裘布依公式计算非均匀渐变渗流	水力坡度 达西定律
井的分类与水力计算	掌握井的类型及单井的水力计算	非恒定流
相似原理、相似准则	掌握重力相似准则；掌握模型基本控制比尺的确定与转换	惯性力 几何模型

引言

流体在多孔介质中的流动被称为渗流。渗流——地下水运动，即水在土坝、井、岩石、闸坝内的运动。地下水运动的研究在水利、地质、采矿、石油等很多部门都有很重要的作用。它在土木工程方面的应用也很广泛，如水工建筑物中的渗透及稳定性问题，建筑物的地基处理、基坑渗流等。运用相似原理和相似准则可以使实物的原型和模型之间保持相似，从而用实验手段来揭示水流运动规律。

8.1 渗流的基本概念

8.1.1 多孔介质与渗流

1. 多孔介质

众所周知，地下水是储存并运动于岩石的空隙中，在渗流(地下水动力学)中把这样的空隙定义为“多孔介质”。

关于多孔介质，Bear定义为：首先认为多孔介质是“带有空洞的固体”，并有如下特点。

(1) 多相物质所占据的一部分空间。在多相物质中至少有一相不是固体，它们可能是气相和(或)液相。固相称为骨架。在多孔介质范围内没有固体骨架的那一部分空间叫做空隙空间或孔隙空间。

(2) 在多孔介质所占据的范围内，固相应遍及整个多孔介质，在每个表征体之中必须存在固体颗粒。多孔介质的一个基本特点是固体骨架的表面积较大；构成空隙空间的空隙比较狭窄。

(3) 至少构成空隙空间的某些孔洞应当相互连通。

从上述特点或定义看出，含有孔隙水的松散沉积物，含有裂隙水的遍布于整个含水层细小的节理、裂隙及含有岩溶水的一些微小溶洞、溶孔等都看成多孔介质。这是渗流力学研究的内容之一。

2. 渗流

地下水运动是指地下水受重力、毛细力、分子吸力等作用，在多孔介质中的流动，如在土坝、井、闸坝的基础内均存在地下水的渗流运动，其学名为渗流。

由于岩土空隙形状尺度及连通性各不相同，地下水在不同空隙中的运动状态是各不相同的。地下水在多孔介质中的运动状态根据无量纲的雷诺数区分为层流与紊流。层流是指地下水在运动过程中流线呈规则的层状流动，而紊流是指流线无规则的运动。

判别地下水流态的无量纲雷诺数的表达式为：

$$Re=\frac{u \cdot d}{\nu} \tag{8-1}$$

式中，u——地下水的渗流速度；

d——含水层颗粒的平均粒径；

ν——地下水运动粘滞系数。

多数实验表明，由层流过渡到紊流时临界雷诺数为60～150。地下水在绝大多数情况下，实际流动的流态多为层流流态，只有在卵石层的大孔隙、宽大裂隙、溶洞及抽水井附近当水力梯度很陡时，才出现紊流的流态。

1）渗流运动的形态分类

渗流的运动要素(如水头 H、渗透速度 V、水力梯度 I、渗透流量 Q 等)总是随着时间和空间发生变化。运动要素的这些变化使渗流总是表现出各种各样的形态。

(1) 按运动要素是否随时间发生变化，渗流分为稳定流和非稳定流。要描述稳定流动，只需了解运动要素在空间的分布即可；而对于非稳定流动，则需了解运动要素在时间和空间上的变化。

(2) 根据渗流方向不同，可分为一维流(单向流)、二维流(平面流)和三维流(空间流)。

① 单向流是指渗流只沿一个方向运动，如等厚的承压含水层中的地下水运动。

② 平面流是指平行于一个垂直平面或水平平面运动。

③ 空间流是指渗流方向不与任意直线或平面平行，这是渗流中最复杂的形式。

无论是哪一种运动形式，都有可能是稳态流和非稳态流。

2）渗流模型

流体在多孔介质中流动，其流动路径相当复杂，如图8.1(a)所示。无论理论分析或实验手段都很难确定在某一具体位置的真实运动速度，从工程应用的角度来说也没有这样的必要。对于解决实际工程问题，最重要的是要知道在某一范围内渗流的平均效果，因此提出了渗流模型的概念。所谓渗流模型是指边界形状与边界条件保持不变的条件下，假设多孔介质都被渗透水流所占有，用一种充满多孔介质的假想水流代替仅仅在多孔介质中的空隙存在的真实水流，如图8.1(b)所示。其实质在于把实际上并不充满全部空间的液体运动看作是连续空间内的连续介质运动。这样可以把流体力学中的一些概念与方法应用到地下水运动中来，如均匀流与非均匀流、恒定流与非恒定流等概念可以适用于渗流。

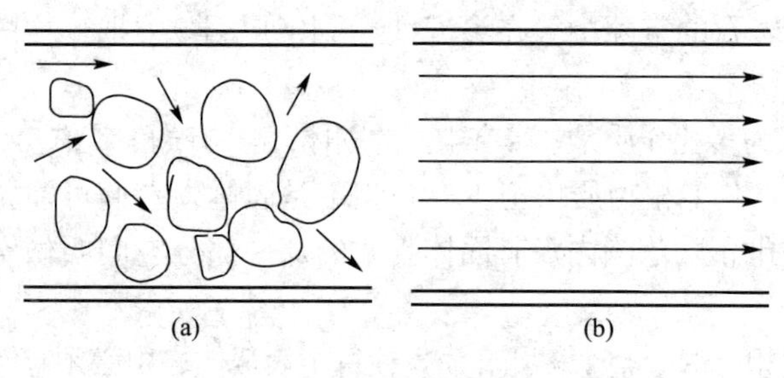

图8.1　实际渗流与模型渗流图

而用模型渗流取代真实的渗流必须满足以下条件。

(1) 对于同一过水断面，模型的渗流量等于真实渗流量。

(2) 作用于模型的某一作用面的渗流压力等于真实的渗流压力。

(3) 模型中两端的水头损失与真实渗流中两端的水头损失相等。

8.1.2　渗流基本定律

早在1856年，法国水利工程师Henri Darcy总结出渗流水头损失与渗流速度、流量之间的基本关系，即所谓的达西定律。

1. 达西定律

达西定律是揭示水在多孔介质中渗流规律的实验规律。它可以表述为水在单位时间内通过多孔介质的渗流流量 Q 与介质渗流长度 L 成反比，与渗流介质的过水断面 A 及上下两测压管的水头差 Δh 成正比。即：

$$Q=K\frac{\Delta h}{L}A \tag{8-2}$$

式中，K——渗透系数。

渗流的平均流速为单位面积上的流量，即：

$$v=K\cdot\frac{\Delta h}{L}=K\cdot J$$

式中，J——水力坡度，即单位长度上的水头损失值，$J=\dfrac{\Delta h}{L}$。

上式说明，水在多孔介质中的渗流速度与水力坡度的一次方成正比，这就是著名的达西定律，也称线性渗透定律，它是研究渗流运动的理论基础。

达西定律虽是一条实验规律，但是经理论分析，从动量守恒定律也可以导出达西定律。所以，可以把该定律引申应用到非均质各向异性介质的渗流问题和空间运动。

图 8.2 是达西实验的装置。该装置是 H. Darcy 1856 年在解决法国 Dijon 城的给水问题时，用直立的均质砂柱进行的渗流实验研究。达西做了大量实验，获得的结论即为达西公式。

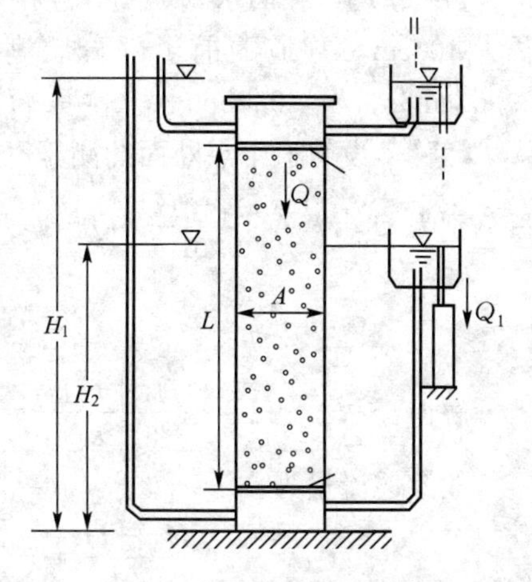

图 8.2 达西实验装置图

在 Darcy 实验中，地下水作为一维的均匀运动，即渗流速度与水力坡度的大小、方向沿流程不变。但在实际渗流场中使用达西公式，由于各点的渗流速度其大小和方向可能都不相同，因此，我们可以把他推广到一般的三维情况，建立达西定律的微分表达形式。

$$v=K\cdot J=-K\frac{\mathrm{d}H}{\mathrm{d}s}=-K\cdot \mathrm{grad}H \tag{8-3}$$

式中，v——渗流速度向量；在笛卡儿坐标系中它沿 x，y，z 三方向的向量为 v_x，v_y，v_z；J 在 x，y，z 方向的分量分别为 $J_x=-\dfrac{\partial H}{\partial x}$，$J_y=-\dfrac{\partial H}{\partial y}$，$J_z=-\dfrac{\partial H}{\partial z}$。

当流动发生在均质各向同性的多孔介质中，K 是不变的标量，因此有：

$$v_x=-K\frac{\partial H}{\partial x};\ v_y=-K\frac{\partial H}{\partial y};\ v_z=-K\frac{\partial H}{\partial z}$$

2. 达西定律的适用范围

许多学者都曾指出，随着渗透速度的增大，达西定律即渗透速度与水力坡度的线性关系已不再成立，由此可见，达西定律是有一定的适用范围的。若使用雷诺数表示，可归纳如下。

(1) 存在一临界雷诺数 $Re_{临}$，该值约 1～10 之间，当 $Re<Re_{临}$，即低雷诺数时，有一粘滞力占优势的层流区域，在该区域内达西定律是适用的。$Re_{临}$ 即是达西定律的上限。

(2) 随着雷诺数的增大，一般 Re 为 10～100 时，为一过渡区，在该区的下部，从粘滞力起主要作用的层流状态转变为以惯性力起主要作用的紊流状态。

(3) 当 $Re>100$ 时，流动变成湍流，达西定律不再适用。经分析认为在较高速度下，有以下关系式

$$J=av+bv^2 \tag{8-4}$$

式中，a，b——实验确定的常数，它们取决于岩土颗粒孔隙率、颗粒形状、大小等因素。

(4) 实际上在很低的流速下，Darcy 定律也不适用。例如在低速情况下，水出现 Bingham 流体的流变特性，即存在一个启动压力梯度。关于水在低速或低压力梯度下出现类似非牛顿流体特性的机理，说法不一。一种认为流体与多孔介质壁之间存在着静摩擦力，压力梯度必须达到一定数值才能克服这种静摩擦力，一种说法是颗粒表面存在着吸附水层，这种吸附水层阻碍着流体的启动。描述低速渗流的表达式为：

$$\begin{cases} v=-K(J-J_0) & (J>J_0) \\ v=0 & (J<J_0) \end{cases} \tag{8-5}$$

式中，J_0——启动压力梯度。通常发生在低渗透地层中。

【例 8.1】 在两水箱之间，连接一条水平放置的圆形管道(图 8.3)管道直径为 20cm，长为 100cm，管道的前半部分装满细砂，后半部分装满粗砂，渗透系数分别是 $k_1=0.002\text{cm/s}$，$k_2=0.05\text{cm/s}$。水深 $H_1=80\text{cm}$，$H_2=50\text{cm}$。试计算管中的渗透流量。

【解】 设管道中点断面的测压管水头为 H，根据达西定律，通过细砂和粗砂的渗透流量分别为 $Q_1=k_1A\dfrac{H_1-H}{0.5L}$，$Q_2=k_2A\dfrac{H-H_2}{0.5L}$，根据连续性原理，$Q_1=Q_2$，即：

$$k_1A\frac{H_1-H}{0.5L}=k_2A\frac{H-H_2}{0.5L}$$

解得：
$$H=\frac{k_1H_1+k_2H_2}{k_1+k_2}=\frac{0.002\times 80+0.05\times 50}{0.002+0.05}=51.15(\text{cm})$$

故渗透流量为：

$$Q_1=K_1A\frac{H_1-H}{0.5L}=0.002\times\pi\times 10^2\times\frac{80-51.15}{0.5\times 100}=0.36(\text{cm}^3/\text{s})$$

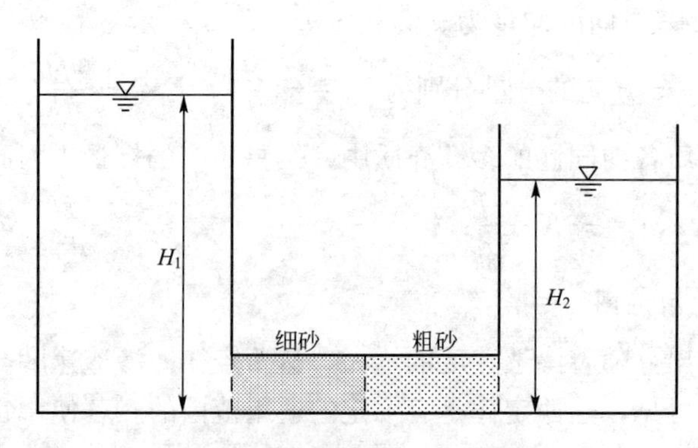

图 8.3 圆管中砂子分布示意图

8.2 渗流在井流中的应用

为了开采和疏干地下水，需要应用井、钻孔等建筑物来揭露地下水。在工程中，通常把这些建筑物称为集水建筑物。而井是最常见的用于抽取地下水的建筑物。例如许多地区打井开采地下水，来满足工农业生产和城乡居民用水的需求；在工程中可以采用打井排水的方式降低地下水位，保证工程顺利进行等。所以，研究渗流在井流中的应用有着非常重要的实际意义。

按照井所穿入的含水层的不同，可以分为潜水井和承压水井；而按照穿入程度的不同，可以分为完整井和非完整井，井孔如果穿过含水层全部厚度达到不透水层基底，并从全部厚度上取水时则称为完整井，如果井孔只穿入含水层的部分厚度，或者只从部分厚度内取水时，则称为非完整井。井的具体分类详见图 8.4。

研究地下水稳定流运动的基本方程是裘布依(Dupuit)公式：

$$Q=-KA\frac{\mathrm{d}H}{\mathrm{d}x} \tag{8-6}$$

式中，Q——稳定流流量；

K——渗透系数；

A——地下水流的过水断面；

$\frac{\mathrm{d}H}{\mathrm{d}x}$——水力梯度，其中 H 为水位或压力水头。

如果用单宽流量表示，式(8-6)可以变为：

$$q=-Kh\frac{\mathrm{d}H}{\mathrm{d}x} \tag{8-7}$$

式中，h——过水深度或含水层厚度。

裘布依公式实际上就是达西定律的微商形式，根据不同边界条件可以对其进行求解。

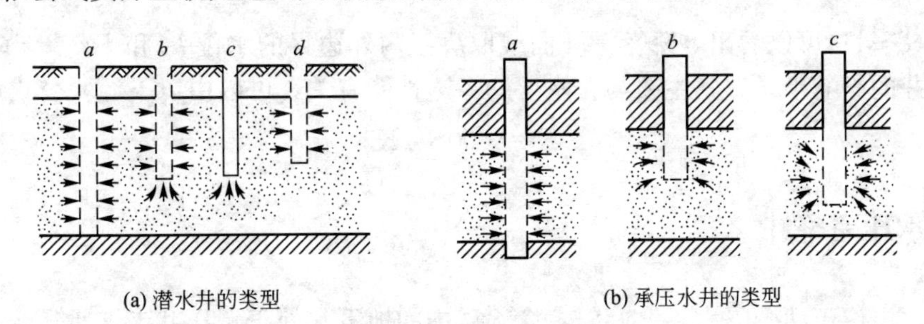

(a) 潜水井的类型　　(b) 承压水井的类型

图 8.4 井的分类

8.2.1 潜水完整井

1863 年，法国水利工程师裘布依首先利用线性渗透定律——达西定律研究了地下水向完整井的稳定运动，得出了裘布依公式，即地下水的流量公式。

当水井开始抽水时，井中的水位迅速下降，而井周围的地下水位也随之下降，形成一

个以井孔为轴心的漏斗状潜水面，即压降漏斗。井中心的水位下降值 S 称为降深，随着抽水时间的持续，降深 S 加大，漏斗面积逐渐扩大，井的涌水量 Q 减少，当到达一定时间以后，涌水量 Q 稳定不变，S 不再下降，漏斗范围不再扩大，此时地下水向井的运动称之为稳定运动，从井中心到漏斗边缘的距离 R 称为影响半径。

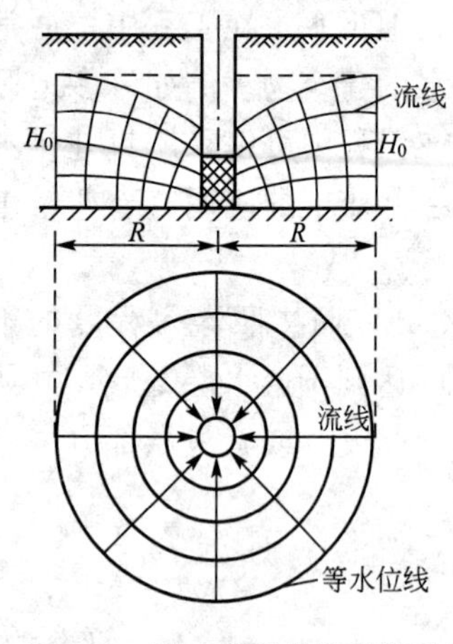

图 8.5　潜水完整井降落漏斗

假设隔水底板水平，含水层为均质、各向同性，延伸范围无限大，同时假设过水断面为近似的圆柱形，如图 8.5 所示。

裘布依公式为：

$$Q=KA\frac{\mathrm{d}h}{\mathrm{d}r}$$

式中，A——圆柱形过水断面，$A=2\pi rh$。

所以，$Q=K\cdot 2\pi rh\dfrac{\mathrm{d}h}{\mathrm{d}r}$，积分得：

$$Q=1.366K\frac{H_0^2-h_w^2}{\lg(R/r_w)} \tag{8-8}$$

式(8-8)是裘布依稳定潜水井流的涌水量公式，假设稳定的水位降深为 $S_w=H_0-h_w$，则式(8-8)可以写成：

$$Q=1.366K\frac{(2H_0-S_w)S_w}{\lg(R/r_0)} \tag{8-9}$$

根据上述公式，可以得到利用抽水资料计算渗透系数 K 的公式，即：

$$K=0.732\frac{Q\lg\dfrac{R}{r_w}}{H_0^2-h_w^2}=0.732\frac{Q\lg\dfrac{R}{r_w}}{(2H_0-S_w)S_w} \tag{8-10}$$

如果改变积分上下限，r 由 r_w 到 r，h 由 h_w 到 h，则可以得到降落漏斗曲线(浸润曲线)方程，即：

$$h^2=h_w^2+\frac{Q}{\pi K}\ln\frac{r}{r_w}=h_w^2+(H_0^2-h_w^2)\frac{\ln\dfrac{r}{r_w}}{\ln\dfrac{R}{r_w}} \tag{8-11}$$

从式(8-11)可以看出，降落漏斗曲线取决于内外边界的水位 h_w 和 H_0，与 Q 和 K 无关。R 为井的影响半径，其主要与含水层的渗透性能有关，可以由以下经验公式计算：

$$R=3000S\sqrt{K}$$

8.2.2　承压完整井

当含水层位于两个隔水层之间时，含水层中的地下水处于承压状态。承压含水层有上下两个稳定的隔水层，上面的隔水层叫隔水顶板，下面的称隔水底板。如图 8.6 所示为一含水层是等厚的承压含水层。在这种条件下抽水，剖面上的流线是相互平行的直线，等水头线是铅垂线，等水头面是圆柱面。在这种情况下，渗流断面上各点的水力坡度是相同的，其流动方向沿 r 方向。

根据达西线性定律：

$$Q=KA\frac{\mathrm{d}H}{\mathrm{d}r}$$

渗流断面为圆柱面，$A=2\pi rM$ 代入上式得：

$$Q=KA\frac{\mathrm{d}H}{\mathrm{d}r}=2K\pi r\mathrm{d}\frac{\mathrm{d}H}{\mathrm{d}r}$$

即：

$$\mathrm{d}H=\frac{Q}{2\pi K\mathrm{d}}\frac{\mathrm{d}r}{r}$$

将上式从(r_w，H_w)到(r，H)积分，得到承压完整井的测压管水头线方程：

$$H-H_w=\frac{Q}{2\pi K\mathrm{d}}\ln\frac{r}{r_w}=0.366\frac{Q}{K\mathrm{d}}\lg\frac{r}{r_w} \tag{8-12}$$

当 $r=R$，$H=H_0$时，代入上式得到承压完整井的产水量公式：

$$Q=\frac{2\pi K\mathrm{d}(H_0-H_w)}{\ln\frac{R}{r_w}}=2.732\frac{K\mathrm{d}S_w}{\lg\frac{R}{r_w}} \tag{8-13}$$

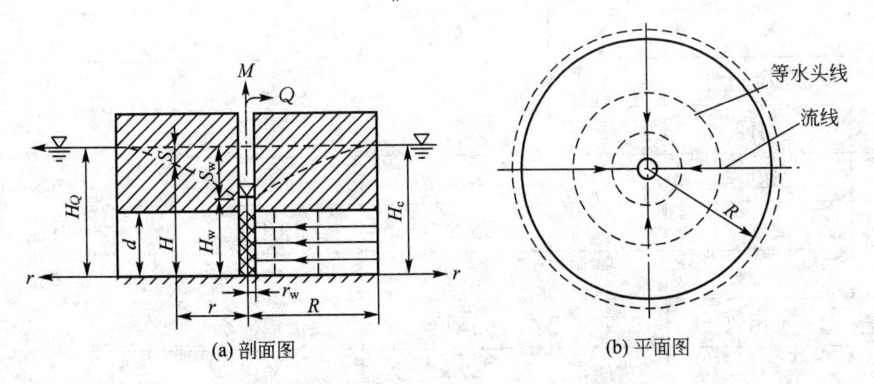

图 8.6 地下水向承压井的运动示意图

实际工程中的水流现象非常复杂，仅靠理论分析对工程中的水力学问题进行求解存在许多困难，模型试验和量纲分析是解决复杂水力学问题的有效途径。模型试验必须遵循一定的相似原理。

8.2.3 因次分析和相似原理

自然科学领域内存在许多同类现象，其相互间具有相似关系，同一类的物理现象可以用相同形式的数理方程描述，在因次上也存在类似关系，通过相似原理，通过模型实验探讨流体流动规律，成为流体力学(包括渗流力学)中的重要问题。

因次分析和相似原理经常是相辅相成的，下面介绍因次分析法，对于相似原理仅介绍几种相似准数。

1. 因次分析

因次分析的基本原理是：凡是完整的数学物理方程，其各项的因次必须是一致的，也称之为因次和谐原理。因为只有两个相同类型的物理量才能相加减，所以一个方程中每一项的因次必须相等，这可以用来检验方程式的正确与否。

尽管正确的物理方程在因次上必须一致，但是对于经验公式，一般是指单纯依靠实验数据所建立的公式等。对于这类经验公式，必须指明所采用的单位，因为单位之间不能相互转化。

由于无因次数的方法是由白金汉提出的，因此把无因次数称为 π 数。所以因次分析法也称为白金汉 π 理论。如果一物理现象所包括的各物理量间的函数关系，采用同一单位制，则其函数关系式就确定了。若改变单位制，则函数关系要受到影响，要使其不受单位制的影响，必须具有特殊函数关系的结构形式。π 定理就是化有因次的函数关系为无因次的函数关系的方法。证明过程略。

对于可压缩流体的流动，常采用 M－L－T－Θ 基本因次系统。

质量$[m]=\mathrm{M}$　　长度$[l]=\mathrm{L}$　　时间$[t]=\mathrm{T}$　　温度$[T]=\Theta$

基本因次的选取并非唯一，表 8-1 列出了流体力学常用的各物理量的因次。

表 8-1　常用物理量的因次

序号	物理量名称	符号	性质	因次	关系式
1	长度	l	几何学	L	l
2	面积惯性矩	J	几何学	L^4	$J=Al^2=l^4$
3	时间	t	运动学	T	t
4	速度	v	运动学	LT^{-1}	$v=\Delta l/\Delta t$
5	速度势	φ	运动学	$\mathrm{L}^2\mathrm{T}^{-1}$	$\varphi=\int\Delta\varphi\cdot \mathrm{d}l$
6	角速势	ω	运动学	T^{-1}	$\omega=\Delta a/\Delta t$
7	流函数	Ψ	运动学	$\mathrm{L}^2\mathrm{T}^{-1}$	$\Psi=\int(-v\mathrm{d}x+u\mathrm{d}y)$
8	环量	Γ	运动学	$\mathrm{L}^2\mathrm{T}^{-1}$	$\Gamma=\oint v\cdot \mathrm{d}l$
9	旋度	Ω	运动学	T^{-1}	$\Omega=\nabla\times v$
10	运动粘性系数	ν	运动学	$\mathrm{L}^2\mathrm{T}^{-1}$	$\nu=\mu/\rho$
11	质量	m	动力学	M	F/a
12	密度	ρ	动力学	ML^{-3}	$\rho=\Delta m/\Delta\tau$
13	力	F	动力学	MLT^{-2}	$F=ma$
14	应力	$p_{i,j}$	动力学	$\mathrm{ML}^{-1}\mathrm{T}^{-2}$	$p_{i,j}=F_{i,j}/A$
15	容重	γ	动力学	$\mathrm{ML}^{-2}\mathrm{T}^{-2}$	$\gamma=\rho g$
16	动力粘性系数	μ	动力学	$\mathrm{ML}^{-1}\mathrm{T}^{-1}$	$\mu=p_{ij}/\partial u/\partial y$
17	能、功	W	动力学	$\mathrm{ML}^2\mathrm{T}^{-2}$	$W=Fl$
18	温度	T	热力学	Θ	T

对于某一流动问题，假设影响该流动的物理量有 n 个，x_1，x_2，x_3，…，x_n，而这些物理量中的基本因次为 m 个，于是可以把这些量排列成 $n-m$ 个独立的无因次参数 π_1，π_2，…，π_{n-m}，它们的函数关系分别为：

$$f(x_1, x_2, \cdots, x_{n-m})=0$$

$$F(\pi_1, \pi_2, \cdots, \pi_{n-m})=0$$

然后在变量 x_1，x_2，x_3，…，x_n 中选择 m 个因次独立的量作为重复变量，连同其他的 x_i 量中的一个变量组合成每个 π_i。例如，设 $m=3$，x_1，x_2，x_3 为重复变量，于是有：

$$\begin{cases}\pi_1 = x_1^{\alpha_1} x_2^{\beta_1} x_3^{\gamma_1} x_4 \\ \pi_2 = x_1^{\alpha_2} x_2^{\beta_2} x_3^{\gamma_2} x_5 \\ \vdots \\ \pi_{n-m} = x_1^{\alpha_{n-m}} x_2^{\beta_{n-m}} x_3^{\gamma_{n-m}} x_n\end{cases}$$

将以上两式的变换及 α_i，β_i，γ_i的求解通过下例来说明。定理的证明请参阅有关参考书。

【例 8.2】 低渗透多孔介质非达西型渗流的特征参数启动压力梯度 γ，对其影响的物理量有渗透率 K，粘度 μ，密度 ρ，孔隙直径 R 和喉道直径 d 有关，应用 π 定理确定其函数关系。

【解】 该问题所涉及的物理量为 γ、K、μ、ρ、R 及 d 共 6 个，其因次见表 8-2。

表 8-2 研究问题的变量、符号和因次

变量	符号	因次
启动压力梯度	γ	$ML^{-1}T^{-2}$
密度	ρ	ML^{-3}
动力粘度	μ	$ML^{-1}T^{-1}$
渗透率	K	L^2
孔隙直径	R	L
喉道直径	d	L

列成系数矩阵见表 8-3。

表 8-3 系数矩阵表

基本因次	γ	K	μ	ρ	R	d
M	1	0	1	1	0	0
L	−1	2	−1	−3	1	1
T	−2	0	−1	0	0	0

系数矩阵的秩为 3，根据 π 定理，取 K、μ 及 ρ 为基本量，组成如下 3 个无因次。

$$\pi_1 = K^{x_1}\mu^{y_1}\rho^{z_1}\gamma$$

$$\pi_2 = K^{x_2}\mu^{y_2}\rho^{z_2}R$$

$$\pi_3 = K^{x_3}\mu^{y_3}\rho^{z_3}d$$

由因次平衡，对 $\pi_1 = K^{x_1}\mu^{y_1}\rho^{z_1}\gamma$ 有

$$\left.\begin{aligned}&对\ M: y_1 + z_1 + 1 = 0\\&对\ L: 2x_1 - y_1 - 3z_1 - 1 = 0\\&对\ T: -y_1 - 2 = 0\end{aligned}\right\}\quad 解得\begin{cases}x_1 = 1\\ y_1 = -2, 故\ \pi_1 = \dfrac{\gamma K\rho}{\mu^2}\\ z_1 = 1\end{cases}$$

同理可得：$\pi_2 = \dfrac{R}{\sqrt{K}}$，$\pi_3 = \dfrac{r}{\sqrt{K}}$

写成无因次函数的形式：$\dfrac{\gamma K\rho}{\mu^2} = f\left(\dfrac{R}{\sqrt{K}}, \dfrac{r}{\sqrt{K}}\right)$

化为：$\gamma = \dfrac{\mu^2}{K\rho} f\left(\dfrac{R}{\sqrt{K}}, \dfrac{r}{\sqrt{K}}\right)$

8.2.4 相似准则

1. 相似的基本概念

1）几何相似

几何相似是指模型和自然界渗流之间的几何尺寸相似。要满足几何相似，就应该使原型中的任何长度尺寸和模型中的相对应的长度尺寸的比值处处相等，即：

$$\alpha_l=\frac{l_n}{l_m}=\frac{b_n}{b_m}=\frac{M_n}{M_m}=\frac{H_n}{H_m} \tag{8-14}$$

式中，l_n、b_n、M_n——分别为自然界渗流区的长度、宽度和厚度；

l_m、b_m、M_m——分别为模型渗流区的长度、宽度和厚度；

H_n、H_m——分别为自然界渗流区及模型渗流区的水头。

满足上述比例关系制作的模型，保证了它与自然界整个渗流区的几何相似。

2）运动相似

运动相似是指运动的相似性，即模型和自然界渗流的相应液体的质点的迹线应该相似。所以，运动相似是指原型流场与模型流场中的对应点存在的同名速度，且速度矢量图成几何相似。为此应该满足速度比尺：

$$\alpha_v=\frac{v_n}{v_m}=\frac{n_n\dfrac{dl_n}{dt_n}}{n_m\dfrac{dl_m}{dt_m}}=\frac{\alpha_n\alpha_l}{\alpha_t} \tag{8-15}$$

式中，α_t——时间比例系数，$\alpha_t=\dfrac{t_n}{t_m}$；

α_n——有效孔隙率比例系数，$\alpha_n=\dfrac{n_n}{n_m}$。

3）动力相似

原型与模型中对应点处受力方向相同，而且大小成比例。以 F_n表示原型中某点上的力，以 F_m表示模型中对应点上的力。则力的比尺为：

$$\alpha_F=\frac{F_n}{F_m} \tag{8-16}$$

4）初始条件和边界条件的相似

初始条件和边界条件的相似是保持相似的充分条件。因此，要保证相似就得使两液流的初始条件和边界条件满足相似。若为水头边界，则要求模型的起始时刻和整个实验过程中边界水头比例保持不变。假如自然界具有渗入补给的渗流，也应满足渗入量(或蒸发消耗)按一定比例，即：

$$\alpha_\varepsilon=\alpha_k$$

式中，α_k——渗入强度比例系数。

模型的设计、制作与模拟都必须遵守上述 4 个条件。模型设计的程序一般是：首先根据自然渗流区大小及其他具有长度因次的物理量，选择出长度比例 α_l，确定渗流模型的大小。然后再根据勘探所得到的 K_n 及给水度 n_n，结合实验室已有备用砂土来确定渗透系数的比例系数 α_k 和有效孔隙率比例系数 α_n。

在模型设计中，α_l、α_k、α_n 可以按照实际情况自行选择，而其他比例系数 α_h、α_ε、α_t 及 α_v 和 α_θ 都由上述 3 个基本比例系数导得：

$$\alpha_h=\frac{H_n}{H_m}=\frac{l_n}{l_m}=\alpha_l$$

$$\alpha_\varepsilon=-\alpha_k$$

$$\alpha_t=\frac{\alpha_n\alpha_t}{\alpha_k}$$

$$\alpha_\theta=\frac{\theta_n}{\theta_m}=\frac{v_nA_n}{v_mA_n}=\alpha_v\frac{b_nM_n}{b_mM_n}=\alpha_k\alpha_l^2$$

这样，自然界渗流所需要的水头和流量可以通过模型实验测定相应的值，再利用比例系数 α_l、α_θ 换算而得自然界实际的值。

2. 几个相似准则

根据几何相似、运动相似和动力相似的定义，我们已经得到一些比尺，这些比尺之间具有一定的约束关系，而这些约束关系则是由力学的基本定律所决定的。在进行模型实验时，常只考虑某些起主要作用的力(多数情况只选一种力)，而忽略其他的力。而各种力之间的比例关系应以惯性力为一方来相互比较，在两个相似的流动中，这种关系是不变的。

以上这种力可以表示成下面的基本形式。

压力：$F_p=p\times A=pl^2$

重力：$F_G=mg=\rho l^3g$

粘性力：$F_\mu=\mu\frac{du}{dy}A=\mu\frac{v}{l}l^2=\mu vl$

惯性力：$F_I=ma=\rho l^3\frac{l}{T^2}=\rho l^4T^{-2}=\rho v^2l^2$

根据研究的对象不同，常用的有以下几个动力相似的准则。

1) 雷诺准则——粘性力相似

流体在做有压流动时，重力不是主要作用力，由于没有自由表面，而重力被浮力所平衡，仅需计入惯性力与粘性力。要保证动力相似，应该使原型与模型对应点处惯性力与粘性力的比值相同。

粘性引起的内摩擦力为 $T=\mu A\frac{du}{dy}$，从因次上可写成 $[T]=[\mu][L]^2\left[\frac{v}{L}\right]=\mu lv$

而惯性力的因次为 $[F_I]=[m][a]=\rho v^2l^2$，如果用 T 替换 F，则

$$\frac{\mu_nl_nv_n}{\rho_nl_n^2v_n^2}=\frac{\mu_ml_mv_m}{\rho_ml_m^2v_m^2}$$

因 $\frac{\mu}{\rho}=\nu$，故简化并化简得：

$$\frac{v_nl_n}{\nu_n}=\frac{v_ml_m}{\nu_m} \tag{8-17}$$

式中，$\frac{vl}{\nu}$——无因次量，称为雷诺数，以 Re 表示，所以，上式可以写成：

$$Re_n=Re_m \tag{8-18}$$

雷诺数是牛顿数相等的一个特例，其物理意义为惯性力与粘性力的比。

2）富劳德准则——重力相似

在具有自由表面的液流中，起主要作用的力是重力，重力在因次上表示为：

$[G]=[\rho][g][L^3]=\rho g l^3$，而惯性力的因次为$[F_I]=[m][a]=\rho v^2 l^2$，如果用$G$替换$F$，则：

$$\frac{\rho_n g_n l_n^3}{\rho_n l_n^2 v_n^2}=\frac{\rho_m g_m l_m^3}{\rho_m l_m^2 v_m^2}$$

简化并颠倒分子分母得

$$\frac{v_n^2}{g_n l_n}=\frac{v_m^2}{g_m l_m} \tag{8-19}$$

式中，$\frac{v^2}{gl}$——无因次量，称为富劳德数，用F_r表示，所以模型与实际流体的富劳德数相等，即$Fr_n=Fr_m$。

富劳德数的物理意义为惯性力与重力的比值。

3）欧拉准则

研究淹没在流体中的物体表面上的压力或压强分布时，压力成为主要的作用力。压力在因次上为 $[P]=[p]\ [A]=pl^2$，如果用P替换F，则：

$$\frac{p_n l_n^2}{\rho_n l_n{}^2 v_n^2}=\frac{p_m l_m^2}{\rho_m l_m^2 v_m^2}$$

简化后得：

$$\frac{p_n}{\rho_n v_n^2}=\frac{p_m}{\rho_m v_m^2} \tag{8-20}$$

式中，$\frac{p}{\rho v}$——无因次量，称为欧拉数，用Eu表示，其物理意义为压力与惯性力的比值。也可以写成$Eu_n=Eu_m$。

两个相似准数在同一物理现象中，常不能同时满足相似关系。例如雷诺数和富劳德数就不易同时满足。

8.3 岩土工程中的渗流问题

岩土工程包括岩体工程和土体工程，而岩土工程中的渗流问题主要是研究岩体和土体的水力学性质。本节主要介绍岩体的渗流问题。

8.3.1 岩体与土体渗流的区别

土体的结构比较疏松，以孔隙为主，孔隙的大小取决于岩性和土的颗粒堆积方式。一般来说，粘土的孔隙度比较大，但是孔径相对较小，渗透能力差，一般作为弱透水层或隔水层；砂土随颗粒增大，孔隙度大，渗透性好。

土体的渗流特点包括以下几点。

(1) 土体渗透性大小取决于岩性，土体中颗粒愈细，渗透性愈差。

(2) 土体可以看作多孔连续介质。

(3) 土体的渗透性一般具有均质(或非均质)各向同性特点。

(4) 土体渗流规律符合达西渗流定律。

岩体的渗流以裂隙渗流为主，其渗流特点如下。

(1) 岩体渗透性大小取决于岩体中结构面的性质及岩体的岩性。

(2) 岩体一般看作非连续介质。

(3) 岩体渗流具有高度非均质性和各向异性。

(4) 一般岩体中的渗流符合达西渗流定律。

(5) 岩体渗流受应力场影响明显。

8.3.2 岩体的渗流问题

岩体的渗流问题主要研究岩体的水力学性质，即岩体与水共同作用所表现出来的力学性质。水在岩体中的作用包括两方面，一方面是水对岩石的物理化学作用，另一方面是水与岩体相互耦合作用下的力学效应，包括空隙水压力与渗流动水压力等的力学作用效应。在空隙水压力作用下，首先是减少了岩体内的有效应力，从而降低了岩体的剪切程度。另外，岩体渗流与应力之间的相互作用强烈，对工程稳定性具有重要的影响。

岩体的渗透率是表征岩体介质特征的函数，它描述岩体介质的一种平均特性，它所表示的是岩体传导流体的能力，对于均质各向同性的多孔介质而言，其渗透率为：

$$k(\sigma)=cd^2\exp(-\alpha\sigma) \tag{8-21}$$

式中，$k(\sigma)$——岩体(多孔介质)在应力为σ时的渗透率；

α——待定系数；

σ——岩体的应力；

d——岩土颗粒的有效粒径d_{10}；

c——比例常数，其数值为45～140，前一数值适用于粘质砂土，后一值适用于纯砂土，常取平均值100。

单裂隙介质的渗透率为：

$$k_f(\sigma_\alpha)=b^3\lambda S\exp(-\alpha\sigma_\alpha) \tag{8-22}$$

式中，S——岩体中裂隙的平均间距；

σ_α——岩体的等效法向应力。

岩体的渗透系数，也称为岩体的水力传导系数。它是岩体介质特征和流体特性的函数，它所描述的是岩体介质和流体的一种平均特性。对岩体裂隙介质而言，渗透系数可以表示为：

$$K_f(\sigma)=k_f(\sigma)\rho g/\mu \tag{8-23}$$

式中，$K_f(\sigma)$——岩体在应力为σ时的渗透系数。

1. *渗流应力*

当岩体中存在流动的渗流水流时，位于地下水面以下的岩体受到渗流静水压力和动水压力的影响，这两种渗流应力称为渗流体积力。

由前面流体动力学部分知识可以知道，不可压缩流体在动水条件下的侧压总水头为：

$$h=z+\frac{p}{\gamma_w}+\frac{u^2}{2g} \tag{8-24}$$

式中，z——位置水头(m)；

p——静水压力(Pa)；

$\frac{p}{\gamma_w}$——压力水头(m)；

u——水流速度(m/s)；

$\frac{u^2}{2g}$——速度水头(m)。

由于岩体中的渗流速度很小，$\frac{u^2}{2g}$比z和$\frac{p}{\gamma_w}$小很多，所以常被忽略，因此有：

$$h=z+\frac{p}{\gamma_w} \quad 或 \quad p=\gamma_w(h-z) \tag{8-25}$$

所以根据流体力学的平衡原理，渗流引起的体积力为：

$$\begin{cases} X=-\dfrac{\partial p}{\partial x}=-\gamma_w\dfrac{\partial H}{\partial x} \\ Y=-\dfrac{\partial p}{\partial y}=-\gamma_w\dfrac{\partial H}{\partial y} \\ Z=-\dfrac{\partial p}{\partial z}=-\gamma_w\dfrac{\partial H}{\partial z}+\gamma_w \end{cases} \tag{8-26}$$

由式可知，渗流体积力由两部分组成，第一部分$-\gamma_w\frac{\partial H}{\partial x}$、$-\gamma_w\frac{\partial H}{\partial y}$、$-\gamma_w\frac{\partial H}{\partial z}$为渗流动水压力，它与水力梯度有关；第二部分$\gamma_w$为浮力，在渗流空间为一常数。该式表明只要求出了岩体中各点的水头值h，便可以确定渗流场中各点的体积力。

2. 地下水对岩土体产生的力学作用

主要通过空隙静水压力和空隙动水压力作用对岩土体的力学性质施加影响，前者减小岩土体的有效应力而降低岩土体的强度，裂隙岩体中的空隙静水压力可使裂隙产生扩容变形，后者对岩土体产生切向的推力以降低岩土体的抗剪强度。

当多孔连续介质岩土体中存在空隙地下水时，未充满空隙的地下水对多孔介质骨架施加一空隙静水压力，该力为面力，结果使岩土体的有效应力增加，即：

$$\sigma_\alpha=\sigma+p \tag{8-27}$$

式中，σ_α——岩土体的有效应力；

σ——岩土体的总应力；

p——岩土体中空隙静水压力(负压)。

当地下水充满多孔连续介质岩土体时，地下水对多孔连续介质骨架施加一空隙静水压力，该力为面力，结果使岩土体的有效应力减小，即：

$$\sigma_\alpha=\sigma-p \tag{8-28}$$

当多孔介质岩土体中充满流动的地下水时，地下水对多孔连续介质骨架施加一静水压力和动水压力，动水压力为体积力，即：

$$\tau_d=\gamma J \tag{8-29}$$

式中，τ_d——岩土体中的动水压力；

γ——地下水容重；

J——地下水的水力坡度。

当裂隙岩体中充满流动的地下水时，地下水对岩体裂隙壁施加一垂直裂隙壁面的静水压力和平行于裂隙壁面的动水压力，动水压力为面力，即：

$$\tau_d=\frac{b\gamma}{2}J \tag{8-30}$$

式中，b——裂隙的隙宽。

习　题

1. 为什么要提出渗流模型的概念？它与实际渗流有什么区别？

2. 达西定律的适用条件是什么？式中各项的含义是什么？

3. 裘布依公式和达西定律有何区别？

4. 如图 8.7 所示，已测得抽水流量 $Q=0.0025\text{m}^3/\text{s}$，钻孔处水深 $h=2.6\text{m}$，井中水深 $h_0=2.0\text{m}$，井的半径 $r_0=0.15\text{m}$，钻孔至井中心距离 $r=60\text{m}$，求土层的渗透系数。

5. 两水库 A、B 的水位差为 30m，有一个两层透水层将其连接，上层细砂的渗透系数 $k_1=0.001\text{cm/s}$,下层粗砂的渗透系数 $k_2=0.01\text{cm/s}$，层厚 $a=2\text{m}$，宽度 $b=500\text{m}$，长度 $l=2000\text{m}$,求在该水位下的渗透流量。

6. 用因次分析法证明直径为 d 的小球在密度为 ρ，动力粘度为 μ 的流体中相对运动速度为 v 时所受的粘性阻力为：

$$F=\frac{\mu^2}{\rho}f\left(\frac{\rho v d}{\mu}\right)$$

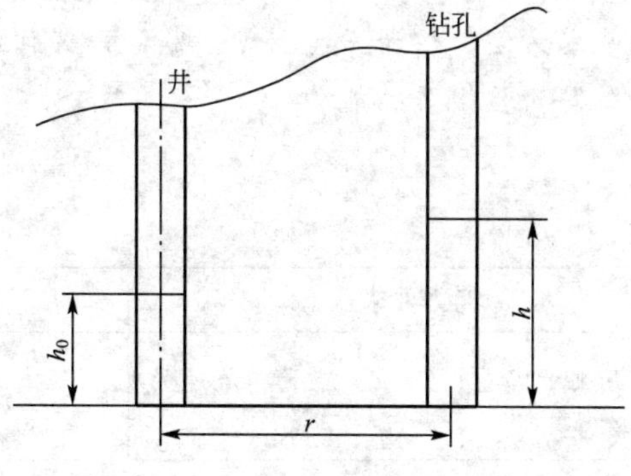

图 8.7　4 题图

第9章 流体力学实验

教学目标

通过水力学试验可以观察和进一步认识水流现象，验证水力学基本原理与公式，帮助学生深化课堂教学内容。

掌握水力要素量测的基本方法，培养学生科学实验的严谨作风。

具有分析实验数据和编写实验报告的能力。

教学要求

知识要点	能力要求	相关知识
测量容重、压强、流量、流速	掌握测量容重、压强、流量、流速的基本方法和操作技能	点压强、毕托管、流量计
雷诺实验	加深对层流、紊流流动形态的感性认识	雷诺数、层流、紊流
能量方程，动量方程	加深对水流运动过程中能量转化规律和冲击力的理解、掌握体积法和质量法测定流量的方法	能量方程、动量方程
局部阻力系数	掌握局部水头损失系数的测定方法、观察测压管水头的变化情况	能量方程

引言

流体力学问题是错综复杂的，其复杂性在于其影响因素很多。出于人们对流体运动规律认识的局限性，因此还有许多问题并非由理论分析就能解决，往往有赖于实验。在某些场合，实验已成为解决问题的主要途径，事实上，不少流体运动规律和公式都是通过实验总结出来的。在工程中，利用模型实验来研究流体运动现象、修改设计方案是非常普遍的。因此，流体力学实验无论对从事理论研究和对解决工程实际问题，都具有极其重要的意义。

9.1 水静力学实验

9.1.1 实验目的

(1) 通过实验掌握用测压管测量液体静水压强的基本方法，加深了解水静力学基本方程的物理意义和几何含义。

(2) 加深理解位置水头，压强水头和测压管水头的基本概念，观察静止液体中任意两点的测压管水头 $z_1+\frac{p_1}{\gamma}=z_2+\frac{p_2}{\gamma}=C$(常数)。

(3) 控制液体表面压强大于零或小于零，观察真空现象。

(4) 测量未知液体容重。

9.1.2 实验设备及测量仪器

实验设备如图 9.1 所示。

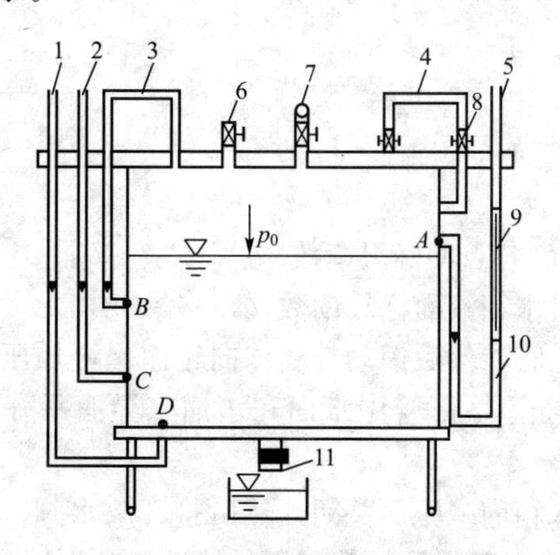

图 9.1 水静力学实验装置图

1—测压管；2—带标尺的测压管；3—连通管；4—真空测压管；5—U 形测压管；6—通气阀；7—加压打气球；8—截止阀；9—油柱；10—水柱；11—减压放水阀

9.1.3 实验原理

1. 求点压强

$$p=p_0+\gamma h \tag{9-1}$$

式中，p——被测点的静水压强，用相对压强表示(以下同)；

p_0——水箱中的表面压强；

γ——液体容重；

h——被测点的液体深度。

2. 测定某液体的容重

利用水静力学实验装置，在不附带其他读尺的情况下测定某种油的容重。U形管中装有两种液体，一种是与水箱中相同的水，另一种是待测容重的油。设容重分别为γ_w和γ_0，先对水箱加压使U形管中水面和水油交界面在同一水平面上(图9.2)。

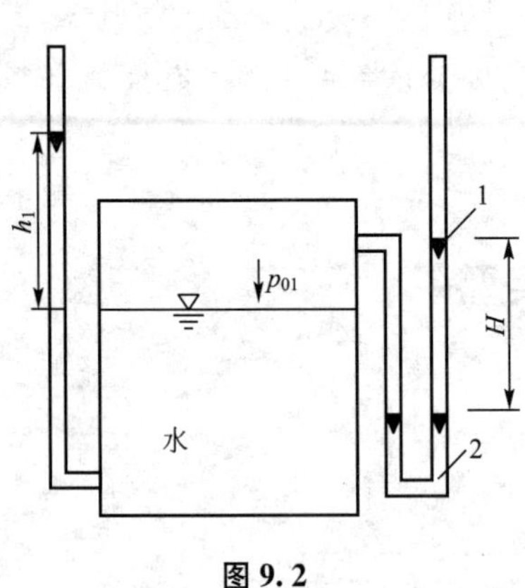

图9.2

1—油柱；2—水柱

从测压管标尺上读出h_1，有：

$$p_{01}=\gamma_w,\ h_1=\gamma_0 H \tag{9-2}$$

再将水箱减压，使U形管中水面和油面处于同一水平面上(图9.3)，从测压管标尺中读取h_2，又有：

$$p_{02}=-\gamma_w h_2=\gamma_0 H-\gamma_w H \tag{9-3}$$

由式(9-2)得$H=\dfrac{\gamma_w h_1}{\gamma_0}$，代入式(9-3)得：

$$\gamma_0(h_1+h_2)=\gamma_w h_1$$

与式(9-2)相比，有$H=h_1+h_2$

$$\gamma_0=\frac{h_1}{h_1+h_2}\gamma_w$$

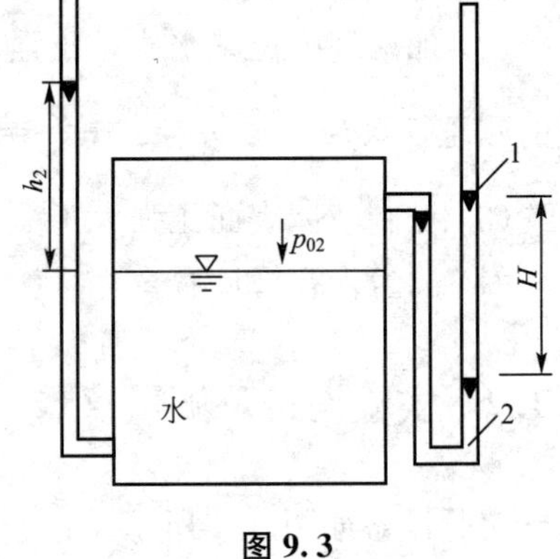

图9.3

1—油柱；2—水柱

9.1.4 实验方法与步骤

(1) 记录常数B、C、D各点的标尺读数∇_B、∇_C、∇_D。

(2) 打开通气阀，记录水箱液面标尺读数∇_0。

(3) 关闭通气阀与截止阀，然后捏动打气球向箱内慢慢加压，再调节打气球的放气螺母使水箱内气压大于零，且使U形管中水面和水油交界面平齐，这时记录测压管液面标尺读数。

(4) 打开通气阀，使水箱内减压后关闭，然后打开放水阀，使水箱减压到小于零，且使U形管中水面和油面平齐，记录测压管液面的读数，分别记录在表9-1和表9-2中。

(5) 测定真空管4水杯中的深度，同时测定B、C、D各点的压强，记入表9-2。

(6) 调整压力大于零，记下水箱液面和测压管液面读数，记入表9-2。

表 9-1 油容重测定记录及计算表格

条件	次数	水箱液面标尺读数∇_0/m	测压管液面标尺读数∇_C/m	$h_1=\nabla_C-\nabla_{01}$/m	$\overline{h_1}$/m	$h_2=\nabla_{02}-\nabla_C$/m	$\overline{h_2}$/m	$\frac{\gamma_0}{\gamma_w}=\frac{\overline{h_1}}{\overline{h_1}+\overline{h_2}}$	γ_0/(N/m³)
$p_{01}>0$	1								
	2								
	3								
$p_{02}<0$	1								
	2								
	3								

表 9-2 静水压强测量记录及计算表格

次数	水箱液面读数∇_0/m	测压管液面标尺读数			$\frac{p_B}{\gamma}=h_B=\nabla_B-\nabla_0$/m	$\frac{p_C}{\gamma}=h_C=\nabla_C-\nabla_0$/m	$\frac{p_D}{\gamma}=h_D=\nabla_D-\nabla_0$/m	$z_C+\frac{p_C}{\gamma}$/m	$z_D+\frac{p_D}{\gamma}$/m
		∇_B/m	∇_C/m	∇_D/m					
1									
2									
3									
4									
5									
6									

9.1.5 注意事项

(1) 在加压过程中，注意避免加压过快，以免压力突然增加过大引起水和油从测压管中流出。

(2) 读数时，一定要等液面稳定后再读，并注意应使3点在同一水平面上(眼睛、尺上刻度和管中液面)。

9.1.6 资料整理与结果分析

(1) 记录有关常数。

(2) 求出油的容重。

(3) 分别求出各次测量时 B、C、D 点的压强，并选择同一基准验证任意两点(C、D

两点)的 $z+\frac{p}{\gamma}$=常数。

(4) 观察小水杯的水被吸入测压管4的上吸高度。

9.1.7 思考题

(1) 实验时，容器的水面能否低于 B 点？为什么？

(2) 若测压管太细，对测压管的读数有何影响？

(3) 对于容器内任意一点，例如 B 点的压力要改变，而液体是不可压缩的，为什么压力还会变？

9.2 不可压缩恒定流能量方程实验

9.2.1 实验目的

(1) 测定水流各断面的单位质量液体的能量(即各项水压和水压损失)。

(2) 绘制测压管水压(水头)线和总水压(水头)线，从而验证实际液体的能量方程式。

(3) 清楚掌握水流中能量守恒定律和转换规律。

9.2.2 实验设备及测量仪器

本实验的装置如图9.4所示。

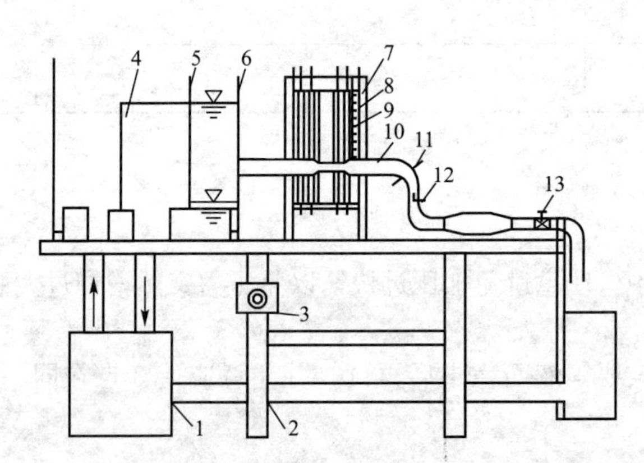

图9.4 自循环恒定流能量方程实验装置图

1—自循环供水器；2—实验台；3—可控硅无级调速器；4—溢流板；5—稳水孔板；6—恒压水箱；7—测压计；8—滑动测量仪；9—测压管；10—实验管道；11—测压点；12—毕托管；13—实验流量调节阀

9.2.3 实验原理

(1) 由能量不灭定律和能量转换规律，对恒定流、渐变流的任意过水断面，可写出能量方程式：

$$z_1+\frac{p_1}{\gamma}+\frac{\alpha_1 v_1^2}{2g}=z_i+\frac{p_i}{\gamma}+\frac{\alpha_i v_i^2}{2g}+h_{\mathrm{w}1-i}$$

式中，z——位置水压(m)；

$\frac{p_1}{\gamma}$——静水水压(m)；

p_1——静水压强(kPa，即 $\mathrm{kN/m^2}$)；

γ——水的容重($9.8\mathrm{kN/m^2}$)；

$\frac{\alpha v^2}{2g}$——流速水压(m)；

$h_{\mathrm{w}i}$——任意两个断面间的水压损失(m)；

α——动能校正系数。

当测得的流量为 Q、计算的过水断面面积 $A=\frac{\pi}{4}d^2$ 时，则流速 $v=\frac{Q}{A}$，并进而计算流速水压。位置水压与静水水压之和为总水压。由于水流的粘滞性和亲动作用，一定会产生水压损失，因此，总水压一定是沿水流方向降低的。

9.2.4 实验方法与步骤

(1) 熟悉实验设备，分清各测压管和各测压点、毕托管测压点的对应关系。

(2) 打开供水系统使水箱充水，待溢流后将调节阀 13 关闭，检查所有测压管水面是否平齐，若不齐平则要进行排气调平(多开关几次)。

(3) 打开阀门 13，观察测压管水头线和总水头线的变化趋势及位置水头、压强水头之间的相互关系，观察流量增加或减少时测压管水头的变化规律。

(4) 调节阀门 13 的开度(由大到小或由小到大)，待流量稳定后测记各测压管的液面读数，同时记录实验流量(与毕托管相通的是用来演示，不必记录)。流量的测量用体积法。

(5) 再调节阀门 13 的开度 1～2 次，其中一次使阀门开度最大(以液面降到标尺最低点为限)，按第(4)步重复测量。

9.2.5 注意事项

(1) 闸门开启速度必须缓慢，并注意测压管水位变化情况，不要使测压管水位下降太多(特别要注意到最小断面——#9 的测压管)，以免气体倒吸入仪器，影响实验的进行。

(2) 流量不宜过小，最好在 1L/s 以上，以保证精度。

(3) 当闸门 13 开启后，必须持水流稳定(需 2～3min)测压管水位和堰上水头(水压)。

(4) 当流速较大时，测压管水面有跳动现象，读时一律取水位跳动的平均值，且尽量保证精度。

(5) 实验结束后关闸门13，检查测压管水面是否仍旧保持齐平；如不齐平，表示空气阻塞，实验结果不正确，则要排净空气，重做。

9.2.6 资料整理与结果分析

(1) 将有关数据记入表9-3。

表9-3 有关常数记录表

水箱液面高程 Δ_0 ______ cm，上管道轴线高程 Δ_2 ______ cm

测点编号	1*	2、3	4	5	6*、7	8*、9	10、11	12*、13	14*、15	16*、17	18*、19
管径/cm											
两点间距/cm	4	4	6	6	4	13.5	6	10	29	16	16

注：① 标"*"者为毕托管测点。

② 2、3为直管均匀流段同一断面上的两个测点，10、11为弯管非均匀流段同一断面上的两个测点。

(2) 量测 $z+\frac{p}{\gamma}$ 值并记入表9-4。

表9-4 基准面选在标尺的零点上

测点编号															$Q/(\mathrm{m^3/s})$
实测次数															
$Q=Q_{max}$时，$H=\frac{v^2}{2g}$															
$Q=Q_{max}$时，$H=z+\frac{p}{\gamma}+\frac{v^2}{2g}$															

(3) 计算流速水头和总水头。

9.2.7 思考题

(1) 在各测压管中，哪一根管子的水面下降幅度最大？为什么？

(2) 根据能量方程，流速增大，测压管水压(水头)应降低。但在实验中，随着流速的增大，有几根测压管水面反而有升高现象，为什么？(提示：从"测压管表面压力是否变化"思考)

(3) 绘制水压线(水头线)根据实验所得数据，在方格纸上按一定比例点绘测压管水压线和总水压线，从而分析和判断实验成果的正确性。

(4) 试问避免喉管(测点 7)处形成真空有哪几种措施？分析改变作用水头(如提高或降低水箱水位)对喉管压强的影响情况。

9.3 文丘里流量计实验

9.3.1 实验目的

测定文氏管的流量系数 μ，学会文氏流量计的测定方法，了解文氏流量计的应用，绘出流量压差关系曲线——$Q_{实际}$ - Δh 曲线。

9.3.2 实验设备及测量仪器

实验设备如图 9.5 所示。

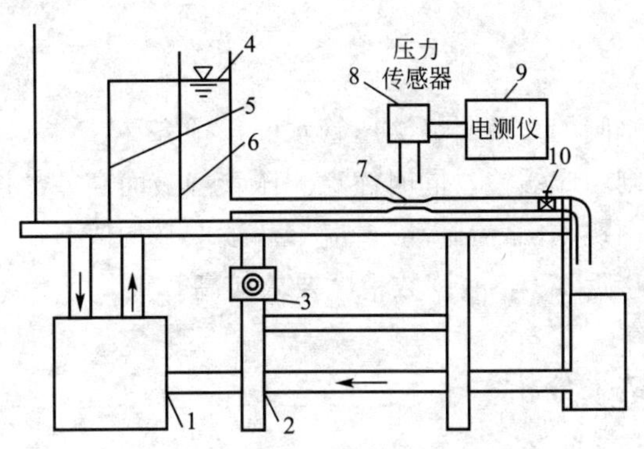

图 9.5 文丘里流量计实验装置图

1—自循环供水器；2—实验台；3—可控硅无级调速器；4—恒压水箱；5—溢流板；6—稳水孔板；7—文丘里实验管段；8—压力传感器；9—电测仪；10—流量调节阀

9.3.3 实验原理

取文氏测压管前后两断面 1—1 和 2—2，根据能量方程式和连续性方程式，可得不计阻力作用时的文氏管水压差与流量关系式：

$$Q_{计算}=\frac{\frac{\pi}{4}d_1^2}{\sqrt{\left(\frac{d_1}{d_2}\right)^4-1}}\sqrt{2g\left[\left(z_1+\frac{p_1}{\gamma}\right)-\left(z_2+\frac{p_2}{\gamma}\right)\right]}=K\sqrt{\Delta h}$$

式中，$K=\frac{\frac{\pi}{4}d_1^2}{\sqrt{\left(\frac{d_1}{d_2}\right)^4-1}}$；$h=\left(z_1+\frac{p_1}{\gamma}\right)-\left(z_2+\frac{p_2}{\gamma}\right)$ (为两过流断面的测压管水头差 m)。

实际上，由于阻力的存在，通过的实际流量 $Q_{实际}$ 恒小于计算流量 $Q_{计算}$，现引入一无量纲系数 μ，$\mu=\dfrac{Q_{实际}}{Q_{计算}}$($\mu$ 称为流量系数)，对计算所得流量值进行校正。即：

$$Q_{实际}=\mu Q_{计算}=\mu K\sqrt{\Delta h}$$

9.3.4 实验方法与步骤

(1) 打开开关 3，使水箱充水至溢流水位，测记各有关常数。在水阀 10 全关闭时检查实验仪器管是否有空气存在，若有空气，必须排除。打开电测仪并检查是否对零，否则调至零。

(2) 全开调节阀，待水流稳定后，读取电测仪上呈现的数据，即为文丘里的压差，单位为 cm，并用秒表、量筒测定流量。

(3) 逐次关小调节阀以改变流量，量测 7～10 次。

(4) 将测量值记录在实验表格(表 9 - 5)内，并进行有关计算。

(5) 实验结束，需按步骤(1) 校核电测仪是否归零。

9.3.5 注意事项

(1) 实验结束。出水闸门全关时，测压管水面仍须齐平。

(2) 每次调节出水闸门应缓慢，同时注意测压管静液面高差的控制。

(3) 如测压管内液面跳动(紊流脉动)，应一律读取平均值。

(4) 本实验因 μ 值接近 1.0，故读数精度要求较高。

9.3.6 资料整理与结果分析

(1) 记录计算有关常数。

$d_1=$______ cm，$d_2=$______ cm，水温 $t=$______ ℃，$v=$______ cm^2/s；

水箱液面标尺值 $\nabla_0=$______ cm，管轴线液面标尺值 $\nabla=$______ cm。

(2) 记录计算表 9 - 5。

表 9 - 5 记录计算表

实验次数	电测仪读数 Δh/cm	水量(体积) V/cm^3	时间 t /s	流量 Q /(cm^3/s)	K 值/($cm^{2.5}$/s)	$Q_{计算}=K\sqrt{\Delta h}$	流量系数 $\mu=Q_{实际}/Q_{计算}$
1							
2							
3							
4							
5							

（续）

实验次数	电测仪读数 Δh/cm	水量(体积) V/cm^3	时间 t /s	流量 Q /(cm^3/s)	K 值/ ($\mathrm{cm}^{2.5}$/s)	$Q_{计算}=K\sqrt{\Delta h}$	流量系数 $\mu=Q_{实际}/Q_{计算}$
6							
7							
8							
9							
10							

9.3.7 思考题

(1) 1—1 断面与 2—2 断面哪个压强大？为什么？

(2) 实测所得的 $Q_{计算}$ 和 $Q_{实际}$ 是否与 Δh 同时增减？是否合理？

(3) 实验求得的 μ 值是大于 1 还是小于 1，是否合理？为什么？

9.4 雷诺实验

9.4.1 实验目的

(1) 观察层流、紊流两种流态，掌握圆管流态转化的规律。

(2) 测量圆管内稳定流动液体的上、下临界雷诺数。

9.4.2 实验设备及测量仪器

实验装置如图 9.6 所示。

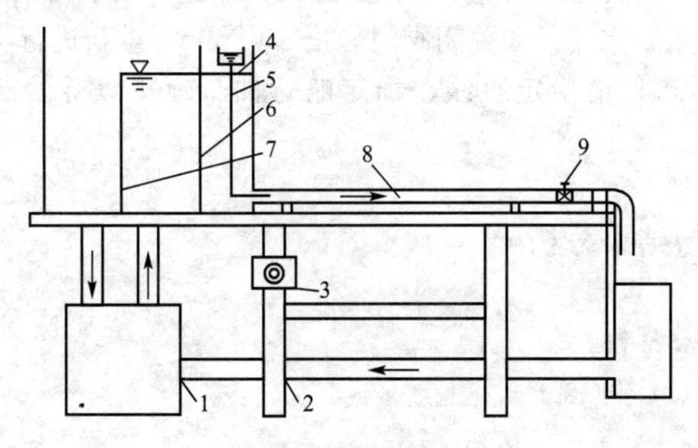

图 9.6 雷诺实验装置图

1—自循环供水器；2—实验台；3—可控硅无级调速器；4—恒压水箱；5—有色指示水供给水箱；6—稳水孔板；7—溢流板；8—实验管道；9—实验流量调节阀

9.4.3 实验原理

其计算公式如下：

$$Re=\frac{vd}{\upsilon}=\frac{4Q}{\pi d^2\upsilon}=\frac{4Q\rho}{\pi d^2\mu}=KQ,\ Q=\frac{V}{T}$$

9.4.4 实验方法与步骤

(1) 记录本实验的有关常数。

(2) 观察两种流态：打开开关3使水箱充水至溢流水位，经稳定后，微微开启调节阀9，并注入颜色水于管道内，使颜色水流成一条直线。通过颜色水质点的运动观察管内水流层流流态，逐步开大调节阀，通过颜色水直线的变化观察水流从层流到紊流变化的水力特征，待管中出现完全紊流后，再逐步关小调节阀，观察水流由紊流转变为层流的水力特征。

(3) 测定下临界雷诺数。

① 将调节阀打开，使管中呈完全紊流，再逐步关小调节阀使流量减小。当流量调节到使颜色水在全管刚刚拉成一条直线状态时，即为下临界状态。每调节阀门一次，均须等待稳定几分钟。

② 用体积法测定流量。

③ 计算下临界雷诺数。

④ 重新打开调节阀，使其形成完全紊流，按上述步骤重复测量3次以上。

⑤ 通过水箱中的温度计测记水温，查出水的运动粘滞性系数。

9.4.5 注意事项

(1) 在测定临界雷诺数时，流量不宜开得过大，以免引起水箱中的水体紊动，若因水箱中水体紊动而干扰进口水流，须关闭阀门静止3～5min，重新进行实验。

(2) 颜色水的形态是指稳定直线、稳定略弯曲、旋转、断续、直线抖动、完全散开等。

9.4.6 资料整理与结果分析

(1) 记录有关计算常数。

管径 $d=$______ cm，水温 $t=$______℃；

动力粘滞性系数 $\mu=\frac{0.00178}{1+0.0337t+0.000221t^2}=$________ $\frac{\mathrm{N\cdot s}}{\mathrm{m^2}}$；

计算常数 $K=\frac{4\rho}{\pi d^2\mu}=$______ $\mathrm{s/m^3}=$______ $\mathrm{s/cm^3}$。

(2) 记录计算表 9-6。

表 9-6 记录计算表

实验次序	颜色水线形态	水的体积 V/cm^3	时间 T/s	流量 $Q/(cm^3/s)$	流速 $v/(cm/s)$	雷诺数 Re	备注
1							
2							
3							
4							
5							
6							

9.4.7 思考题

(1) 雷诺数与哪些因素有关? 有何意义?
(2) 实测下临界雷诺数为多少? 它有何作用?

9.5 动量方程实验

9.5.1 实验目的

测定水的射流对平板的冲击力，验证恒定流的动量方程并测定射流的动量修正系数。

9.5.2 实验设备及测量仪器

实验装置如图 9.7 所示。

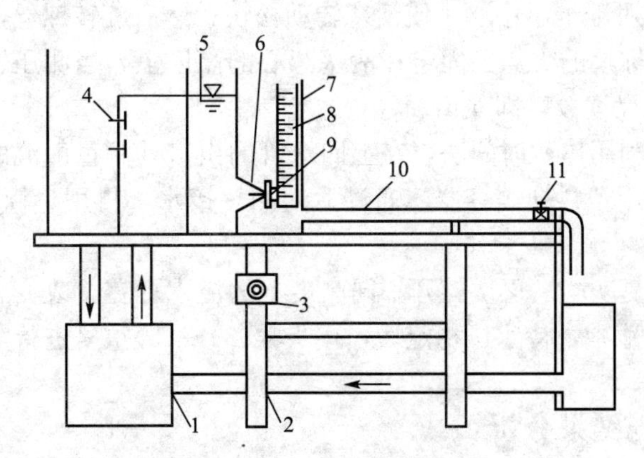

图 9.7 动量方程实验装置图

1—自循环供水器；2—实验台；3—可控硅无级调速器；4—水位调节管；5—恒压水箱；6—管嘴；7—集水箱；8—测压管；9—带翼轮的活塞；10—上回水管；11—流量调节阀

9.5.3 实验原理

以带活塞的平板为受力体，取其脱离体(图9.8)，则恒定总流的动量方程为：

$$F=\rho Q(\alpha_{02}v_2-\alpha_{01}v_1)$$

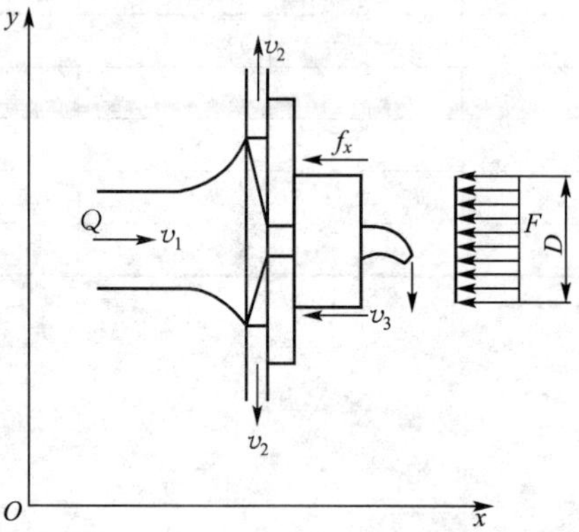

而 $F=-pA=-\gamma h\dfrac{\pi D^2}{4}$。

因 $f_x<0.5\%F$，可忽略不计。则 x 方向上的动量方程为：

$$\alpha_{01}\rho v_{1x}Q-\frac{\pi}{4}\gamma hD^2=0$$

式中，A——作用在活塞圆心处的水柱高度(m)；

D——活塞的直径(m)；

ρ——水的密度(kg/m^3)；

Q——射流流量(m^3/s)；

v_{1x}——射流的速度(m/s)；

γ——水的容重(kN/m^3)。

图9.8 恒定流的动量示意图

实验中，在平衡状态下，只要测量 Q 和 A 值，由给定的管嘴直径 d 和活塞直径 D 便可验证动量方程，并测定射流的动量修正系数 α_{01} 值。

9.5.4 实验方法与步骤

(1) 准备。检查自循环系统供电电源、供水箱水位，熟悉实验装置各部分名称、结构特征、作用性能，记录有关常数。

(2) 开启水泵。打开调速器开关，水泵启动2～3min后，短暂关闭2～3s，利用回水排除离心式水泵内滞留的空气。

(3) 调整测压管位置。待恒压水箱满顶溢流后，松开测压管固定螺丝，调整方位，要求测压管垂直、螺丝对准十字中心，使活塞转动松快；然后旋转螺丝，拧紧。

(4) 测读水位。标尺的零点已固定在活塞圆心的高度上，当测压管内液面稳定后，记下测压管内液面的标尺读数，即 h 值。

(5) 测量流量。利用体积时间法，在上回水管的出口处测量射流的流量，测量时间要求15～20s以上。可用塑料桶等容器，通过活动漏斗接水，再用量筒测量水体积(也可用质量法测量)。

(6) 改变水压重复实验。逐次打开不同高度上的溢水孔盖，改变管嘴的作用水压；调节调速器，使溢流量适中，待水压稳定后，按步骤(3)～(5)重复进行实验。

9.5.5 资料整理与结果分析

(1) 记录有关常数。

管嘴内径 d=________ cm；活塞直径 D=________ cm。

(2) 实验结果记入表 9-7。

表 9-7 实验结果表

实验次序	量筒内水的体积 V/m^3	时间 t/s	流量 $Q/(m^3/s)$	流速 $v_{1x}/(m/s)$	水柱高度 h/m	动量修正系数 α_{01}
1						
2						
3						
4						
5						
6						

9.5.6 思考题

(1) 带翼片的平板在射流作用下获得动量矩，这对射流冲击平板沿 x 方向的受力分析有无影响？为什么？

(2) 通过细导水管的分流，其出流方向与 v_2(图 9.8)相同。试问这对以上受力分析有无影响。

(3) 滑动摩擦力 f_x 为什么可以忽略不计？试用实验来分折验证 f_x 的大小，记录观察结果。

提示： 平衡时，向测压管内加入或取出 1mm 左右高度的水量，观察活塞及液位的变化。

9.6 管流的沿程阻力实验

9.6.1 实验目的

(1) 研究在稳定均匀梳状态下，有压管中水流沿程阻力的变化规律。

(2) 定沿程阻力系数 λ。

(3) 绘制沿程阻力系数 λ 与雷诺数之间的关系曲线。

(4) 绘制沿程水压(水头)损失 h_f 与平均流速 v 之间的关系曲线，并分析其变化规律。

(5) 学会测定管道沿程阻力系数的方法。

9.6.2 实验设备及测量仪器

实验设备如图 9.9 所示。

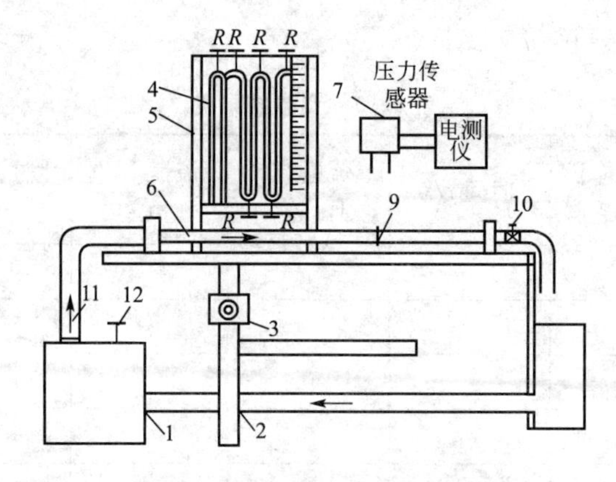

图 9.9　沿程水头损失实验装置图

1—自循环供水器；2—实验台；3—可控硅无级调速器；4—测压管；5—测压计；
6—实验管道；7—压力传感器和电测仪；8—滑动测量尺；9—测压点；
10—流量调节阀；11—供水管与供水阀；12—分流管与分流阀

9.6.3　实验原理

根据有压管路中沿程水压(水头)损失的计算公式，计算沿程阻力系数 λ。即：

$$h_f=\lambda\frac{lv^2}{2gd_i}$$

得：

$$\lambda=\frac{2gd_ih_f}{lv^2}$$

9.6.4　实验方法与步骤

(1) 打开进水闸门(一般此闸门是事先开好的)。

(2) 选取实验所用水管(设内径为 d_1)，待有关闸门开启(其他关闭)，检查两测压管水面是否齐平；如不齐平，应将管内积气排掉。

(3) 开启 d_1 管的出水闸门(其余关闭)，待 1～2min 后读取两测压管高度 h_1 和 h_2。

(4) 读取量水箱中充水深度和测流时间 d，并将量水箱中水的体积除以放水时间，即得流量。

(5) 继续上述程序，直至无法读取 h_1 和 h_2 为止。

(6) 测量水温，据此查出运动粘滞系数，以计算雷诺数。

(7) 测定 d_2 和 d_3 或 d_4 或 d_5 管 1～2 次，用以比较，从中发现沿程阻力的规律。

9.6.5　注意事项

(1) 除指定实验的一根管路外，其他各管的出水闸门及连通测压管的阀门必须完全关闭。

（2）每次调节阀门改变流量后，为使水流稳定，须待 1～2min 再测读数据，以保证实验结果的正确。

（3）当加入压缩空气欲使两测压管内水位下降至齐平时，一定先要将进水闸门及连通侧压管的小阀门打开，否则会使测压玻璃管爆破。

9.6.6 资料整理与结果分析

（1）记录有关常数。

水管直径 d_i=______ cm；量水箱面积 A=______ cm^2；水管长度 L=______ cm。

（2）记录及计算见表 9-8。

表 9-8 记录及计算表

实验次序	测流时间 t/s	箱中水深 H/cm	流量 Q(L/s)	流速 v/(cm/s)	测压管水位		水头损失 h_f	沿程阻力系数 λ
					h_1	h_2		
1								
2								
3								
4								
5								
6								
7								

（3）绘图分析。绘制 h_f- v 的关系曲线，并确定指数关系值 m 的大小。在双对数纸上以 $\lg v$ 为横坐标，以 $\lg h_f$ 为纵坐标，点绘所测的 h_f- v 的关系曲线，根据具体情况连成一段或几段直线，求对数纸上的直线斜率：

$$m=\frac{\lg h_{f1}-\lg h_{f2}}{\lg v_2-\lg v_1}$$

将图上求得的 m 值与已知的各流区的 m 值进行比较。

9.6.7 思考题

（1）在均匀流中，为什么两测压管水位差就是沿程水压损失？在流量不变的情况下，如将实验管道倾斜安装，两测压管的水位差是否会发生变化？

（2）当水量相同时，为什么所测的管道越小，两断面测压管水位高差越大？其间的变化规律如何？

（3）本次实验结果与莫迪图是否吻合？试分析其原因。

（4）如何测得管道的当量粗糙度？

参考文献

[1] 谢定裕. 流体力学 [M]. 天津：南开大学出版社，1987.
[2] 易家训. 流体力学 [M]. 北京：高等教育出版社，1982.
[3] 吴望一. 流体力学（上册）[M]. 北京：北京大学出版社，1982.
[4] 姜兴华. 流体力学 [M]. 成都：西南交通大学出版社，1999.
[5] 朱一锟. 流体力学基础 [M]. 北京：北京航空航天大学出版社，1990.
[6] 潘文全. 工程流体力学 [M]. 北京：清华大学出版社，1988.
[7] 周士昌. 工程流体力学 [M]. 沈阳：东北工学院出版社，1987.
[8] 王焕德. 流体力学和流体机械 [M]. 北京：中国农业机械出版社，1981.
[9] 白铭声，王维新，陈祖苏. 流体力学及流体机械 [M]. 北京：煤炭工业出版社，1980.
[10] 李炼，徐孝平. 水力学 [M]. 武汉：武汉水利电力大学出版社，2000.
[11] 洪惜英. 水力学 [M]. 北京：中国林业出版社，1992.
[12] 李玉柱，苑明顺. 流体力学 [M]. 北京：高等教育出版社，1998.
[13] 王惠民，赵振兴. 工程流体力学 [M]. 南京：河海大学出版社，2005.
[14] 吕文舫，郭雪宝，柯葵. 水力学 [M]. 上海：同济大学出版社，1999.
[15] 蔡增基，龙天渝. 流体力学泵与风机 [M]. 5 版. 北京：中国建筑工业出版社，2009.
[16] 陈崇希，林敏. 地下水动力学 [M]. 武汉：中国地质大学出版社，1999.
[17] 蔡美峰. 岩石力学与工程 [M]. 北京：科学出版社，2002.
[18] 张永兴. 岩石力学 [M]. 北京：中国建筑工业出版社，2004.
[19] 张鸿雁，张志政，王元. 流体力学 [M]. 北京：科学出版社，2004.
[20] 苑莲菊，李振栓. 工程渗流力学及应用 [M]. 北京：中国建材工业出版社，2001.
[21] 李俊亭，王愈吉. 地下水动力学 [M]. 北京：地质出版社，1987.
[22] 吕宏兴，裴国霞，杨玲霞. 水力学 [M]. 北京：中国农业出版社，2002.
[23] 郭楚文，李意民，陈更林，等. 工程流体力学 [M]. 徐州：中国矿业大学出版社，2002.
[24] 袁恩熙. 工程流体力学 [M]. 北京：石油工业出版社，1992.
[25] 王维新. 流体力学 [M]. 北京：煤炭工业出版社，1991.
[26] 丁祖荣，单雪雄，姜楫. 流体力学 [M]. 北京：高等教育出版社，2003.
[27] 禹华谦. 工程流体力学 [M]. 成都：西南交通大学出版社，1999.